国家"十一五"高职高专计算机应用型规划教材

U0128837

Flash CS3 动画设计
基础与项目实训

文　东　张　薇　主　编

胡昌杰　樊　宙　杨　琳　副主编

中国人民大学出版社
·北京·

北京科海电子出版社
www.khp.com.cn

图书在版编目(CIP)数据

Flash CS3 动画设计基础与项目实训/文东，张薇主编.

北京：中国人民大学出版社，2009
国家"十一五"高职高专计算机应用型规划教材
ISBN 978-7-300-10315-0

Ⅰ.F…

Ⅱ.①文… ②张…

Ⅲ.动画—设计—图形软件，Flash CS3—高等学校：技术学校—教材

Ⅳ.TP391.41

中国版本图书馆 CIP 数据核字（2009）第 021749 号

国家"十一五"高职高专计算机应用型规划教材
Flash CS3 动画设计基础与项目实训
文东　张薇　主编

出版发行	中国人民大学出版社　北京科海电子出版社			
社　　址	北京中关村大街 31 号	**邮政编码**	100080	
	北京市海淀区上地七街国际创业园 2 号楼 14 层	**邮政编码**	100085	
电　　话	（010）82896594　62630320			
网　　址	http://www.crup.com.cn			
	http://www.khp.com.cn（科海图书服务网站）			
经　　销	新华书店			
印　　刷	北京市科普瑞印刷有限责任公司印刷			
规　　格	185 mm×260 mm　16 开本	**版　次**	2009 年 5 月第 1 版	
印　　张	18.5	**印　次**	2009 年 5 月第 1 次印刷	
字　　数	450 000	**定　价**	29.50 元	

丛 书 序

市场经济的发展要求高等职业院校能培养具有操作技能的应用型人才。所谓有操作技能的应用型人才，是指能将专业知识和相关岗位技能应用于所从事的专业和工作实践的专门人才。有操作技能的应用型人才培养应强调以专业知识为基础，以职业能力为重点，知识能力素质协调发展。在具体的培养目标上应强调学生综合素质和操作技能的培养，在专业方向、课程设置、教学内容、教学方法等方面都应以知识在实际岗位中的应用为重点。

近年来，已经出版的一些编写得较好的培养操作技能的应用型教材，受到很多高职高专师生的欢迎。随着 IT 技术的不断发展，行业应用的不断拓宽，原有的应用型教材很难满足时代发展的需要，特别是已有教材中，与行业背景、岗位需求紧密结合，以项目实训为特色的教材还不是很多，而这种突出项目实训、培养操作技能的应用型教材正是当前高等职业院校迫切需要的。

为此，在教育部关于建设精品课程相关文件和职业教育专家的指导下，以培养动手能力强、符合用人单位需求的熟练掌握操作技能的应用型人才为宗旨，我们组织职业教育专家、企业开发人员以及骨干教师编写了本套计算机操作技能与项目实训示范性教程——国家“十 五”高职高专计算机应用型规划教材。本套丛书重点放在“基础与项目实训”上（基础指的是相应课程的基础知识和重点知识，以及在实际项目中会应用到的知识，基础为项目服务，项目是基础的综合应用）。

我们力争使本套丛书符合精品课程建设的要求，在内容建设、作者队伍和体例架构上强调“精品”意识，力争打造出一套满足现代高等职业教育应用型人才培养教学需求的精品教材。

丛书定位

本丛书面向高等职业院校、大中专院校、计算机培训学校，以及需要强化工作岗位技能的在职人员。

丛书特色

≫ 以项目开发为目标，提升岗位技能

本丛书中的各分册都是在一个或多个项目的实现过程中，融入相关知识点，以便学生快速将所学知识应用到实践工程项目中。这里的“项目”是指基于工作过程的，从典型工作任务中提炼并分析得到的，符合学生认知过程和学习领域要求的，模拟任务且与实际工作岗位要求一致的项目。通过这些项目的实现，可让学生完整地掌握、应用相应课程的实用知识。

≫ 力求介绍最新的技术和方法

高职高专的计算机与信息技术专业的教学具有更新快、内容多的特点，本丛书在体例安排和实际讲述过程中都力求介绍最新的技术（或版本）和方法，强调教材的先进性和时代感，并注重拓宽学生的知识面，激发他们的学习热情和创新欲望。

>> 实例丰富，紧贴行业应用

本丛书作者精心组织了与行业应用、岗位需求紧密结合的典型实例，且实例丰富，让教师在授课过程中有更多的演示环节，让学生在学习过程中有更多的动手实践机会，以巩固所学知识，迅速将所学内容应用于实际工作中。

>> 体例新颖，三位一体

根据高职高专的教学特点安排知识体系，体例新颖，依托"基础+项目实践+课程设计"的三位一体教学模式组织内容。

- 第 1 部分：够用的基础知识。在介绍基础知识部分时，列举了大量实例并安排有上机实训，这些实例主要是项目中的某个环节。
- 第 2 部分：完整的项目。这些项目是从典型工作任务中提炼、分析得到的，符合学生的认知过程和学习领域要求。项目中的大部分实现环节是前面章节已经介绍到的，通过实现这些项目，学生可以完整地应用、掌握这门课的实用知识。
- 第 3 部分：课程设计（最后一章）。通常是大的行业综合项目案例，不介绍具体的操作步骤，只给出一些提示，以方便教师布置课程设计。大部分具体操作的视频演示文件在多媒体教学资源包中提供，方便教学。

此外，本丛书还根据高职高专学生的认知特点安排了"光盘拓展知识"、"提示"和"技巧"等小项目，打造了一种全新且轻松的学习环境，让学生在行家提醒中技高一筹，在知识链接中理解更深、视野更广。

丛书组成

本丛书涵盖计算机基础、程序设计、数据库开发、网络技术、多媒体技术、计算机辅助设计及毕业设计和就业指导等诸多课程，包括：

- Dreamweaver CS3 网页设计基础与项目实训
- 中文 3ds Max 9 动画制作基础与项目实训
- Photoshop CS3 平面设计基础与项目实训
- Flash CS3 动画设计基础与项目实训
- AutoCAD 2009 中文版建筑设计基础与项目实训
- AutoCAD 2009 中文版机械设计基础与项目实训
- AutoCAD 2009 辅助设计基础与项目实训
- 网页设计三合一基础与项目实训
- Access 2003 数据库应用基础与项目实训
- Visual Basic 程序设计基础与项目实训
- Visual FoxPro 程序设计基础与项目实训
- C 语言程序设计基础与项目实训
- Visual C++程序设计基础与项目实训
- ASP.NET 程序设计基础与项目实训
- Java 程序设计基础与项目实训
- 多媒体技术基础与项目实训（Premiere Pro CS3）

- 数据库系统开发基础与项目实训——基于 SQL Server 2005

……

丛书作者

本丛书的作者均系国内一线资深设计师或开发专家、双师技能型教师、国家级或省级精品课教师，有着多年的授课经验与项目开发经验。他们将经过反复研究和实践得出的经验有机地分解开来，并融入字里行间。丛书内容最终由企业专业技术人员和国内职业教育专家、学者进行审读，以保证内容符合企业对应用型人才培养的需求。

多媒体教学资源包

本丛书各个教材分册均为任课教师提供一套精心开发的 DVD（或 CD）多媒体教学资源包，包含内容如下：

（1）所有实例的素材文件、最终工程文件

（2）本书实例的全程讲解的多媒体语音视频教学演示文件

（3）附送大量相关的案例和工程项目的语音视频技术教程

（4）电子教案

（5）相关教学资源

用书教师请致电（010）82896438 或发 E-mail：feedback@khp.com.cn 免费获取多媒体教学资源包。

此外，我们还将在网站（http://www.khp.com.cn）上提供更多的服务，希望我们能成为学校倚重的教学伙伴、教师学习工作的亲密朋友。

编者寄语

希望经过我们的努力，能提供更好的教材服务，帮助高等职业院校培养出真正的熟练掌握岗位技能的应用型人才，让学生在毕业后尽快具备实践于社会、奉献于社会的能力，为我国经济发展做出贡献。

在教材使用中，如有任何意见或建议，请直接与我们联系。

联系电话：（010）82896438

电子邮件地址：feedback@khp.com.cn

丛书编委会

2009 年 1 月

内容提要

本书由 Adobe 软件教育专家和资深动画设计师，结合多年教学和设计经验倾力编著。全书共分为 16 章：前 12 章为基础部分，分别介绍了 Flash CS3 的基础知识，基本图形的绘制，图形的编辑，色彩工具的应用，文本的编辑与应用，元件、库和实例，素材文件的导入，简单动画的制作，补间动画与多场景动画的制作，ActionScript 基础知识，组件的应用，动画作品的输出和发布等内容；第 13～15 章为项目实训部分，分别介绍了 3 个完整的综合项目实训案例——片头动画、广告动画和网站动画，便于学生进一步掌握 Flash 动画制作的方法和技巧；最后一章提供了 3 个课程设计，方便教师安排课程设计作业。

为方便教学，本书特为任课教师提供了教学资源包（1DVD），包括电子教案、21 小节播放时间长达 342 分钟的多媒体视频教学课程、书中全部实例的素材文件与场景文件。用书教师请致电（010）82896438 或发 E-mail：feedback@khp.com.cn 免费获取教学资源包（1DVD）。

本书注重实践，突出应用与实训，既可作为高等职业院校、大中专院校、计算机培训学校相关课程的教材，也可作为网页动画制作与设计人员、动画制作爱好者的参考用书。

本书编委会

主　编：文　东　张　薇

副主编：胡昌杰　樊　宙　杨　琳

参　编：于兴平　赵燕娟　常　伟

前　言

Flash CS3 是 Adobe 公司收购 Macromedia 公司后推出的网页动画制作软件，它在继承了以前各版本优点的基础上，还增加了丰富的绘图、动画转换和导入等新功能，并开发了 ActionScript 3.0 语言。Flash 出色的网页动画制作功能和较小的文件容量，使其已经成为网络多媒体发布的首选。另外，Flash 还被广泛应用于影视片头、多媒体光盘、电子贺卡、教学课件、电子游戏等领域。

本书从动画制作的实际角度出发，通过列举大量实例介绍 Flash 的基础操作，章后安排的上机实训，帮助读者巩固本章所学知识；书中提供的综合实训项目案例，帮助学生了解 Flash CS3 在动画设计中的实际应用，操作步骤清晰详细，便于学生快速掌握动画设计的操作流程与设计技巧；在最后 1 章还安排了课程设计，以增强学生实际动手能力，达到学以致用的目的。

全书共分 16 章：

第 1～12 章为基础部分，主要介绍了 Flash 各种菜单的功能及其使用方法，具体包括初识 Flash CS3，基本图形的绘制，图形的编辑，色彩工具的应用，文本的编辑与应用，元件、库和实例，素材文件的导入，简单动画的制作，补间动画与多场景动画的制作，ActionScript 基础知识，组件的应用，动画作品的输出和发布等内容。

第 13～15 章为项目实训部分，分别介绍了 3 个完整的综合实训项目案例——片头动画、广告动画和网站动画，在介绍这些实训项目案例制作流程和实现方法的同时，作者将 Flash CS3 动画设计中涉及的专业知识和设计理念融入其中，便于学生进一步掌握 Flash 动画制作的方法和技巧，从而提高动画设计水平。

第 16 章提供了 3 个课程设计——手写书法文字、视频播放器和鼠标跟随效果，每个课程设计都给出了相应的操作提示，方便教师安排课程设计作业。

为方便教学，本书特为任课教师提供了教学资源包（1DVD），包括电子教案、21 小节播放时间长达 342 分钟的多媒体视频教学课程、书中全部实例的素材文件与场景文件。用书教师请致电（010）82896438 或发 E-mail：feedback@khp.com.cn 免费获取教学资源包（1DVD）。

本书注重实践，突出应用与实训，既可作为高等职业院校、大中专院校、计算机培训学校相关课程的教材，也可作为网页动画制作与设计人员、动画制作爱好者的参考用书。

由于编者水平有限，书中难免存在疏漏和不足之处，希望广大读者朋友批评指正。

编　者
2009 年 4 月

目 录

第 1 章

初识 Flash CS3

本章首先带领读者整体了解 Flash 的历史、现状和未来，并介绍 Flash 的一些特点、应用领域和基本术语，然后介绍了 Flash CS3 的工作界面、文件操作等相关内容。

知 识 点

- Flash 的发展
- Flash 动画的特点
- Flash 动画的应用领域
- Flash 中的基本术语
- Flash CS3 的工作界面
- 文件的基本操作
- 设置动画场景
- 设置参数

1.1 Flash 的发展

Flash是目前最优秀的网络动画编辑软件之一，已经得到了整个网络界的广泛认可，并逐渐占据网络广告的主体地位，学好Flash已经成为衡量网站设计师水平高低的重要标准。

1.1.1 Flash 的历史

在Flash出现之前，由于网络的带宽不足和浏览器支持等原因，通常网页上播放的动画只有两种：一种是借助软件厂商推出的附加到浏览器上的各种插件，观看特定格式的动画，但效果并不理想；另一种是观看GIF格式图像实现的动画效果，由于该格式只有256色，加上动画效果单调，因此不能满足网民的视觉需求，网民强烈地希望网上的内容更丰富、更精彩、更富有互动性。

Macromedia公司利用自己在多媒体软件开发上的优势，对收至麾下的矢量动画软件Future Splash Animator进行了修改，并赋予其一个闪亮的名字——Flash。由于网络技术的局限性，Flash 1.0和Flash 2.0均未得到业界的重视。Flash真正的火爆是从Flash 3.0版本开始的，到了1999年6月发布的Flash 4.0版本，其制作的动画开始大量地在网上传播，已经逐渐成为了网页交互多媒体动画设计软件的标准。2000年，Flash 5.0掀起了全球的闪客旋风，Flash 5.0把矢量图的精确性和灵活性与位图、声音、动画巧妙融合，功能有了显著的增强，使用它可以独立制作出具有冲击力效果的网页和个性化的站点。如图1-1所示为含有Flash技术的flash.tom.com网站。

Flash 5.0 开始了对 XML 和 Smart Clip（智能影片剪辑）的支持。ActionScript 的语法已经开始发展成为一种完整的面向对象的语言，并且遵循 ECMAScript 的标准，就像 JavaScript 那样。后来，Macromedia 公司又陆续发布了新一代的网络多媒体动画制作软件——Flash MX，2003 年秋，又推出 Flash MX 2004。这些激动人心的产品给网民，尤其是网页制作人员和多媒体动画创作人员，带来了很大的便利。Macromedia 公司为 Flash 加入了流

图 1-1　flash.tom.com 网站

媒体（flv）的支持，使 Flash 可以处理基于 on6v 编 / 解码标准的压缩视频。

从 Flash 8.0 版本开始，Flash 已不能再被称为矢量图形软件，因为其处理能力已延伸到了视频、矢量、位图和声音。

1.1.2 Flash 的现状

2006 年，Macromedia 公司被 Adobe 公司收购，由此带来了 Flash 的巨大变革，2007 年 3 月 27 日发布的 Flash CS3 成为 Adobe Creative Studio（CS3）中的一员，与 Adobe 公司的矢量图形软件 Illustrator 及被称为业界标准的位图图像处理软件 Photoshop 完美地结合在一起，三者之间不仅实现了用户界面上的互通，还实现了文件的互相转换。更重要的是，Flash CS3 支持全新脚本语言 ActionScript 3.0，ActionScript 3.0 是 Flash 历史上的第二次飞跃，此后，ActionScript 终于被认可为一种"正规的"、"完整的"、"清晰的"面向对象语言。新的 ActionScript 包含上百个类库，这些类库涵盖了图形、算法、矩阵、XML、网络传输等诸多范围，为开发者提供了一个丰富的开发环境基础，如图 1-2 所示为 Flash CS3 的启动界面。

图 1-2　Flash CS3 的启动界面

Flash 的动画播放器目前在全世界计算机上的普及率达到 98.8%，这是迄今为止市场占有率最高的软件产品（超过了 Windows、DOS、Office 及任何一种输入法），通过 Flash 播放器，开发者制作的 Flash 影片能够在不同的平台上以同样的效果运行，目前，在包括 Sony PSP 及 PS3 系列、Microsoft Xbox 系列、Microsoft Windows Mobile 系列的 PC 和嵌入式平台上，都可以运行 Flash。业界普遍认为 Flash 的下一个主要应用平台将出现在移动设备上，LG "爱巧克力"手机是一个开拓者，它完全使用 Flash 作为手机操作系统的用户界面。

对于网页设计师而言，Flash CS3 是一个完美的工具，用于设计交互式媒体页面，或专业开发多媒体内容，它强调对多种媒体的导入和控制。针对高级的网络设计师和应用程序开发人员，Flash 是不同于其他任何应用程序的组合式应用程序。从表面上看，Flash 是介于面向 Web 的位图处理程序和矢量图形绘制程序之间的简单组合体，但其功能却比简单的组合强大很多，它是一种交互式的多媒体创作程序，同时也是如今最为成熟的动画制作程序，适合于各种各样的动画制作——从简单的网页修饰到广播品质的卡通片。另外，Flash 支持强大、完整的 ActionScript 语言，使得 Flash 与 XML、HTML 和其他内容能够以多种方式联合使用。因此，Flash 也是一种能够和 Web 的其他部分通信的脚本语言。

1.1.3 Flash 的未来

不管未来将会如何发展，矢量图形界面已被公认为是未来操作系统／网站／应用程序／RIA（Rich Internet Applications，富因特网应用程序）的发展方向，矢量图形界面能够给用户带来更丰富的交互体验，基于矢量图形的用户界面设计与开发将在未来成为数字艺术领域中的一个越来越重要的分支。无论是创建动画、广告、短片或是整个 Flash 站点，Flash 都是最佳选择，因为它是目前最专业的网络矢量动画软件。

1.2 Flash 动画的特点

　　Flash 是 Macromedia 公司出品的交互式网页动画制作软件。从简单的动画到复杂的交互式 Web 应用程序，它几乎可以帮助用户完成任何作品。作为当前业界最流行的动画制作软件，Flash CS3 有其独特的技术优势，了解这些知识对于今后的学习和制作动画有很大帮助。

1. 矢量格式

　　用 Flash 绘制的图形都可以是矢量图形，其特点是不管怎样放大、缩小仍然清晰可见，且文件所占用的存储空间非常小，非常有利于在网络上进行传播。

2. 支持多种文件导入

　　如果用户是一位平面设计师，自然喜欢用 Photoshop、Illustrator、Freehand 等软件制作图形和图像，但这并不影响使用 Flash。当在其他软件中做好这些图像后，可以使用 Flash 中的导入命令将做好的图像导入到 Flash 中，然后进行动画的制作。另外，Flash 还可以导入 Adobe PDF 电子文档和 Adobe Illustrator 10 文件，并保留源文件的精确矢量图。

3. 支持导入音频

　　Flash 支持声音文件的导入，在 Flash 中可以使用 MP3。MP3 是一种压缩性能比较高的音频格式，能很好地还原声音，不仅能保证在 Flash 中添加的声音文件有很好的音质，又能保证文件具有很小的体积。

4. 支持导入视频

　　Flash 提供了功能强大的视频导入功能，可以让用户的 Flash 应用程序界面更加丰富多彩。除此之外，Flash 8.0 还支持从外部调用视频文件，大大缩短了输出时间。

5. 支持流式下载

　　GIF、AVI 等传统动画文件，由于其必须在文件全部下载后才能开始播放，因此需要等待很长时间，而 Flash 支持流式下载，可以一边下载一边播放，大大节省了浏览时间。

6. 交互性强

　　在传统视频文件中，用户只有观看的权利，并不能和动画进行交流，假如希望在一段动画中添加一个小的游戏，那么使用 Flash 是一个很好的选择，它内置的 ActionScript 脚本运行机制可以让用户添加任何复杂的程序，这样就可以实现炫目的效果。

　　另外，脚本程序语言在动态数据交互方面有了重大改进，ASP 功能的全面嵌入使得制作一个完整意义上的 Flash 动态商务网站成为可能，用户甚至还可以用它来开发一个功能完备的虚拟社区。

7. 平台的广泛支持

　　任何安装有 Flash Player 插件的网页浏览器都可以观看 Flash 动画，根据 Macromedia 公司的官方统计资料显示，目前已有 95% 以上的浏览器安装了 Flash Player 观看 Flash 制作的动画影片，这几乎跨越了所有的浏览器和操作系统，因此，Flash 动画已经逐渐成为应用最为广泛的多媒体形式。

1.3 Flash 动画的应用领域

根据 Flash 动画的特点，目前它主要应用在以下几个方面。

1. 宣传广告动画

宣传广告动画无疑是Flash最广泛的一个应用领域。由于在新版Windows操作系统中已经预装了Flash插件，使得Flash在这个领域的发展非常迅速，已经成为大型门户网站广告动画的主要形式。目前，新浪、搜狐等大型门户网站都很大程度地使用了Flash动画，如图 1-3所示就是网站中的Flash广告动画。

2. 产品功能演示

很多产品被开发出来以后，为了让人们了解产品的功能，设计者往往使用 Flash 来制作一个演示片，以便能全面地展示产品的特点，如图 1-4 所示为演示动画。

图 1-3　Flash 广告动画

图 1-4　演示动画

3. 教学课件

对于"灵魂的工程师们"来说，Flash 是一个完美的教学课件开发软件。由于 Flash 操作简单、输出文件体积小，而且交互性很强，因此非常有利于教学的互动。如图 1-5 所示为一个非常典型的 Flash 教学课件。

4. 音乐 MTV

自从有了 Flash，在网站上实现 MTV 就成为可能。由于 Flash 支持 MP3 音频，而且能边下载边播放，大大节省了下载的时间和所占用的带宽，因此迅速在网上火爆起来。如图 1-6 所示的是一个《笑傲江湖》的 MTV。

图 1-5　厂房建设教学课件

图 1-6　《笑傲江湖》MTV

提 示

能一边下载一边播放的动画，称为"流式动画"。

5. 故事片

提到故事片，相信大家可以举出一大堆经典的 Flash 故事片，如三国系列、春水系列、流氓兔系列等。搞笑是 Flash 故事片的一贯作风，制作精美的 Flash 故事片手绘是少不了的，需多加修炼。如图 1-7 所示的是三国系列中的经典剧目《三英战吕布》。

6. 网站导航

由于 Flash 能够响应鼠标单击、双击等事件，因此很多网站利用这一特点制作出具有独特风格的导航条，如图 1-8 所示。

图 1-7　三国系列《三英战吕布》

图 1-8　导航界面

7. 网站片头

追求完美的设计者往往希望自己的网站能让浏览者过目不忘，于是就出现了炫目的网站片头。现在几乎所有的个人网站或设计类网站都有网站片头动画，如图 1-9 所示为某一网站片头。

8. 游戏

提起 Flash 游戏，就忘不了小小，小小工作室制作了很多非常优秀的作品，如图 1-10 所示。

图 1-9　网站片头

图 1-10　小小作品

Flash 的功能远远不止这些，但足以给予我们很多机会从事具有挑战性的工作，同时获得创作的乐趣。

1.4　Flash 中的基本术语

初次接触 Flash 软件的读者，需要了解如矢量图形、位图图像、场景、帧等名词。

1.4.1 矢量图形和位图图像

计算机对图像的处理方式有矢量图形和位图图像两种。在Flash中用绘图工具绘制的是矢量图形，而在使用Flash时，会接触到矢量图形和位图图像两种，并会经常交叉使用，互相转换。

1. 矢量图形

矢量图形是用包含颜色和位置属性的点和线来描述的图像。以直线为例，它利用两端的端点坐标和粗细、颜色来表示直线，因此无论怎样放大图像，都不会影响画质，依旧保持其原有的清晰度。通常情况下，矢量图形的文件体积要比位图图像的体积小，但是对于构图复杂的图像来说，矢量图形的文件体积比位图图像的体积还要大。另外，矢量图形具有独立的分辨率，它能以不同的分辨率显示和输出。如图 1-11 所示是矢量图形及其放大后的效果。

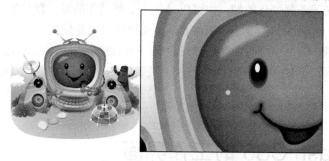

图 1-11　矢量图形及其放大后的效果

2. 位图图像

位图图像是通过像素点来记录图像的。许多不同色彩的点组合在一起后，就形成了一幅完整的图像。位图图像存在的方式及所占空间的大小是由像素点的数量来控制的。像素点越多，分辨率越大，图像所占容量也越大。位图图像能够精确地记录图像丰富的色调，因而它弥补了矢量图形的缺陷，可以逼真地表现自然图像。对位图的放大，实际是对像素点的放大，因此放大到一定程度，就会出现马赛克现象。如图 1-12 所示为位图图像及其放大后的效果。

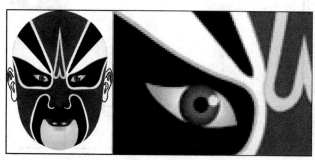

图 1-12　位图图像及其放大后的效果

1.4.2 场景和帧

1. 场景

场景是设计者直接绘制帧图或者从外部导入图形之后进行编辑处理，形成单独的帧图，再将单独的帧图合成为动画的场所。场景需要有固定的长、宽、分辨率、帧的播放速率等。

2. 帧

帧是一个数据传输中的发送单位，帧内包含一个信息。在 Flash 中，帧是指时间轴面板中窗格内一个个的小格子，由左至右编号，每帧都可以包含需要显示的所有图像、声音等信息，在播放时，每帧内容会随时间轴一个个地放映而改变，最后形成连续的动画效果。帧又称为静态帧，是依赖于关键帧的普通帧，普通帧中不可以添加新的内容。有内容的静态帧呈灰色，空的静态帧显示白色。

关键帧是定义了动画变化的帧，也可以是包含了帧动作的帧。默认情况下，每一层的第一帧是关键帧，在时间轴上关键帧以黑点表示。关键帧可以是空的，可以使用空的关键帧作为一种停止显示指定图层中已有内容的方法。时间轴上的空白关键帧以空心小圆圈表示。

帧序列是某一层中的一个关键帧到下一个关键帧之间的静态帧，不包括下一个关键帧。帧序列可以选择为一个实体，这意味着它们容易复制并可以在时间轴中移动。

1.5 Flash CS3 的工作界面

要熟练制作动画，首先需掌握如图 1-13 所示的 Flash CS3 工作界面中各要素的使用方法及功能。通过学习菜单命令、工具的使用方法和各面板的应用方法，进而熟悉专业术语。

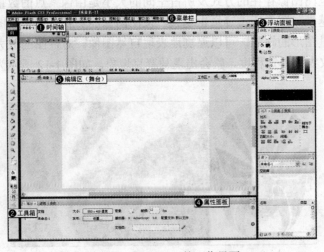

图 1-13　Flash CS3 的工作界面

通常情况下，使用 Flash 创建或编辑电影时，涉及如下几个关键的区域。

① 时间轴：表示动画播放过程中随时间变化的序列。
② 工具箱：内含动画创建中所需的图形绘制、视图查看以及填充颜色、选项等工具。
③ 浮动面板：有助于查看、组织和更改文档中的元素。
④ "属性"面板：显示与相应工具相关联的设置。
⑤ 编辑区（舞台）：编辑和播放电影的区域。
⑥ 菜单栏：提供使用的命令。

1.5.1　菜单栏

Flash CS3 的菜单栏如图 1-14 所示，与许多应用程序一样，Flash 的菜单栏复制了绝大多数通过窗口和面板可实现的功能。

文件(F)　编辑(E)　视图(V)　插入(I)　修改(M)　文本(T)　命令(C)　控制(O)　调试(D)　窗口(W)　帮助(H)

图 1-14　菜单栏

- "文件"："文件"菜单主要用于一些基本的文件管理操作，如新建、保存、打印等，该菜单也是最常用和最基本的功能。
- "编辑"："编辑"菜单主要用于一些基本的编辑操作，如复制、粘贴、选择及相关设置等。
- "视图"："视图"菜单中的命令主要用于屏幕显示的控制，如缩放、网格、各区域的显示与隐藏等。
- "插入"："插入"菜单提供的多为插入命令，例如，向库中添加元件、在动画中添加场景、在场景中添加层、在层中添加帧等操作，都是制作动画时所需的命令组。
- "修改"："修改"菜单中的命令主要用于修改动画中各种对象的属性，如帧、层、场景，甚至动画本身等，这些命令都是进行动画编辑时必不可少的重要工具。
- "文本"："文本"菜单提供处理文本对象的命令，如字体、字号、段落等文本编辑命令。
- "命令"："命令"菜单提供了命令的功能集成，用户可以扩充这个菜单，以添加不同的命令。
- "控制"："控制"菜单相当于 Flash CS3 电影动画的播放控制器，通过其中的命令可以直接控制动画的播放进程和状态。
- "调试"："调试"菜单提供了影片脚本的调试命令，包括跳入、跳出、设置断点等。
- "窗口"："窗口"菜单提供了 Flash CS3 所有的工具栏、编辑窗口和面板，是当前界面形式和状态的总控制器。
- "帮助"："帮助"菜单包含了丰富的帮助信息、教程和动画示例，是 Flash CS3 提供的帮助资源的集合。

1.5.2　时间轴

时间轴由显示影片播放状况的帧和表示阶层的图层组成，如图1-15所示。时间轴是Flash

中最为重要的部分，它控制着影片的播放和停止播放等操作。Flash动画的制作方法与一般的动画制作方法一样，将每个帧画面按照一定的顺序和一定的速度播放，反映这一过程的是时间轴。图层可以理解为将各种类型的动画以层级结构重放的空间。同时，如果要制作包括多种动作或特效、声音的影片，就要建立放置该内容的图层。

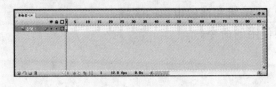

图 1-15　时间轴

1.5.3　工具箱

工具箱包括一套完整的 Flash 图形创作工具，与 Photoshop 等其他图像处理软件的绘图工具非常类似。工具箱中放置了可供编辑图形和文本的各种工具，利用这些工具可以进行绘图、选取、喷涂、修改及编排文字等操作，有些工具还可以改变查看工作区的方式。在选择了某一工具时，其对应的附加选项会在工具箱下面的位置出现，附加选项的作用是改变相应工具对图形处理的效果。

工具箱共分为工具区、查看区、颜色区、选项区和信息区 5 个区域，工具箱中部分工具的名称和功能介绍如下。

- 选择工具：选择图形、拖曳、改变图形的形状。
- 部分选取工具：选择图形、拖曳和分段选取。
- 任意变形工具：变换图形形状。
- 渐变变形工具：用于改变一些特殊图形的外观，如渐变图形的变化。
- 套索工具：选择部分图像。
- 钢笔工具：制作直线和曲线。
- 文本工具：制作和修改字体。
- 线条工具：制作直线条。
- 椭圆工具：制作椭圆形。
- 矩形工具：制作矩形和圆角矩形。
- 铅笔工具：制作线条和曲线。
- 刷子工具：制作闭合区域图形或线条。
- 墨水瓶工具：改变线条的颜色、大小和类型。
- 颜料桶工具：填充和改变封闭图形的颜色。
- 滴管工具：选取颜色。
- 橡皮擦工具：去除选定区域的图形。

1.5.4　舞台和工作区

舞台是用户在创作时观看自己作品的场所，也是用户对动画中的对象进行编辑、修改的场所。对于没有特殊效果的动画，在舞台上也可以直接播放，而且最后生成的.SWF 播放文件中播放的内容也只限于在舞台上出现的对象，其他区域的对象不会在播放时出现。

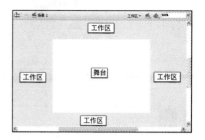

工作区是舞台周围的所有灰色区域，通常用于动画的开始和结束点的设置，即动画播放过程中对象进入舞台和退出舞台时的位置设置。工作区中的对象除非在某时刻进入舞台，否则不会在影片的播放中看到。

舞台和工作区的分布如图 1-16 所示。

图 1-16　舞台和工作区

舞台是 Flash CS3 中最主要的可编辑区域，在舞台中可以直接绘图，或者导入外部图形文件进行编辑，再把各个独立的帧合成在一起，以生成最终的电影作品。与电影胶片一样，Flash 影片也将时长分为帧。舞台就是创作影片中各个帧内容的区域，可以在其中直接勾画插图，也可以在舞台中安排导入的插图。

1.5.5　浮动面板

浮动面板是 Macromedia 网页设计软件中的亮点，利用该面板能方便地完成大多数的属性设定。用户可以将浮动面板随意摆放，也可以在不需要时关闭它们，甚至还可以根据习惯随意组合常用的面板，使操作更加得心应手。

1. 打开/关闭面板

面板的打开/关闭方式和工具箱完全一样，使用"窗口"菜单下的命令可以打开或关闭面板，如图 1-17 所示。

在菜单中有部分命令后面带有黑色小三角形，表示后面还有级联菜单，当鼠标指向该命令时，其级联菜单就会自动弹出，如图 1-18 所示。

图 1-17　打开或关闭面板

图 1-18　显示级联菜单

和其他菜单命令一样，选择"窗口"菜单下的某一条命令就可以打开一个面板。例如，要打开"对齐"面板，选择菜单"窗口"|"对齐"命令即可，"对齐"面板如图 1-19 所示。

如果要关闭"对齐"面板，可以再次选择菜单 "窗口"|"对齐"命令。另外，单击面板上的"关闭"按钮，也可以关闭该面板，如图 1-20 所示。

图1-19　"对齐"面板

图1-20　关闭面板

提 示 ● ● ●

如果要关闭所有面板，可以选择菜单"窗口"|"隐藏面板"命令。

---

2. 展开/折叠面板

窗口中的面板主要有两部分：一部分是窗口底部的"动作"、"属性"面板，如图1-21所示；另一部分是右侧的"颜色"、"库"面板，如图1-22所示。

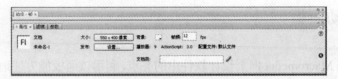

图1-21　"动作"、"属性"面板

上述面板在很多默认情况下是没有展开的，如窗口底部的"动作"面板。要展开该面板，选择菜单"窗口"|"动作"命令即可，"动作"面板如图1-23所示。

图1-22　"颜色"、"库"面板

图1-23　展开后的"动作"面板

除可使用菜单命令展开面板外，单击面板右上角的"还原"按钮也能将其展开，如图1-24所示。展开面板后，"还原"按钮变为"最小化"按钮，如图1-25所示。

3. 分离/组合面板

在某个浮动面板（这里以"颜色"面板为例）的标签上单击，如图1-26所示；然后拖动鼠标到工作区，如图1-27所示。松开鼠标，选中的面板就从原面板组中分离出来并变成一个独立的面板，如图1-28所示。

图 1-24　"还原"按钮

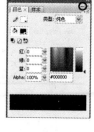

图 1-25　"还原"按钮变为"最小化"按钮

图 1-26　在"颜色"面板的标签上单击

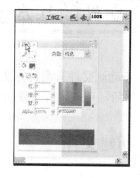

图 1-27　拖动鼠标到工作区

若要组合面板，可再次在"颜色"面板的标签上单击，然后拖动鼠标到底部的面板组中，如图 1-29 所示。

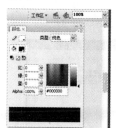

图 1-28　分离的"颜色"面板

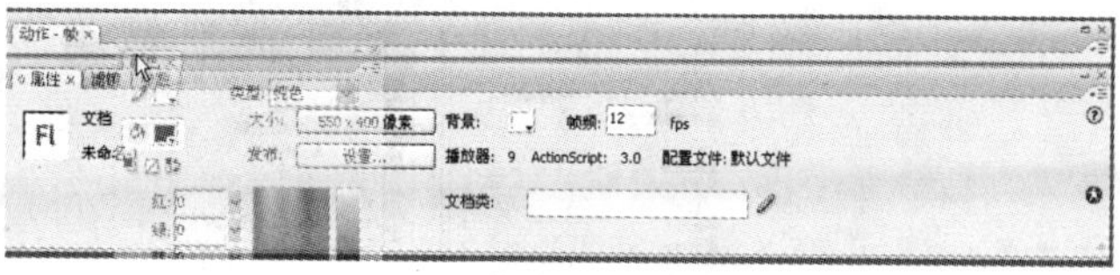

图 1-29　拖曳"颜色"面板至底部面板组中

松开鼠标，"颜色"面板就被放置在新的位置，如图 1-30 所示。

图 1-30　创建新的面板组

1.5.6　"属性"面板

"属性"面板中的内容不是固定的，它会随着选择对象的不同而显示不同的设置项，如图 1-31 所示。例如，选择绘图工具时的"属性"面板和选择工作区中的对象或选择某一帧时的"属性"面板都提供与其相应的选项。因此，用户可以在不打开面板的状态下，方便地设置或修改各属性值。

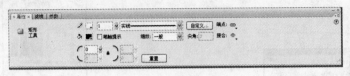

图 1-31 "属性" 面板

1.6 文件的基本操作

创建Flash动画文件有两种方法,一种是新建空白的动画文件,另一种是新建模板文件。在创建好文件后,可以设置文件的属性。文件建立完成后,可以保存并预览动画。

1.6.1 新建文件

制作动画之前,需创建新文件。选择菜单"文件"|"新建"命令,打开"新建文档"对话框,如图 1-32 所示。或者在 Flash CS3 的初始界面上选择"新建"区域的"Flash 文件"选项,也可以创建新的动画文件。

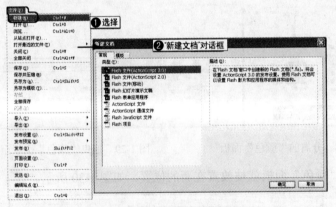

图 1-32 打开"新建文档"对话框

"新建文档"对话框中的"类型"列表框中有"Flash 文件（ActionScript 3.0）"、"Flash 文件（ActionScript 2.0）"、"Flash 文件（移动）"、"Flash 幻灯片演示文稿"、"Flash 表单应用程序"、"ActionScript 文件"、"ActionScript 通信文件"、"Flash JavaScript 文件"和"Flash 项目" 9 个开始选项。单击选择任一项,在对话框右边的"描述"列表框中将显示对当前选择对象的描述。

1. Flash 文件

选择"Flash 文件（ActionScript 3.0）"、"Flash 文件（ActionScript 2.0）"或"Flash 文件（移动）"任何一个选项,将在 Flash 文档窗口中新建一个 Flash 文档,进入动画编辑主界面,如图 1-33 所示。

图 1-33　动画编辑主界面

2.“Flash 幻灯片演示文稿”和“Flash 表单应用程序”

多窗口开发环境是 Flash CS3 的一种基于多窗口开发的设计环境，是开发应用软件和幻灯片演示文稿的理想选择。多窗口提供的编辑状态用户界面，容易让用户产生复杂、分等级的 Flash 文档，如幻灯片或基于表单的应用程序。而多窗口提供多层次的方法来创造应用程序，用户可以做两个不同的基于窗口的文档，一个是 Flash 幻灯片演示文稿，适用于有顺序的内容，像是一个幻灯片演示文稿，如图 1-34 所示。另一个是 Flash 表单应用程序，非线性的基于表单的应用程序，包括丰富的因特网应用程序，如图 1-35 所示。

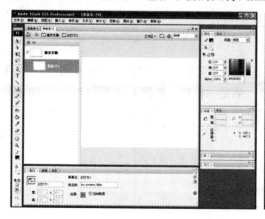
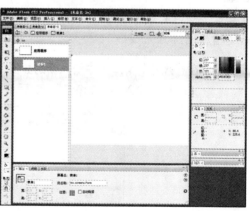

图 1-34　Flash 幻灯片演示文稿　　　　　图 1-35　Flash 表单应用程序

3．ActionScript（动作脚本）文件

用来创建一个外部脚本文件（.as），并在脚本窗口中对其进行编辑。

4．ActionScript（动作脚本）通信文件

创建一个新的外部脚本通信文件（.asc），并在脚本窗口中对其进行编辑。

5．Flash JavaScript 文件

创建一个新的外部 JavaScript 文件（.jsf），并在脚本窗口中对其进行编辑。

6. Flash 项目

创建一个新的 Flash 项目文件（.flp）。使用 Flash 项目文件组合相关文件（.fla、.as、.jsf 及媒体文件），为这些文件建立发布设置，并实施版本控制选项。

1.6.2　设定文件大小

如果编辑区过大，可将其改小，操作步骤如下：

Step 01 展开"属性"面板后在舞台上空白的地方单击。

Step 02 单击 [550 x 400 像素] 按钮，如图 1-36 所示。这时将弹出"文档属性"对话框，如图 1-37 所示。

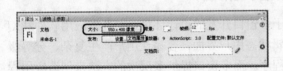

图 1-36　"属性"面板　　　　　图 1-37　"文档属性"对话框

提　示

在舞台上空白的地方单击，是为了保证不选中任何对象，这样才能在"属性"面板中显示文档属性。

Step 03 在"尺寸"文本框中输入新的数值，这里在宽度文本框中输入"400 像素"，在高度文本框中输入"300 像素"，然后单击"确定"按钮，如图 1-38 所示。

图 1-38　重新调整后的舞台

1.6.3 设定文件背景颜色

如果需要调整文件的背景颜色，单击"属性"面板中的"背景"颜色框，如图 1-39 所示。

图 1-39 "背景"颜色框

这时将弹出一个拾色器，将光标移到喜欢的色块上并单击，当前文件的背景颜色便转换成所选择的颜色，如图 1-40 所示。

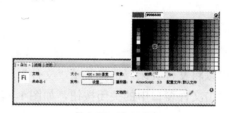

图 1-40 拾取背景颜色

1.6.4 设定动画播放速率

在"属性"面板上还有一项是"帧频"，如图 1-41 所示。

图 1-41 设定"帧频"

利用帧频可以调整动画的播放速度，也就是每秒内能播放的帧数。帧频率太小，会使动画看起来不连续；帧频率太快，又会使动画的细节变得模糊。在网页上，12 帧/秒（fps）的速率通常都能得到很好的效果。

由于整个 Flash 文档只有一个帧频率，因此在创建动画之前就应当设定好帧频率。

1.6.5 保存文件

动画制作完成后需要将动画文件保存起来，其操作步骤如下：

Step 01 选择菜单"文件"|"保存"命令，这时将弹出"另存为"对话框，如图 1-42 所示。

Step 02 在对话框上部"保存在"下拉列表框中选择文件保存的位置，然后在"文件名"文本框中输入文件名。

Step 03 单击"保存"按钮即可将文件保存起来。保存后的文件的扩展名为.fla，如图 1-43 所示。

图1-42 "另存为"对话框   图1-43 保存后的文件扩展名为.fla

上述保存后的文件是 Flash 动画的源文件，如果以后还需对文件进行修改，要保存成.fla
文件，因为输出后的动画文件是不能被再次修改的。

1.6.6 关闭文件

如果工作已经完成，可以将文件关闭。选择菜单"文件"|"退出"命令即可将文件关
闭。最简单的方法是直接单击文件窗口中的关闭按钮，如图1-44所示。

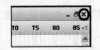

图1-44 "关闭"按钮

1.6.7 打开文件

启动 Flash CS3 后，可以打开以前保存下来的文件。
选择菜单 "文件"|"打开"命令，这时将弹出"打开"
对话框，如图1-45所示。

利用"查找范围"下拉列表找到要打开的文件，然后
双击该文件，便会在 Flash CS3 中打开该文件。

1.6.8 测试文件

图1-45 "打开"对话框

打开一个 Flash CS3 影片文件后，按 Enter 键，或者选择菜单"控制"|"播放"命令，
可以播放该影片。在播放影片的过程中，在时间轴窗口上会有一个红色的播放头从左向右
移动。

若需要测试整个影片，则选择菜单"控制"|"测试影片"命令，或者按 Ctrl+Enter 组
合键即可。

如果希望保存动画文件，选择菜单"文件"|"保存"命令，或者按 Ctrl+S 组合键即可。

1.7 设置动画场景

新建一个 Flash 影片文件后，需要设置该影片的相关信息，如影片的尺寸、播放速率、背景色等。另外，为了更加方便地制作动画，可以使用网格、标尺、辅助线等相关功能。

1.7.1 设置文档属性

单击"属性"面板中的 550 × 400 像素 按钮，可以打开如图 1-46 所示的"文档属性"对话框。

图 1-46 "文档属性"对话框

- "标题"：设置动画的标题文字。
- "描述"：设置动画的说明信息。
- "尺寸"：影片的尺寸。在"宽"和"高"文本框中分别输入影片文件的宽度和高度，默认尺寸为 550 像素×400 像素。最小尺寸是 18 像素×18 像素，最大尺寸是 2880 像素×2880 像素。
- "匹配"：选择"打印机"单选按钮后，会使影片尺寸与打印机的打印范围完全吻合。选中"内容"单选按钮后，会使影片内的对象大小与屏幕完全吻合。
- "背景颜色"：影片的背景颜色。单击该按钮可以从色彩列表中挑选一种色彩。
- "帧频"：影片播放速率，即每秒要显示的帧的数目。对于网上播放的动画，设置为 8～12 帧/秒就足够了。
- "标尺单位"：选择标尺的单位。可用的单位有像素、英寸、点、厘米和毫米。
- "设为默认值"：单击此按钮可以将当前设置保存为默认值。

设置完成后，单击"确定"按钮即可。

1.7.2 使用标尺、网格和辅助线

1. 标尺

用户可以将标尺放在电影画面的顶部和左侧，也可以不打开标尺。在标尺被打开后，如果用户在工作区内移动一个元素，那么元素的尺寸位置就会反映到标尺上。

显示或隐藏标尺的方法是：选择菜单"视图"|"标尺"命令或者按 Ctrl+Alt+Shift+R

组合键。如图 1-47 所示为动画窗口中的标尺。

图 1-47 标尺

2. 网格

网格是显示或隐藏在所有场景中的绘图栅格，如图 1-48 所示。

显示或隐藏网格的方法是：选择菜单"视图"|"网格"|"显示网格"命令或者按快捷键 Ctrl+'。如果选择菜单"视图"|"贴紧"|"贴紧至网格"命令，则舞台中的实例在排版时可以吸附到网格所交叉的点上；选择菜单"视图"|"网格"|"编辑网格"命令，在打开的"网格"对话框中编辑网格间的尺寸等信息，如图 1-49 所示。

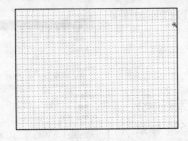

图 1-48 网格

图 1-49 编辑网格

- "颜色"：设置网格线的颜色。
- "显示网格"：设置是否显示网格。
- "贴紧至网格"：设置是否吸附到网格。
- 左右、上下箭头：设置网格线的间距，单位为像素。
- "贴紧精确度"：设置对齐网格线的精确度。

3. 辅助线

辅助线也用于实例的定位。从标尺处开始向舞台中拖动鼠标，会拖出一条绿色（默认）的直线，这条直线就是辅助线，如图 1-50 所示。不同的实例之间可以以这条线作为对齐的标准。用户可以移动、锁定、隐藏和删除辅助线，也可以将对象与辅助线对齐，或者更改辅助线颜色和对齐容差。

如果想显示或隐藏辅助线，可以选择菜单"视图"|"辅助线"|"显示辅助线"命令；如果想让实例与辅助线对齐，可以选择菜单"视图"|"贴紧"|"贴紧至辅助线"命令；当不再需要辅助线时，可以将其删除，方法是使用选择工具 将辅助线拖到水平或垂直标尺外部即可。

选择菜单"视图"|"辅助线"|"编辑辅助线"命令可以在"辅助线"对话框中进行辅助线参数的设置，如辅助线的颜色、是否显示、对齐、锁定等，如图 1-51 所示。

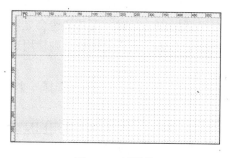

图 1-50 辅助线

图 1-51 设置辅助线参数

- "颜色"：设置辅助线的颜色。
- "显示辅助线"：设置是否显示辅助线。
- "贴紧至辅助线"：设置是否吸附到辅助线。
- "锁定辅助线"：设置是否将辅助线锁定。
- "贴紧精确度"：设置对齐辅助线的精确度。

1.8 设置参数

在特定情况下，在进行动画编辑制作之前需要对一些相关的参数进行设置，从而定制 Flash CS3 的工作环境。针对不同用户的操作习惯和喜好，Flash 中设有预置的选项，让用户使用得更加得心应手。

1.8.1 设置首选参数

选择菜单"编辑"|"首选参数"命令后，屏幕上会弹出"首选参数"对话框，如图 1-52 所示。"首选参数"对话框中有 9 个类别，用户可以在此设置相应的参数。

1. 设置常规参数

"常规"是默认的参数对话框类别，如图 1-52 所示。在该选项卡中可对以下参数进行设置。

图 1-52 常规设置

- "启动时"：默认设置是"欢迎屏幕"选项，另外还有"不打开任何文档"、"新建文档"、"打开上次使用的文档"选项。
- "撤销"：包括"文档层级撤销"和"对象层级撤销"。"层级"数设置得越高，所需的内存越多。
- "在选项卡中打开测试影片"：选中该复选框后，在选项卡中打开测试影片。
- "自动折叠图标面板"：选中该复选框后，画面中的浮动面板可以自动收缩。
- "选择"：设置选择的相关操作属性。若选中"使用 Shift 键连续选择"复选框，则只有在按住 Shift 键的前提下，才可以选择多个对象，否则只能逐次单击要选的对象。若选中"显示工具提示"复选框，则在光标指向工具时，工具旁边会显示工具的名称，反之亦然。如果选中"接触感应选择和套索工具"复选框，则使用选择和套索工具时，反应会敏感。

- "时间轴"：选中"基于整体范围的选择"复选框，可以在时间轴上选择一个区域；选中"场景上的命名锚记"复选框，可以在操作中指定一个场景。
- "加亮颜色"：设置舞台上所选对象的边框的显示颜色。若选中"使用图层颜色"单选按钮，则选中对象的边框颜色将采用所在层编辑区的小方块的颜色。若选中第2项，则可以单击右侧按钮，选择一种颜色作为选中对象的边框颜色，包括"绘画对象"、"绘画基本"、"组"、"符号"、"其他元素"。
- "项目"：包括"随项目一起关闭文件"和"在测试项目或发布项目时保存文件"复选框。
- Version Cue：用于设置是否允许使用 Version Cue 软件。
- "打印"：用于设置是否使用 PostScript 打印机输出文件。

2．设置 ActionScript 参数

参数设置中的 ActionScript 类别用于设置用户在使用 ActionScript 时的相关属性，如图 1-53 所示。

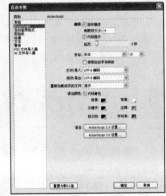

- "编辑"：主要用于设置使用 ActionScript 时的自动缩排及代码的延迟时间。
- "字体"：设置使用 ActionScript 编写脚本时所用的字体和字号。
- "打开/导入"、"保存/导出"：设置文档编码。
- "重新加载修改的文件"：设置重新加载修改的文件的提示方式。
- "语法颜色"：用于设置使用 ActionScript 时各处的颜色，包括"前景"、"背景"、"关键字"、"注释"、"标识符"、"字符串"等。

图 1-53　ActionScript 设置

- "语言"：设置 ActionScript 的语言。
- "重置为默认值"：单击该按钮，可以将 ActionScript 选项中的所有参数都设置为默认值。

3．设置自动套用格式参数

"自动套用格式"主要用于定义 ActionScript 代码显示的格式，如图 1-54 所示。选中任何一个复选框，可以实现如"在 if、for、switch、while 等后面的行上插入{"、"在函数、类和接口关键字后面的行上插入{"、"不拉近}和 else"、"函数调用中在函数名称后插入空格"、"运算符两边插入空格"、"不设置多行注释格式"等功能，可在下面的预览框中看到代码格式的效果。

4．设置剪贴板参数

选择"剪贴板"选项，显示"剪贴板"类别，主要用于设置应用剪贴板时的相关属性，如图 1-55 所示。

图 1-54　自动套用格式设置

图 1-55　剪贴板设置

- "颜色深度"：可以在其下拉列表中选择颜色的深度。
- "分辨率"：设置引入的位图的分辨率。
- "大小限制"：设置引入位图时，可以在剪贴板中占用的最大内存。选择"平滑"复选框，可以对位图进行光滑处理。
- "渐变质量"：主要是设置向剪贴板中复制对象时的渐变效果，包括"无"、"快速"、"一般"、"最佳"4 个选项。
- "FreeHand 文本"：选中"保持为块"复选框，则可调用 FreeHand 文本文件。

5. 设置绘画参数

"绘画"类别如图 1-56 所示，各选项说明如下。

- "钢笔工具"：选中"显示钢笔预览"复选框，在使用钢笔工具时将会显示跟随钢笔移动的预览线；选中"显示实心点"复选框，在使用钢笔工具时显示实心的节点；选中"显示精确光标"复选框，在使用钢笔工具时光标显示为十字形。
- "连接线"：设置两个独立的端点可连接的有效距离范围。
- "平滑曲线"：设置使用铅笔工具时所绘线条的光滑度。
- "确认线"：设置可以被拉直的用铅笔工具绘制的直线平直度。
- "确认形状"：设置可以被完善的用铅笔工具绘制的形状的规则度。
- "点击精确度"：设置单击的精度及其有效范围。

6. 设置文本参数

"文本"类别如图 1-57 所示，各选项说明如下。

- "字体映射默认设置"：设置默认映射的字体。
- "垂直文本"：选中"默认文本方向"复选框，则设置输入文本时使用默认的对齐方式；选中"从右至左的文本流向"复选框，则设置输入文本时使用由右至左的方式；选中"不调整字距"复选框，则可以在输入文本时不进行字距调整。
- "输入方法"：用来设置是以"日语和中文"还是以"韩文"作为输入语言。

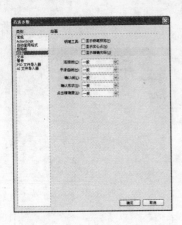

图 1-56　绘画设置

图 1-57　文本设置

7．设置警告参数

"警告"选项主要用来设定在特殊操作或者操作出现某些程序性可识别错误时，出现的相应警告信息。为了保证操作的正确、协调与合理性，一般采用默认设置，即选中所有复选框，如图 1-58 所示。

8．设置 PSD 文件导入器参数

Flash CS3 更好地支持了 Photoshop PSD 文件的导入，在"PSD 文件导入器"选项中可以设置相关参数，如图 1-59 所示。

图 1-58　警告设置

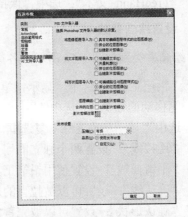

图 1-59　PSD 文件导入器设置

- "将图像图层导入为"：设置将 Photoshop 中的图像图层导入为的对象，包括"具有可编辑图层样式的位图图像"和"拼合的位图图像"。如果选中"创建影片剪辑"复选框，可以将图像图层转换为影片剪辑元件。

- "将文本图层导入为"：设置将 Photoshop 中的文本图层导入为的对象，包括"可编辑文本"、"矢量轮廓"和"拼合的位图图像"。如果选中"创建影片剪辑"复选框，可以将文本图层转换为影片剪辑元件。

- "将形状图层导入为"：设置将 Photoshop 中的形状图层导入为的对象，包括"可编辑路径与图层样式"、"拼合的位图图像"。如果选中"创建影片剪辑"复选框，可以将形状图层转换为影片剪辑元件。

- "图层编组"：如果选中"创建影片剪辑"复选框，可以将层组转换为影片剪辑元件。
- "合并的位图"：如果选中"创建影片剪辑"复选框，可以将合并的位图转换为影片剪辑元件。
- "影片剪辑注册"：设置影片剪辑元件注册点的位置。
- "压缩"：设置发布时的有损或无损压缩。
- "品质"：设置发布时的质量。

9. 设置 AI 文件导入器参数

Flash CS3 更好地支持了 Illustrator AI 文件的导入，在"AI 文件导入器"选项中可以设置相关参数，如图 1-60 所示。

- "常规"：可以设置"显示导入对话框"、"排除裁剪区域外的对象"和"导入隐藏图层"。
- "将文本导入为"：设置将 Illustrator 中的文字导入为的对象，包括"可编辑文本"、"矢量轮廓"和"位图"。如果选中"创建影片剪辑"复选框，可以将文字转换为影片剪辑元件。
- "将路径导入为"：设置将 Illustrator 中的路径导入为的对象，包括"可编辑路径"和"位图"。如果选中"创建影片剪辑"复选框，可以将路径转换为影片剪辑元件。
- "图像"：可以选择"拼合位图以保持外观"或"创建影片剪辑"复选框。

图 1-60　AI 文件导入器设置

- "组"：可以选择"导入为位图"或"创建影片剪辑"复选框。
- "图层"：可以选择"导入为位图"或"创建影片剪辑"复选框。
- "影片剪辑注册"：设置影片剪辑元件注册点的位置。

1.8.2　设置快捷键

使用快捷键可以大大提高工作效率，Flash 本身提供了包括菜单、命令、面板等许多快捷键，用户可以使用这些快捷键，也可以自己定义快捷键，使其与个人的习惯保持一致。

自定义键盘快捷键的步骤如下：

Step 01 选择菜单"编辑"|"快捷键"命令，打开"快捷键"对话框，如图 1-61 所示。

图 1-61　"快捷键"对话框

在该对话框中，Flash CS3 为用户配置了 Adobe 标准、Fireworks 4、Flash 5.0、FreeHand 10、Illustrator 10、Photoshop 6 等快捷方式，用户可以更方便地使用 Flash CS3。

通常来说，以上几种快捷方式对于普通用户就足够用了，但是如果是特殊用户或者是普通用户在特殊情况下有更多需要时，还可进行其他选择。Flash CS3 提供了自定义快捷方式的功能，可以方便快捷地满足用户的需要，定义出称心如意的个性化快捷方式操作方案。

Step 02 在以上已配置的快捷方式中选出与要自定义的最理想的快捷方式最接近的那一种，如选择 Flash 5.0 快捷方式配置方案（需要注意的是，Flash CS3 自带的内置快捷方式的标准配置——Adobe 标准，是不能修改的），单击右侧的"直接复制副本"按钮，在弹出的对话框中为自定义的快捷方式命名，然后单击"确定"按钮，就可以根据自己的习惯进行相应的自定义设置。

　　如果想给一项操作设置多个快捷方式，只需单击"快捷键"对话框中的 ＋ 按钮，然后在"按键"文本框中输入另外的快捷键并单击"更改"按钮即可。

　　如果想删除不需要的快捷键设置，只需选定要删除的组合键使其高亮显示，然后单击 ￣ 按钮即可。

　　如果要删除不再需要的个性化快捷方式配置，则先单击"当前设置"下拉列表框右侧的"删除设置"按钮，然后在弹出的对话框中选择要删除的配置，使其高亮显示，再单击 ￣ 按钮即可。

1.9 上机实训——创建 Flash 文件

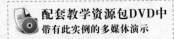

配套教学资源包DVD中带有此实例的多媒体演示

实例说明

　　本节介绍创建 Flash 文件的步骤。创建 Flash 文件非常简单，只要选择需要使用的模板类型，再根据构思的场景大小设置尺寸即可。

学习目标

　　通过对本例的学习，读者可以掌握如何创建一个 Flash 文件，操作步骤如下：

Step 01 运行 Flash CS3 软件后，弹出如图 1-62 所示的对话框，也可选择菜单"文件"|"新建"命令调出。

Step 02 在"新建"或"从模板创建"选项组中选择需要创建的文档类型，即可创建文档。然后在"属性"面板中单击 550 x 400 像素 按钮，在弹出的"文档属性"对话框中设置新建的文档属性，如图 1-63 所示。具体的参数设置在基础部分已经介绍过了，这里不再讲述。

图 1-62　选择文档类型

图 1-63　设置"文档属性"

Step 03 设置文档属性后的场景如图 1-64 所示。可以在该舞台中发挥想象，创建出属于自己的 Flash 动画。

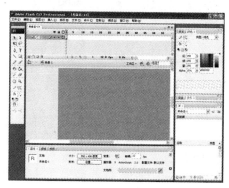

图 1-64　Flash 文档

1.10 小结

通过本章的学习，读者对 Flash CS3 的概念及特色有了一定的了解。在本章中介绍的面板，我们只介绍了其功能，对于具体的操作方法将在后面制作动画时进行讲解。

1.11 课后练习

1. 选择题

（1）无论是创建动画、广告、短片或是整个 Flash 站点，Flash 都是最佳选择，因为它是目前最专业的网络_____动画软件。

A. 矢量　　　　　　　　　　　　B. 位图

（2）在网页上，_____帧/秒（fps）的速率通常都能得到很好的效果。

A. 24　　　　　　B. 36　　　　　　C. 12　　　　　　D. 6

2. 填空题

（1）对于 GIF、AVI 等传统动画文件，由于其必须在文件全部下载后才能开始播放，因此需要等待很长时间；而 Flash 支持_____下载，也就是说可以一边下载一边播放，这大大节省了浏览时间。

（2）若需要测试整个影片，则选择菜单"控制"|"测试影片"命令，或者按_____键。

（3）计算机对图像的处理方式有_____和_____两种。

3. 上机操作题

根据自己的习惯设置快捷键。

第 2 章

基本图形的绘制

本章主要讲解Flash CS3工具箱中绘图工具的使用，详细介绍了如何使用工具箱中的工具绘制线条和基本几何图形。

绘制线条工具

绘制几何图形工具

2.1 绘制线条工具

2.1.1 线条工具

使用线条工具可以轻松绘制出平滑的直线，其操作步骤如下：

Step 01 单击工具箱中的 ╲ 工具，将鼠标移动到工作区后，此时鼠标指针变成一个十字，说明已经激活了线条工具，在绘制直线前需要设置直线属性，利用"属性"面板，可以设置相关的属性，如图 2-1 所示。

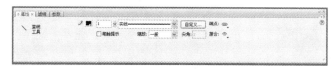

图 2-1 "属性"面板

- "笔触颜色"：单击颜色块将打开如图 2-2 所示的调色板，调色板的下部是一些预先设置好的颜色，可以直接选取某种颜色作为所绘线条的颜色，也可以通过上面的文本框输入线条颜色的十六进制 RGB 值，如"#66ccff"。如果预先设置的颜色不能满足用户的需要，还可以通过单击右上角的 ● 按钮打开如图 2-3 所示的"颜色"对话框，在对话框中可详细设置颜色值。

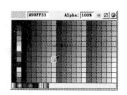

图 2-2 调色板

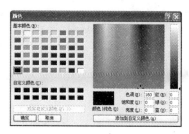

图 2-3 "颜色"对话框

- "笔触高度"：用来设置所绘线条的粗细，可以直接在文本框中输入笔触的高度值，范围从 0.25～200，也可以通过右边的滑块来调节。
- "笔触样式"：用来选择所绘的线条类型，Flash CS3 预置了一些常用的线条类型，如实线、虚线、点状线、锯齿状线、点描线和阴影线等。
- "端点"：设定直线端点的 3 种状态——"无"、"圆角"或"方型"。
- "接合"：定义两个路径片段的相接方式——"尖角"、"圆角"或"斜角"。要更改开放或闭合路径中的转角，先选择一个路径，然后选择另一个接合选项，如果选择"尖角"选项，可以在左侧的"尖角"文本框中输入尖角的大小。
- "笔触提示"：可在全像素下调整直线锚点和曲线锚点，防止出现模糊的垂直或水平线。
- "缩放"：在播放器中保持笔触缩放，可以选择"一般"、"水平"、"垂直"或"无"

选项。

- "自定义"：单击该按钮后会打开如图 2-4 所示的"笔触样式"对话框，在这里可以对实线、虚线、点状线、锯齿状线、点描线和斑马线进行相应的设置。

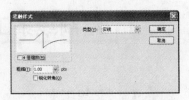

图 2-4 "笔触样式"对话框

Step 02 根据需要设置好属性参数，便可以开始绘制直线了。将鼠标移动到工作区中，在直线的起点单击鼠标不放，然后沿着要绘制的直线的方向拖动鼠标，在需要作为直线终点的位置释放鼠标左键，完成上述操作后，在工作区中就会自动绘制出一条直线。如图 2-5 所示为绘制直线的过程，如图 2-6 所示为直线绘制完成后的效果。

图 2-5 绘制直线的过程   图 2-6 直线绘制完成后的效果

提 示

在绘制的过程中如果按 Shift 键，可以绘制出垂直或水平的直线，或者 45° 斜线，从而给绘制特殊直线提供了方便。按住 Ctrl 键可以暂时切换到选择工具，对工作区中的对象进行选取，当松开 Ctrl 键时，又会自动切换回到线条工具。Shift 键和 Ctrl 键在绘图工具中经常被用到，这两个键被作为许多工具的辅助键。

2.1.2 铅笔工具

要绘制线条和形状，可以使用铅笔工具 ，其使用方法和真实铅笔的使用方法大致相同。在绘画时若要平滑或伸直线条，可以给铅笔工具选择一种绘画模式。铅笔工具和线条工具在使用方法上有许多相同点，但也存在一定的区别，最显著的区别是铅笔工具可以绘制出比较柔和的曲线。铅笔工具也可以绘制各种矢量线条，并且在绘制时更加灵活。选中工具箱中的铅笔工具后，单击工具箱选项设置区中的

图 2-7 铅笔模式设置菜单

铅笔模式按钮 ，将弹出如图 2-7 所示的铅笔模式设置菜单，其中包括 直线化、 平滑和 墨水 3 个选项。

- "直线化"：是铅笔工具中功能最强的一种模式，它具有很强的线条形状识别能力，可以对所绘线条进行自动校正，将画出的近似直线取直，平滑曲线，简化波浪线，自动识别椭圆形、矩形和半圆形等。它还可以绘制直线并将接近三角形、椭圆形、矩形和正方形的图形转换为这些常见的几何形状。
- "平滑"：使用此模式绘制线条，可以自动平滑曲线，减少抖动造成的误差，从而明显地减少线条中的"碎片"，达到一种平滑的线条效果。

- "墨水"：使用此模式绘制的线条就是绘制过程中鼠标所经过的实际轨迹，此模式可以在最大程度上保持实际绘出的线条形状，而只做轻微的平滑处理。

直线化模式、平滑模式和墨水模式的效果如图 2-8 所示。

铅笔工具的操作非常简单，具体操作步骤如下：

图 2-8　直线化、平滑、墨水模式

Step 01 单击工具箱中的铅笔工具 ✎，移动到工作区的鼠标将变成一个小铅笔形状，这说明此时已经选中了铅笔工具，可以在工作区中绘制线条了，如果不想使用默认的绘制属性进行绘制，可以进行绘制属性的设置。

Step 02 设置铅笔的绘制参数包括所绘出线条的颜色、粗细和类型，可以在如图 2-9 所示的"属性"面板中进行设置。

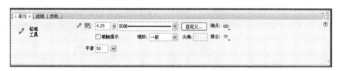

图 2-9　"属性"面板

Step 03 设置好所绘制线条的属性后，就可以开始绘制线条了。将鼠标移动到工作区中，在所绘线条的起点单击鼠标左键不放，然后沿着要绘制曲线的轨迹拖动鼠标，在需要作为曲线终点的位置释放鼠标左键，完成上述操作后，工作区中就会自动绘制出一条曲线。如图 2-10 所示为绘制线条的过程，如图 2-11 所示为用铅笔绘制曲线完成后的效果。

　　　　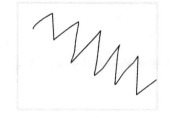

图 2-10　用铅笔工具绘制曲线的过程　　　　图 2-11　用铅笔工具绘制的曲线

提示　　　　● ● ●

绘制时按住 Shift 键，可以绘制出水平或垂直的直线；按住 Ctrl 键可以暂时切换到选择工具，对工作区中的对象进行选取。

2.1.3　钢笔工具

钢笔工具又叫做贝塞尔曲线工具，是许多绘图软件广泛使用的一种重要工具。Flash 引入了这种工具之后，充分增强了 Flash 的绘图功能。

要绘制精确的路径，如直线或者平滑、流动的曲线，可以使用钢笔工具。用户可以创建直线或曲线段，然后调整直线段的角度和长度及曲线段的斜率。

钢笔工具可以像线条工具一样绘制出所需的直线，甚至还可以对绘制好的直线进行曲率调整，使之变为相应的曲线。但钢笔工具并不能完全取代线条工具和铅笔工具，毕竟它在画直线和各种曲线时没有线条工具和铅笔工具方便，但在画一些要求很高的曲线时，最好使用钢笔工具。

使用钢笔工具的具体操作步骤如下：

Step 01 在工具箱中选择钢笔工具，这时鼠标在工作区中将变为一个钢笔的形状，如图 2-12 所示，这说明此时已经选中了钢笔工具，可以在工作区中绘制曲线了。

Step 02 在如图 2-13 所示的"属性"面板中设置钢笔的绘制参数，包括所绘曲线的颜色、粗细、类型及绘制出的闭合曲线的填充色。

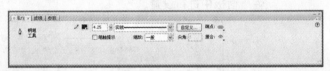

图 2-12　选中钢笔工具后的鼠标状态　　　　　　图 2-13　"属性"面板

Step 03 设置好钢笔的参数后，就可以开始绘制线条了。

（1）绘制直线

将鼠标移动到工作区中，在所绘直线的起点单击鼠标，在需要作为直线终点的位置再次单击鼠标，然后单击选择工具结束绘制。完成上述操作后，在工作区中就会自动绘制出一条直线。

（2）绘制折线

选择钢笔工具后，在工作区中单击 1 次便产生一个控制点，单击两次便产生一条直线，单击 3 次、4 次甚至更多次就产生了一条折线，然后单击选择工具结束绘制。

（3）绘制曲线

① 选择钢笔工具，拖动鼠标在工作区中单击，便确定了曲线的第 1 个控制点。

② 移动光标到第 2 个控制点，单击鼠标并拖动（拖动鼠标要控制好曲线弧度和方向），松开鼠标后将绘制出一段曲线。

③ 移动光标到第 3 个控制点，单击鼠标并拖动。同样，拖动鼠标要控制好曲线弧度和方向。

④ 单击选择工具后，便创建出一条很光滑的曲线。

在用钢笔工具绘制曲线时，会看见许多控制点和曲率调节杆，通过它们可以方便地进行曲率调整，画出各种形状的曲线。也可以将鼠标放到某控制点上，出现一个"–"，单击鼠标可以删除不必要的控制点，当所有控制点被全部删除后，曲线将变为一条直线。将鼠标放在曲线上没有控制点的地方会出现一个"+"，单击鼠标可以增加新的控制点。如图 2-14 所示为绘制曲线的过程，如图 2-15 所示为用钢笔工具绘制完曲线后的效果。

当使用钢笔工具绘画时，单击和拖动可以在曲线段上创建点。通过这些点可以调整直线段和曲线段。可以将曲线转换为直线，反之亦然。也可以使用其他 Flash 绘画工具，如铅笔、刷子、线条、椭圆或矩形工具在线条上创建点，以调整这些线条。

图 2-14　使用钢笔工具绘制的过程　　　　　图 2-15　使用钢笔工具绘制的曲线

　　使用钢笔工具还可以对存在的图形轮廓进行修改。当用钢笔工具单击某矢量图形的轮廓线时，轮廓的所有节点会自动出现，然后就可以进行调整了。可以调整直线段以更改线段的角度或长度，或者调整曲线段以更改曲线的斜率和方向。移动曲线点上的切线手柄可以调整该点两边的曲线。移动转角点上的切线手柄只能调整该点的切线手柄所在的一边的曲线。

2.1.4　刷子工具

　　使用刷子工具 ✐ 能绘制出刷子般的笔触，就好像在涂色一样。刷子工具可以创建特殊效果，如书法效果。用户可以在刷子工具选项设置区选择刷子的大小和形状。在大多数绘图板上，可以通过改变笔上的压力来改变刷子笔触的宽度。

　　刷子工具是在影片中进行大面积上色时经常使用的工具。虽然利用颜料桶工具也可以给图形设置填充色，但是颜料桶工具只能给封闭的图形上色，而使用刷子工具可以给任意区域和图形进行颜色的填充，刷子工具多用于对填充目标的填充精度要求不高的场合，使用起来非常灵活。

　　刷子工具的特点是刷子的大小在更改舞台的缩放比率级别时也能保持不变，所以当舞台缩放比率降低时，同一个刷子的大小就会显得太大。例如，用户将舞台缩放比率设置为100%，并使用刷子工具以最小的刷子大小涂色，然后将缩放比率更改为50%，并用最小的刷子大小再画一次，此时绘制的新笔触就比以前的笔触显得粗50%（更改舞台的缩放比率并不更改现有刷子笔触的粗细）。

　　使用刷子工具的具体操作步骤如下：

Step 01　单击工具箱中的刷子工具，鼠标将变成一个黑色的圆形或方形的刷子，这说明此时已经激活了刷子工具，可以在工作区中使用刷子工具绘制图像了，如图 2-16 所示。

Step 02　在使用刷子工具进行绘图之前，需要设置绘制参数，选中刷子工具时，Flash 的"属性"面板中将出现与刷子工具有关的属性，如图 2-17 所示。

图 2-16　激活刷子工具　　　　　　　图 2-17　"属性"面板

- 填充颜色：设置刷子的填充色彩。
- 平滑：设置刷子的平滑程度。

刷子工具还有一些附加的功能选项，如图 2-18 所示。

- 刷子模式：在选项设置区中单击 刷子模式按钮将打开下拉菜单，如图 2-19 所示。
  - ➢ 标准绘画：为笔刷的默认设置，使用刷子工具进行标准绘画，可以涂改工作区的任意区域，会在同一图层的线条和填充上涂色。
  - ➢ 颜料填充：刷子的笔触可以互相覆盖，但不会覆盖图形轮廓的笔迹，即涂改对象时不会对线条产生影响。

图 2-18　刷子工具选项　　　　　　　　　　图 2-19　刷子模式下拉菜单

  - ➢ 后面绘画：涂改时不会涂改对象本身，只涂改对象的背景，即在同层舞台的空白区域涂色，不影响线条和填充。
  - ➢ 颜料选择：刷子只能在被预先选择的区域内保留，涂改时只涂改选定的对象。
  - ➢ 内部绘画：涂改时只涂改起始点所在封闭曲线的内部区域。如果起始点在空白区域，则只能在这块空白区域内涂改；如果起始点在图形内部，则只能在图形内部进行涂改。
- 刷子大小：一共有 8 种不同的刷子大小尺寸可供选择，如图 2-20 所示。
- 刷子形状：有 9 种笔头形状可供选择，如图 2-21 所示。

图 2-20　刷子大小下拉菜单　　　　　　　　图 2-21　刷子形状下拉菜单

- 锁定填充：该选项是一个开关按钮。当使用渐变色作为填充色时，单击锁定填充按钮，可将上一笔触的颜色变化规律锁定，作为这一笔触对该区域的色彩变化规范。也可以锁定渐变色或位图填充，使填充看起来好像扩展到整个舞台，并且使用该填充涂色的对象就像是显示下面的渐变或位图的遮罩。

提　示

如果在刷子上色的过程中按住 Shift 键，则可在工作区中给一个水平或者垂直的区域上色；如果按住 Ctrl 键，则可以暂时切换到选择工具，对工作区中的对象进行选取。

2.2 绘制几何图形工具

使用椭圆工具、矩形工具或多角星形工具可以绘制基本的几何形状，另外，使用 Flash CS3 新增的基本椭圆工具、基本矩形工具可以针对矩形或椭圆形的一个角调整圆角的弧度，也可以轻易地做出镂空的图形。

2.2.1 椭圆工具和基本椭圆工具

椭圆工具 ◎ 绘制的图形是椭圆形或圆形图案，虽然使用钢笔工具和铅笔工具有时也能绘制出椭圆形，但在具体使用过程中，直接利用椭圆工具会大大提高绘图的效率。另外，使用椭圆工具可以设置在椭圆形中的填充色，椭圆工具可用来绘制椭圆形和圆形，用户不仅可以任意选择轮廓线的颜色、线宽和线型，还可以任意选择轮廓线的颜色和圆形的填充色。

使用椭圆工具绘制图形的操作步骤如下：

Step 01 单击工具箱中的 ◎ 工具，这时工作区中的鼠标将变成一个十字，可以在工作区中绘制椭圆形，如果不想使用默认的绘制属性，可以在如图 2-22 所示的 "属性" 面板中进行设置。

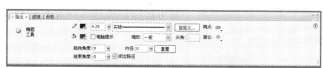

图 2-22 "属性"面板

除了与绘制线条时使用相同的属性外，利用如下更多的设置可以绘制出扇形图案。

- "起始角度"：设置扇形的起始角度。
- "结束角度"：设置扇形的结束角度。
- "内径"：设置扇形内角的半径。
- "闭合路径"：使绘制出的扇形为闭合扇形。
- "重置"：恢复角度、半径的初始值。

Step 02 设置好所绘椭圆形的属性后，就可以开始绘制椭圆形了。将鼠标移动到工作区中，在所绘椭圆形的大概位置单击鼠标左键不放，然后沿着要绘制的椭圆形方向拖动鼠标，在适当位置释放鼠标左键，绘制出一个有填充色和轮廓的椭圆形。如图 2-23 所示为绘制椭圆形的过程，如图 2-24 所示为椭圆形绘制完成后的效果。

> **提示**
>
> 如果在绘制椭圆形的过程中按住 Shift 键，则可以在工作区中绘制一个圆形；按住 Ctrl 键可以暂时切换到选择工具，对工作区中的对象进行选取。

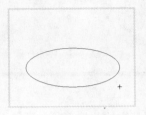

图 2-23　绘制椭圆形的过程　　　　　　　　图 2-24　椭圆形绘制完成后的效果

相对于椭圆工具，基本椭圆工具 绘制的是更加易于控制的扇形对象。使用基本椭圆工具的操作步骤如下：

Step 01　单击工具箱中的基本椭圆工具 ，这时工作区中的鼠标将变成一个十字，说明此时已经选中了基本椭圆工具，可以在工作区中绘制椭圆形了。如果不想使用默认的绘制属性进行绘制，可以在如图 2-25 所示的"属性"面板中进行设置。

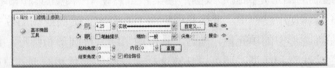

图 2-25　"属性"面板

Step 02　设置好所绘椭圆形的属性后，开始绘制椭圆形，将鼠标移动到工作区中，在所绘椭圆形的大概位置单击鼠标左键不放，然后沿着要绘制的椭圆形方向拖动鼠标，在适当位置释放鼠标左键，完成上述操作后，工作区中就会自动绘制出一个有填充色和轮廓的椭圆形对象。使用选择工具可以拖动椭圆形对象上的节点，使其变成多种形状的图形，如图 2-26 所示。

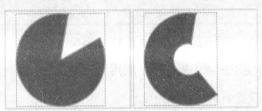

图 2-26　绘制基本椭圆形

2.2.2　矩形工具和基本矩形工具

矩形工具 的用途很明显，即绘制矩形图形。该工具和椭圆工具类似，使用时都可以设置填充色。与铅笔工具、钢笔工具和线条工具类似的是，该工具绘制的图形轮廓分别是由 4 条直线段组成的图形。当然，矩形工具也有一个很显著的特点，它是从椭圆工具扩展出来的一种绘图工具，其用法与椭圆工具基本相同，利用矩形工具也可以绘制出带有一定圆角的矩形。

使用矩形工具 的操作步骤如下：

Step 01　单击工具箱中的矩形工具 ，这时工作区中的鼠标将变成一个十字，说明此时已经选中了矩形工具，可以在工作区中绘制矩形了。可以在如图 2-27 所示的"属性"面板中设置矩形工具的绘制参数。

图 2-27　矩形工具的"属性"面板

除了与绘制线条时使用相同的属性外，利用如下更多的设置可以绘制出圆角矩形。

- 边角半径：可以分别设置圆角矩形四个边缘的角度值，范围为-100～100，以"磅"为单位。数字越小，绘制矩形的 4 个角上的圆角弧度就越小，默认值为 0，即没有弧度，表示 4 个角为直角。
- "重置"：恢复圆角矩形角度的初始值。

Step 02 设置好所绘矩形的属性后，就可以开始绘制矩形了。将鼠标移动到工作区中，在所绘矩形的大概位置单击鼠标左键不放，然后沿着要绘制的矩形方向拖动鼠标，在适当位置释放鼠标左键，完成上述操作后，工作区中就会自动绘制出一个有填充色和轮廓的矩形。如图 2-28 所示为绘制矩形的过程，如图 2-29 所示为矩形绘制完成后的效果。

提 示 ● ● ●

如果在绘制矩形的过程中按住 Shift 键，则可以在工作区中绘制一个正方形；按住 Ctrl 键可以暂时切换到选择工具，对工作区中的对象进行选取。

图 2-28　绘制矩形的过程

图 2-29　矩形绘制完成后的效果

相对于矩形工具，基本矩形工具█绘制的是更加易于控制的矩形对象。使用基本矩形工具的操作步骤如下：

Step 01 单击工具箱中的基本矩形工具█，即可在工作区中绘制矩形，如果不想使用默认的绘制属性进行绘制，可以在如图 2-30 所示的"属性"面板中设置。

图 2-30　基本矩形工具"属性"面板

Step 02 设置好所绘矩形的属性后，就可以开始绘制矩形了。将鼠标移动到工作区中，在所绘矩形的位置单击鼠标左键不放，然后沿着要绘制矩形方向拖动鼠标，在适当位置释放鼠标左键，绘制出一个有填充色和轮廓的矩形。使用选择工具可以拖动矩形对象上的节点，使其变成多种形状的圆角矩形，如图 2-31 所示。

图 2-31　绘制基本矩形

2.2.3　多角星形工具

多角星形工具 用来绘制多边形或星形。根据设置样式的不同，用户可以选择要绘制的是多边形还是星形。

使用多角星形工具 的操作步骤如下：

Step 01　单击工具箱中的多角星形工具 ，这时工作区中的鼠标将变成一个十字，即可在工作区中绘制多角星形。然后在如图 2-32 所示的"属性"面板中设置多角星形工具的绘制参数。

单击"选项"按钮后，可以在打开的如图 2-33 所示的对话框中进行设置。

图 2-32　"属性"面板

图 2-33　工具设置

- "样式"：有两个选项，默认的是"多边形"，用户也可以选择"星形"选项。
- "边数"：设置多边形或星形的边数。
- "星形顶点大小"：设置星形顶点的大小。

Step 02　设置好所绘多角星形的属性后，就可以开始绘制多角星形了。将鼠标移动到工作区中，在所绘多角星形的位置单击鼠标左键不放，然后沿着要绘制的多角星形方向拖动鼠标，在适当位置释放鼠标左键，工作区中就会自动绘制出一个有填充色和轮廓的多角星形。如图 2-34 所示为绘制多角星形的过程，如图 2-35 所示为多角星形绘制完成后的效果。

图 2-34　绘制多角星形的过程

图 2-35　多角星形绘制完成后的效果

2.3　上机实训——绘制卡通小女孩

　实例说明

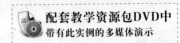

本实例将介绍 、 、 、 、 、 、 这几个工具的使用方法。

图 2-36 绘制出的卡通小女孩

📚 学习目标

通过对本例的学习，读者可以对各种工具有一个初步的认识，并可以掌握如何将绘制的图像组合在一起，绘制完成后的效果如图 2-36 所示。

2.3.1 绘制小女孩的脸型

下面介绍使用🖱️工具绘制小女孩的基本脸型，然后使用🖱️、🖱️工具调整脸型的细节部分的操作步骤。

Step 01 运行 Flash CS3 软件，在弹出的对话框中单击"Flash 文件（ActionScript2.0）"按钮，新建一个文档，如图 2-37 所示。

Step 02 新建文档后，在"属性"面板中单击 550 x 400 像素 按钮，在弹出的"文档属性"对话框中为文档"标题"命名为"卡通小女孩"，并设置舞台的尺寸，单击"确定"按钮，如图 2-38 所示。

图 2-37 新建文档

图 2-38 设置舞台的大小

Step 03 选择🖱️工具，设置描边为黑色，并设置填充颜色为"#FFE6D6"，在舞台中创建圆形，如图 2-39 所示。

Step 04 结合使用🖱️、🖱️两个工具在舞台中调整脸型，如图 2-40 所示。

Step 05 选择🖱️工具，在舞台中选择女孩的脸型，选择菜单"修改"|"组合"命令，将图形组合在一起，如图 2-41 所示。

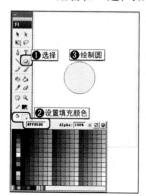

图 2-39 创建圆形

图 2-40 调整出脸型

图 2-41 将脸型"组合"

2.3.2 绘制小女孩的耳朵

绘制小女孩耳朵的操作步骤如下：

Step 01 选择 工具，在舞台中创建圆，如图 2-42 所示。

Step 02 选择 工具，在耳朵的圆形上创建线，如图 2-43 所示。

Step 03 使用 工具在舞台中选择耳朵，选择菜单"修改"|"组合"命令，如图 2-44 所示。

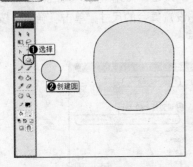

图 2-42　创建耳朵的圆形　　　　图 2-43　为耳朵创建线　　　　图 2-44　将耳朵组合

Step 04 选择 工具，在舞台中调整耳朵的位置，按住 Alt 键移动复制耳朵，选择 工具，在舞台中翻转耳朵的角度，并调整耳朵的位置，如图 2-45 所示。

Step 05 在舞台中选择两只耳朵，选择菜单"修改"|"组合"命令，如图 2-46 所示。

Step 06 使用 工具，在舞台中选择耳朵并单击鼠标右键，在弹出的快捷菜单中选择"排列"|"下移一层"命令，如图 2-47 所示，将耳朵放置到脸型的下方。

图 2-45　复制并调整耳朵

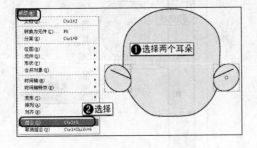

图 2-46　将两只耳朵"组合"

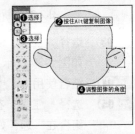

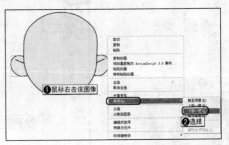

图 2-47　调整耳朵的位置

2.3.3　绘制小女孩的帽子

绘制小女孩的帽子的操作步骤如下：

Step 01 使用🖊工具绘制出帽子的基本形状，结合使用🔺和🔻工具调整帽子的形状，如图 2-48 所示。选择🪣工具，设置颜色为白色，在帽子中单击填充颜色。

Step 02 选择🖊工具，在工作区中创建线，如图 2-49 所示。

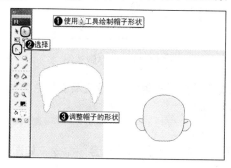

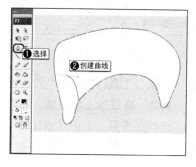

图 2-48　创建并调整帽子的形状　　　　　　　图 2-49　创建帽子褶

Step 03 创建线后，在工作区的空白处单击鼠标右键，再使用🖊工具绘制线，如图 2-50 所示。

Step 04 使用🖊工具在场景中绘制如图 2-51 所示的线分隔帽子。

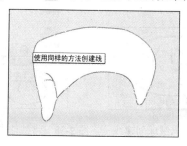

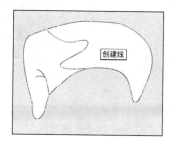

图 2-50　创建帽子褶　　　　　　　　　　　图 2-51　创建帽子的分割线

Step 05 选择🪣工具，设置颜色为"FFEEEE"，在分隔出的帽子区域单击填充颜色，如图 2-52 所示。

Step 06 选择🔺工具，选择帽子的分隔线，并将其删除，如图 2-53 所示。

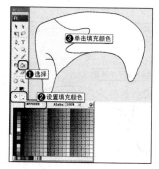

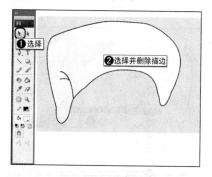

图 2-52　为帽子分隔出的区域填充颜色　　　　图 2-53　删除分隔线

Step 07 框选帽子，选择菜单“修改”|“组合”命令，如图 2-54 所示。

Step 08 选择工具创建圆，如图 2-55 所示。

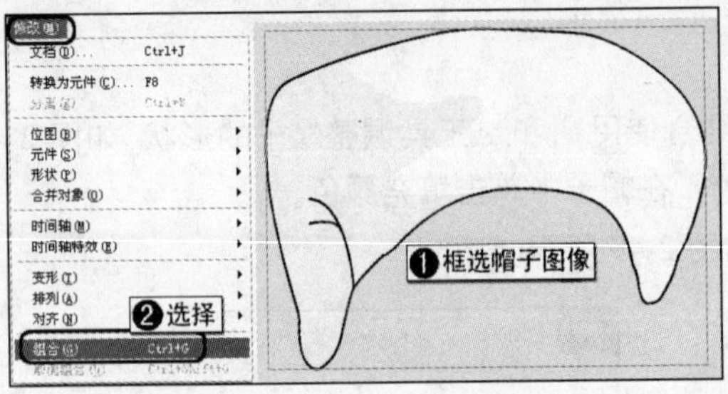

图 2-54 将帽子“组合”

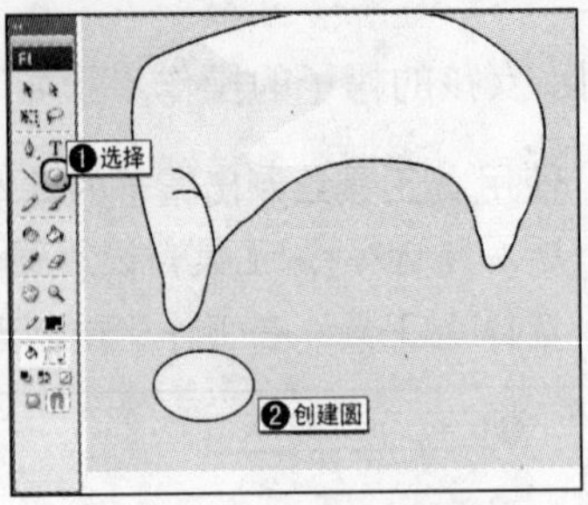

图 2-55 创建绒球圆

Step 09 选择工具，在“颜色”面板中设置“类型”为“放射状”，设置渐变颜色为白色到黄色，在绒球上单击填充颜色，如图 2-56 所示。

Step 10 选择工具，为绒球创建线，如图 2-57 所示。

Step 11 选择工具，在工作区中框选绒球，选择菜单“修改”|“组合”命令，如图 2-58 所示。

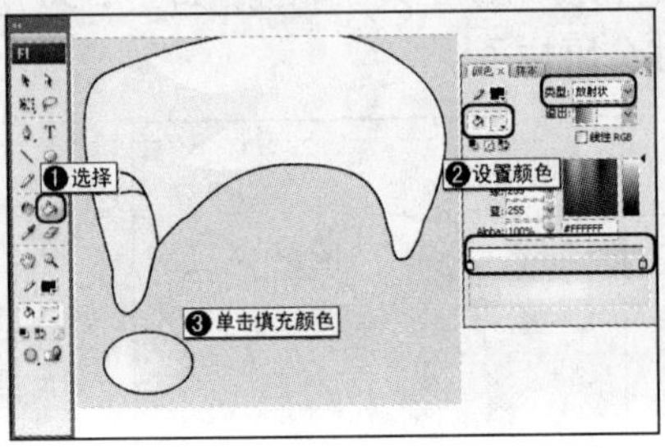

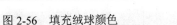

图 2-56 填充绒球颜色

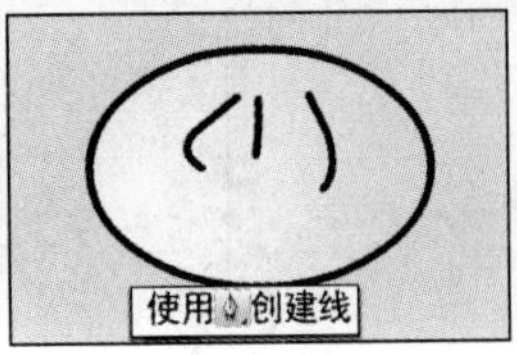

图 2-57 为绒球创建线

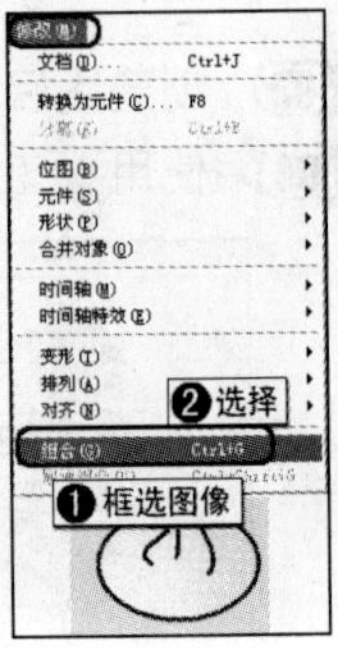

图 2-58 将绒球“组合”

Step 12 在场景中调整绒球至帽子位置，并在绒球上单击鼠标右键，在弹出的快捷菜单中选择“排列”|“下移一层”命令，如图 2-59 所示。

Step 13 再将帽子进行“组合”，将帽子放置舞台中，并使用工具调整帽子的大小，如果帽子与脸型不符，可以再将帽子移动到工作区“取消组合”后继续调整，直至满意为止，如图 2-60 所示。

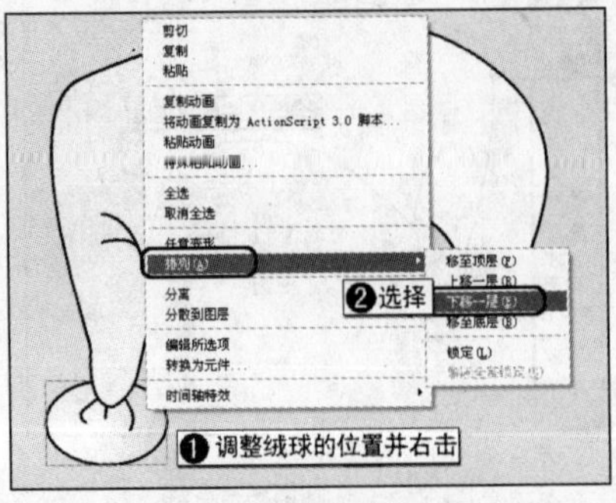

图 2-59 调整绒球的位置

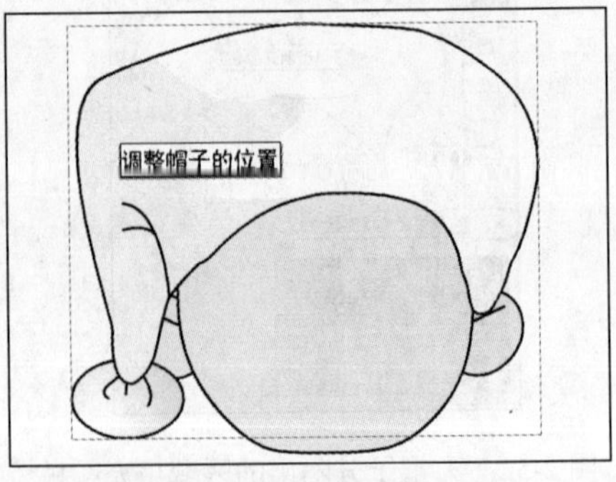

图 2-60 调整帽子的位置

2.3.4 绘制小女孩的其他部分

绘制小女孩的其他部分的操作步骤如下：

Step 01 选择○工具，在如图 2-61 所示的❷处设置描边和填充的颜色均为黑色，在工作区中创建圆。

Step 02 使用、、、工具调整眉毛的形状，如图 2-62 所示。

Step 03 框选眉毛后按 Ctrl+G 组合键将其组合，使用、工具，调整眉毛的位置，按 Alt 键移动复制眉毛，并使用、工具调整眉毛的角度，不断调整帽子和眉毛的效果，直至满意为止，选择两个眉毛并单击鼠标右键，在弹出的快捷菜单中选择"排列"|"下移一层"命令，将眉毛调整到帽子的下方，如图 2-63 所示。

图 2-61 创建圆

图 2-62 调整出眉毛的形状

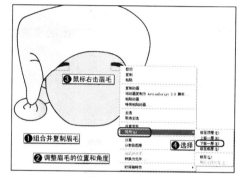

图 2-63 调整眉毛

Step 04 使用❶工具，设置填充颜色为"#F7BDCD"，在工作区中绘制出头发的形状，并结合、、、工具调整头发的形状，填充颜色，如图 2-64 所示。

Step 05 使用❶工具绘制出头发的几条分隔线，如图 2-65 所示。

Step 06 选择❷工具，设置填充颜色为"#FBE1EA"，为绘制出的分隔区填充颜色，如图 2-66 所示。

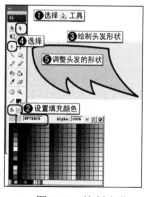

图 2-64 绘制头发

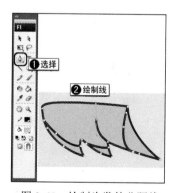

图 2-65 绘制头发的分隔线

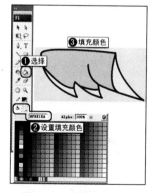

图 2-66 填充头发颜色

Step 07 使用、工具，选择并删除头发的分隔线，如图 2-67 所示。

Step 08 将绘制好的头发组合在一起，使用、工具将其拖曳到舞台中调整头发的位置，放置到帽子下，如图 2-68 所示。

Step 09 使用同样的方法创建并复制头发，如图 2-69 所示。

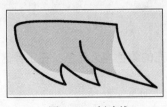

图 2-67　创建线　　　　图 2-68　调整头发的位置　　　图 2-69　绘制出其他的头发效果

Step 10 选择○工具，设置无描边，并设置填充为白色，在工作区中绘制圆，如图 2-70 所示，选择圆并按 Ctrl+G 组合键组合。

Step 11 再使用○工具，设置填充为黑色，绘制黑色眼球，将黑色圆进行组合后拖曳黑色圆至白色圆上，如图 2-71 所示。

Step 12 如图 2-72 所示，绘制出眼睛的效果，将眼睛组合后将其拖曳到如图 2-73 所示的位置。

图 2-70　创建圆　　　图 2-71　创建黑色圆形　　　图 2-72　眼睛的效果　　　图 2-73　女孩添加眼睛的效果

Step 13 在工作区中创建圆，并填充橘红色，将圆组合后放置到舞台中，如图 2-74 所示。

Step 14 为小女孩创建出衣服的效果，这里就不详细介绍，如图 2-75 所示。

Step 15 为小女孩创建出手和胳膊的效果，如图 2-76 所示。

图 2-74　创建脸蛋颜色　　　　图 2-75　创建衣服　　　　图 2-76　创建手和胳膊

Step 16 再为小女孩创建腿和脚，如图 2-77 所示。

Step 17 为衣服绘制图案，可以使用 ╱、╱ 工具来进行绘制，绘制后进行组合，再将其拖曳到舞台中调整其位置即可，如图 2-78 所示。

Step 18 在舞台中框选小女孩，按 Ctrl+G 组合键进行组合，如图 2-79 所示。

图 2-77　创建腿和脚　　　　图 2-78　创建图案　　　　图 2-79　完成后的效果并进行组合

Step 19 打开素材\Cha02\图形 1 文件，并将其拖曳到 Flash 文档中，按 Ctrl+G 组合键将其组合，在图案上单击鼠标右键，在弹出的快捷菜单中选择"排列"|"移至底层"命令，作为背景，并调整图案的大小，这里可以根据自己的喜好设置背景。

Step 20 按 Ctrl+S 组合键，在弹出的对话框中选择一个存储路径，并为文件命名，使用默认的存储格式，单击"保存"按钮，如图 2-80 所示。

Step 21 如果要输出图像，可以选择菜单"文件"|"导出"|"导出图像"命令，在弹出的对话框中选择一个存储路径，为文件命名，根据输出目的选择不同的文件格式，单击"保存"按钮，如图 2-81 所示。

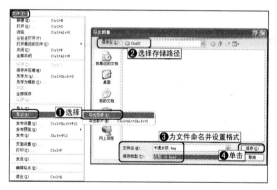

图 2-80　存储 Flash 文件　　　　　　　图 2-81　输出图像

2.4 小结

Flash具有强大的绘图工具、图形编辑工具，使用这些工具可以绘制各种图形，当选择了某一工具后，其所对应的选项会在工具箱的选项设置区中出现。在使用绘图工具前，应该先了解Flash的绘图工具是如何工作的。

2.5 课后练习

1. 选择题

（1）使用 ＼ 工具，按住_____键可以绘制直线。

A. Shift   B. Ctrl   C. Alt   D. Ctrl+Alt

（2）使用 ✎ 铅笔_____模式绘制线条，可以自动平滑曲线，减少抖动造成的误差，从而明显地减少线条中的"碎片"，达到一种平滑的线条效果。

A. ⌐ 直线化   B. ∫ 平滑   C. ✎ 墨水

2. 填空题

（1）当使用 ✎ 工具绘画时，_____可以在曲线段上创建点。通过这些点可以调整直线段和曲线段。可以将曲线转换为直线，反之亦然。

（2）如果在绘制矩形的过程中按住_____键，则可以在工作区中绘制一个正方形。按住_____键可以暂时切换到选择工具，对工作区中的对象进行选取。

3. 上机操作题

参照实例中介绍的卡通小女孩的绘制方法绘制其他的作品。

第 **3** 章

图形的编辑

　　本章讲解了使用工具箱中不同的选择工具选择对象并调整图形的方法，以及使用不同的变形工具对图形进行编辑的方法，并对工具箱中的辅助工具进行了简单的介绍。使用任意变形工具编辑图形是本章的重点。

- 选择对象工具
- 任意变形工具
- 图形的其他操作
- 查看图形的辅助工具

3.1 选择对象工具

当要对图像进行修改时，首先需要选择修改的对象，下面就来介绍选择对象工具的使用。

3.1.1 选择工具的使用

当某一图形对象被选中后，图像将由实变虚，表示已被选中。在绘图操作过程中，用户常常需要选择将要处理的对象，然后对这些对象进行处理，而选择对象的过程通常就是使用选择工具的过程。

1. 选择对象

在工作区中使用选择工具选择对象，有以下几种方法。

（1）在工具箱中选择 工具，单击图形对象的边缘部位，即可选中该对象的一条边，如图 3-1 所示；双击图形对象的边缘部位，即可选中该对象的所有边，如图 3-2 所示。

图 3-1　单击边缘进行选择　　　　　　　图 3-2　双击边缘进行选择

（2）单击图形对象的面，即可选中对象的面，如图 3-3 所示；双击图形对象的面，则会同时选中该对象的面和边，如图 3-4 所示。

图 3-3　单击图形的面　　　　　　　　　图 3-4　双击图形的面

（3）在舞台中通过框选的方法可以选取整个对象，如图 3-5 所示。

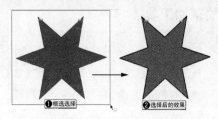

图 3-5　使用框选的方法进行选择

按住 Shift 键依次单击要选取的对象，可以同时选择多个对象；如果再次单击已被选中的对象，则可以取消对该对象的选取。

2．移动对象

使用选择工具也可以对图形对象进行移动操作，但是根据对象的不同属性，会有下面几种不同的情况。

（1）如果对选中对象的位置要求不是很精确，一般采用选择工具拖动的方法移动对象。使用 选中一个或多个对象，然后将所选对象拖到合适的位置上，松开鼠标即确定位置。

（2）如果对位置的要求比较精确，一般使用键盘来移动对象。如果移动的距离需要大一点，可以在按住 Shift 键的同时单击方向键，这时对象每次将会移动 8 个像素。

（3）如果需要将一个圆形放到坐标为（100,150）的位置上，用前两种方法即可进行操作，不过需要在"信息"面板中实现该功能。

首先使用选择工具选中要移动的对象，然后选择菜单"窗口"|"信息"命令，打开"信息"面板，如图 3-6 所示。

在该面板中右上部显示的就是选中对象的位置。默认情况下，X 文本框中的数值表示选定对象最左端相对舞台左上角的水平距离；Y 的数值表示最上端相对于舞台左上角的垂直距离，如图 3-7 所示。

如果这时需要移动对象的位置，可以直接在文本框中输入新的数值，如图 3-8 所示，回车确认后对象即被移动。

X 文本框的数值越大，图形越靠右；Y 文本框的数值越大，图形越靠下。

图 3-6 "信息"面板

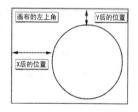

图 3-7 相对于舞台左上角的位置

图 3-8 输入数值

3.1.2 部分选取工具的使用

在 Flash 中使用部分选取工具可以像选择工具那样选取并移动对象，除此之外，还可以对图形进行变形等处理。

（1）使用 工具显示矢量对象的路径和锚点：选择 工具单击图形的边缘部分，这样图形的路径和所有的锚点便会自动显示出来，如图 3-9 所示。

图 3-9 显示对象路径和锚点

（2）使用 工具移动锚点：使用 工具选择对象的任意锚点后，拖动鼠标到任意位置即可完成对锚点的移动操作，如图 3-10 所示。

（3）使用部分选取工具编辑曲线形状：使用部分选取工具单击要编辑的锚点，该锚点的两侧会出现调节手柄，拖动手柄的一端可以实现对曲线形状的编辑操作，如图 3-11 所示。

图 3-10 移动对象锚点

图 3-11 编辑曲线形状

提 示

按住 Alt 键拖动手柄，可以只移动一边的手柄，另一边手柄则保持不动。

3.2 任意变形工具

使用任意变形工具可以对图形对象进行旋转、封套、扭曲、缩放等操作，通过选择选项设置区中的选项，可以对图形对象进行不同的变形操作，如图 3-12 所示。

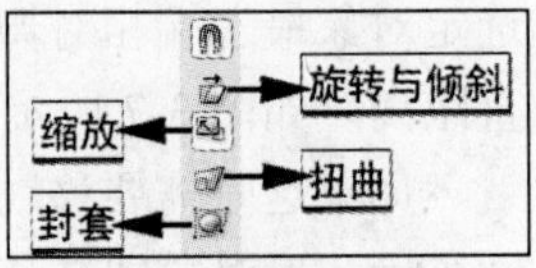

图 3-12 变形工具

3.2.1 旋转和倾斜对象

选择旋转与倾斜功能后，将鼠标指向对象的边角部位，会发现鼠标指针的形态发生了变化，这时将鼠标向任意方向拖动，便可实现使对象旋转变形的操作，如图 3-13 所示。

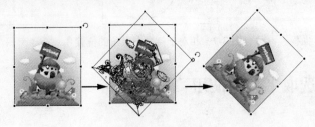

图 3-13 旋转对象

将鼠标指向对象的边线部位，当鼠标指针的形态发生变化时，单击并拖动鼠标，进行水平或垂直移动，便可实现对象的倾斜操作，如图 3-14 所示。

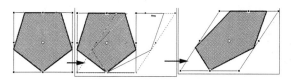

图 3-14　倾斜对象

3.2.2　缩放对象

选择缩放功能后，将鼠标指针指向对象的锚点时，鼠标指针的形态会发生变化，此时单击并拖动鼠标可以实现对象的缩放操作。

按住 Shift 键后再拖动鼠标指针的方式实现对图形的等比例缩放，如图 3-15 所示。

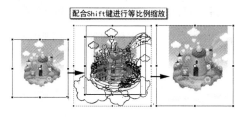

图 3-15　缩放对象

3.2.3　扭曲对象

使用扭曲变形功能可以通过鼠标直接编辑图形对象的锚点，从而实现多种特别的图像变形效果。

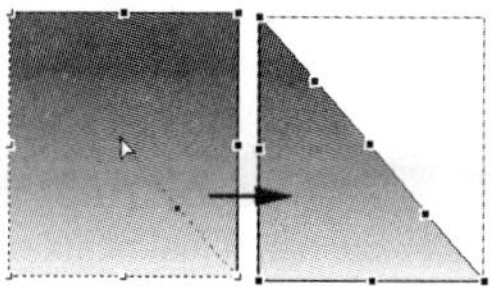

- 单击并拖动图形对象的边角锚点，如图 3-16 所示。
- 单击并拖动图形对象的中间锚点，如图 3-17 所示。
- 按住 Shift 键单击并拖动对象的边角锚点，如图 3-18 所示。

图 3-16　通过边角锚点变形图形

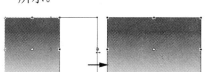

图 3-17　通过中间锚点变形图形

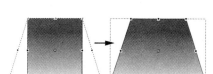

图 3-18　对象的对称变形操作

3.2.4　封套变形对象

使用封套变形功能可以编辑对象边框周围的切线手柄，通过对切线手柄的调节可实现更复杂的对象变形效果。

- 单击并拖动对象边角锚点的切线手柄，则只在单一方向上进行变形调整，如图 3-19

所示。

- 单击并拖动对象边线中间锚点的切线手柄，则可使所编辑锚点的两边对称地变形，如图 3-20 所示。

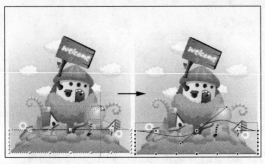

图 3-19　编辑对象边角锚点的切线手柄时的变形效果　图 3-20　编辑对象中间锚点的切线手柄时的变形效果

- 按住 Alt 键时，单击并拖动中间锚点的切线手柄，则可只对该锚点的一个方向进行变形调整，如图 3-21 所示。

图 3-21　按住 Alt 键编辑对象中间锚点的切线手柄时的变形效果

3.3　图形的其他操作

除了对象的选择、变形操作之外，图形的其他操作还包括组合对象、分解对象、对齐对象和修饰图形等。下面分别进行简单的介绍。

3.3.1　组合对象与分解对象

对象的组合与分解是 Flash 动画制作过程中经常需要用到的两种操作。例如，为了同时移动一些已经排列好位置的对象，将它们组合在一起会使移动操作变得十分方便；而需要对已经组合的一组对象分别进行编辑时，就要将它们分解。

对象的图形属性和组合属性不是一成不变的，它们之间可以通过选择菜单"修改"|"组合"或"修改"|"取消组合"命令进行相互转换。

当绘制出多个对象后，为了防止这些对象之间的相对位置发生改变，可以将它们"绑"在一起，这时就需要用到组合。

首先将要群组的对象使用选择工具全部选中，然后选择菜单 "修改" | "组合" 命令，将选择的对象进行组合，使分散的对象变为以整体为单位的具有组合属性的对象，如图 3-22 所示。

将组合属性的对象转换为图形属性的操作和前面所述的正好相反，是把具有组合属性的对象进行分解，使其整体的属性恢复到以个体为单位的图形属性。选中具有组合属性的对象，然后选择菜单"修改" | "取消组合"命令，这样，具有组合属性的对象便会被解组，恢复为以个体为单位的图形属性，如图 3-23 所示。

图 3-22　将选择的对象组合　　　　图 3-23　将组合的对象解组

提　示 ● ● ●

对象组合命令的快捷键为 Ctrl+G；对象取消组合命令的快捷键为 Ctrl+Shift+G。

3.3.2　对齐对象

当需要将多个对象对齐时，就需要用到"对齐"面板。对齐对象的操作步骤如下：

Step 01　打开两个图形，如图 3-24 所示。

Step 02　选中要对齐的对象，然后选择菜单〝窗口〞|〝对齐〞命令，打开〝对齐〞面板，如图 3-25 所示。

图 3-24　打开的图形

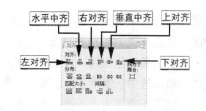

图 3-25　"对齐"面板

Step 03　单击其中的某个对齐按钮，所选对象就按照用户选择的方式对齐。如图 3-26 所示的是单击"上对齐"按钮后的效果。

有时需要将图形放到整个舞台的边缘或中央，这时就需要用到"对齐"面板上的"对齐/相对舞台分布"按钮 🗗，单击该按钮后，再次单击"对齐"按钮时，选中的对象不再是相互之间进行对齐排列，而是分别相对于舞台对齐。

这里选中动物的图形，单击"对齐/相对舞台分布"按钮，然后再单击"左对齐"按钮，这时该图形将紧靠舞台的左侧边缘，如图 3-27 所示。

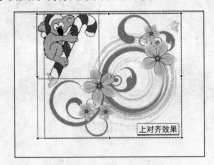
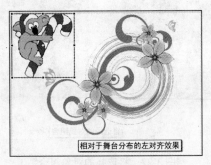

图 3-26 "上对齐"效果　　　　　　图 3-27 相对于舞台分布的左对齐效果

3.3.3 修饰图形

使用基本工具创建了图形对象后，Flash 提供了几种对图形的修饰方法，包括优化曲线、将线条转换为填充、扩展填充及柔化填充边缘等。

1. 优化曲线

优化曲线通过减少用于定义这些元素的曲线数量来改进曲线和填充轮廓，能够减小Flash 文件的尺寸。优化曲线的操作步骤如下：

Step 01 在舞台中绘制矩形，如图 3-28 所示。

Step 02 使用 ▶ 工具选择要进行优化的对象，选择菜单"修改"｜"形状"｜"优化"命令，弹出"最优化曲线"对话框，拖动"平滑"滑块来确定平滑的程度，如图 3-29 所示。

Step 03 如果选中"使用多重过渡（较慢）"复选框，Flash 将重复平滑过程直至更进一步的优化不能实现为止，这相当于对同一选定元素重复优化。

Step 04 如果选中"显示总计消息"复选框，将显示提示窗口，指示平滑完成时优化的程度，如图 3-30 所示。

图 3-28 绘制矩形

图 3-29 "最优化曲线"对话框

图 3-30 显示总计消息

2. 将线条转换为填充

在工作区中选择一个形状，选择菜单 "修改"|"形状"|"将线条转换为填充"命令，就可以把该线段转化为填充区域。使用这个命令可以产生一些特殊的效果。例如，使用渐变色填充这个直线区域，就可以得到一条五彩缤纷的线段，如图 3-31 所示。将线段转化为填充区域会增大文件尺寸，但是可以提高计算机的绘图速度。

图 3-31 填充完渐变色后的矩形

3. 扩展填充

通过扩展填充，可以扩展填充形状。选择菜单"修改"|"形状"|"扩展填充"命令，弹出如图 3-32 所示的对话框，在弹出的对话框中进行设置。设置完成后单击"确定"按钮，即可进行扩展填充，完成后的效果如图 3-33 所示。

图 3-32 设置参数

图 3-33 扩展填充后的效果

- "距离"：用于指定扩充、插进的尺寸。
- "方向"：如果希望扩充一个形状，单击"扩展"单选按钮；如果希望缩小形状，单击"插入"单选按钮。

4. 柔化填充边缘

在绘图时，有时会遇到颜色对比非常强烈的情况，这使绘出的实体边界太过分明，影响了整体的效果。如果对实体的边界进行柔化处理，效果看起来就会好很多。Flash 提供了柔化填充边缘的功能。

下面以制作太阳为例，对柔化填充边缘进行简单的介绍。具体制作步骤如下：

Step 01 在舞台上绘制无边框填充的红色正圆形，如图 3-34 所示。

Step 02 选中图形，选择菜单"修改"|"形状"|"柔化填充边缘"命令，弹出"柔化填充边缘"对话框，在该对话框中设置参数，如图 3-35 所示。设置完成后单击"确定"按钮，即可做出太阳的光晕效果，如图 3-36 所示。

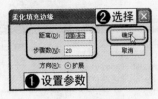

图 3-34　绘制红色正圆形　　　　图 3-35　设置参数　　　　图 3-36　柔化填充边缘后的效果

- "距离"：是柔边的宽度，以像素为单位。
- "步骤数"：是控制用于柔边效果的曲线数。使用的步骤数越多，效果就越平滑，但是增加步骤数会使文件变大并影响播放的流畅性。
- "方向"：如果希望向外柔化形状，单击"扩展"单选按钮；如果希望向内柔化形状，单击"插入"单选按钮。

3.4　查看图形的辅助工具

用户在使用 Flash 绘图时，除了使用上述的一些主要绘图工具之外，还常常会用到一些辅助绘图的工具，如缩放工具、手形工具等。

3.4.1　缩放工具

缩放工具在 Flash 绘图过程中与手形工具的相同之处是该工具并不改变工作区中的任何实际图形。缩放工具的主要目的是在绘图过程中放大或缩小视图，以便编辑。使用缩放工具的操作步骤如下：

Step 01　单击工具箱中的 🔍 工具，光标将变为一个放大镜。

Step 02　在工作区的任意位置单击，工作区将被放大为原来的两倍或者缩小为原来的 1/2，并且可以进行多次放大和缩小。如果想将舞台恢复为原始尺寸，只需在工具箱中缩放工具的图标上双击即可。

提　示

缩放工具是处于放大还是缩小状态由此工具的附加选项决定。

工具箱的选项设置区内有 2 个切换按钮，它们分别决定缩放工具是处于放大状态还是缩小状态，如图 3-37 所示。

- 🔍放大：单击此按钮，放大镜光标上会带有"+"，当用户在工作区中单击时，会使舞台放大为原来的两倍。
- 🔍缩小：单击此按钮，放大镜光标上会带有"–"，当用户在工作区中单击时，会使舞台缩小为原来的 1/2。

图 3-37　缩放工具

3.4.2 手形工具

手形工具就是在工作区移动对象的工具。手形移动工具移动的实际上是工作区的整体。手形工具的主要目的是在一些比较大的舞台内快速移动到目标区域，显然，使用此工具比拖动滚动条要方便许多。使用手形工具的操作步骤如下：

Step 01 单击工具箱中的 🖑 工具，光标将变为一只手的形状。

Step 02 在工作区的任意位置单击并往任意方向拖动，即可看到整个工作区的内容跟随鼠标的动作而移动。

提 示 ●　●　●

不管目前正在使用的是什么工具，只要按住空格键不放，都可以方便地实现手形工具和当前工具的切换。

3.5 上机实训——绘制花朵

👊 **实例说明**

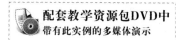
配套教学资源包DVD中
带有此实例的多媒体演示

本例将使用 、🔖 和 🖌 工具绘制花瓣和花蕊图形，并使用 ▦ 工具对图形进行变形调整，然后再使用 ✏ 工具绘制花茎，绘制完成后的效果如图 3-38 所示。

图 3-38　花朵效果

📚 **学习目标**

通过对本例的学习，读者可以学会花朵的制作，并能通过工具箱中的基本工具制作出简单的效果。

Step 01 运行 Flash CS3 软件，在弹出的对话框中单击"Flash 文件（ActionScript 3.0）"按钮，如图 3-39 所示，新建一个文档。

Step 02 选择 🔵 工具，设置笔触颜色为无，填充颜色为黑色，在舞台中绘制椭圆形，如图 3-40 所示。

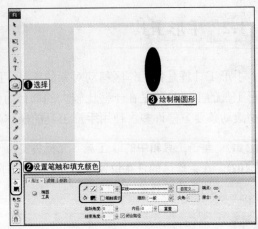

图 3-39　新建文档　　　　　　　　　图 3-40　绘制椭圆形

Step 03 使用 工具选择新绘制的椭圆形，在图 3-41 所示的图中进行设置。在"颜色"面板中，将❶处的"类型"定义为"线性"，在❷处将渐变色设置为从"#FF0000"到"#FFFF00"，在工具箱中的❸处选择 工具，在❹处单击填充椭圆，可以使用 工具调整填充颜色的大小和位置。

Step 04 选择 工具，并调整椭圆形的中心位置，如图 3-42 所示。

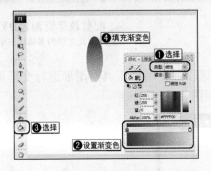

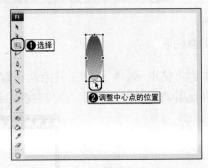

图 3-41　填充渐变色　　　　　　　　　图 3-42　调整中心点

Step 05 确定椭圆形处于选择状态，按 Ctrl+T 组合键打开"变形"面板，在图 3-43 中的❶处将参数设置为 45°，在❷处单击 按钮，将选择的图形沿 45 度角进行旋转复制。

Step 06 继续单击 按钮，制作出花瓣效果，如图 3-44 所示。

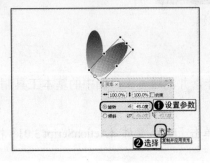

图 3-43　旋转复制对象　　　　　　　　图 3-44　制作花瓣效果

Step 07 按 Ctrl+A 组合键将舞台中的对象全部选中，然后选择工具箱中的 工具，如图 3-45

所示。

Step 08 在舞台中调整花瓣的形状，调整后的形状如图 3-46 所示。

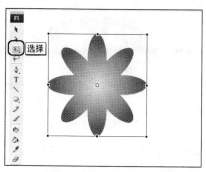

图 3-45 选择所有对象

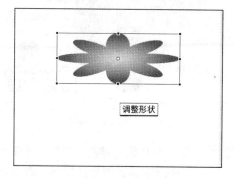

图 3-46 调整花瓣形状

Step 09 按 Ctrl+G 组合键将所有对象结合到一起，如图 3-47 所示。

Step 10 参照前面绘制渐变图形的方法，再来绘制渐变圆形，参照图 3-48 所示的颜色进行设置。

图 3-47 将对象结合

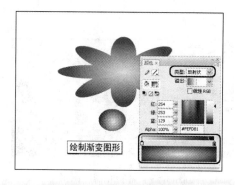

图 3-48 绘制渐变圆形

Step 11 按 Ctrl+G 组合键将新绘制的图形进行组合，如图 3-49 所示。

Step 12 使用 工具，在舞台中调整图形的形状，如图 3-50 所示。

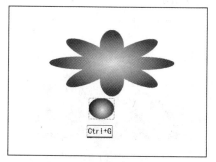

图 3-49 将绘制的圆形组合

图 3-50 调整图形的形状

Step 13 再次在舞台中绘制渐变图形，并对图形进行组合，如图 3-51 所示。

Step 14 使用工具箱中的 工具，在舞台中调整图形的形状，如图 3-52 所示。

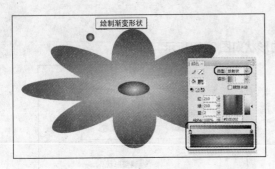

图 3-51 绘制渐变形状

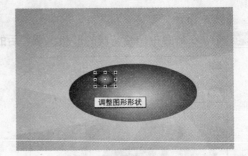

图 3-52 调整图形的形状

Step 15 按 Ctrl+D 组合键复制圆形，并使用 工具调整它们的大小，如图 3-53 所示。

Step 16 选择 工具，然后选择平滑命令，在舞台中绘制线段，在"属性"面板中将笔触颜色设置为"#006633"，将笔触高度设置为 6，如图 3-54 所示。

图 3-53 复制并调制图形

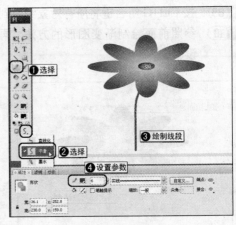

图 3-54 绘制花茎

Step 17 按 Ctrl+A 组合键，将舞台中的对象全部选中，按 Ctrl+G 组合键，将选择的对象组合，如图 3-55 所示。

Step 18 再来为花朵添加背景，完成后的效果如图 3-56 所示。

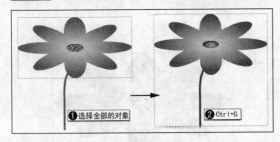

图 3-55 将选择的对象组合

图 3-56 完成后的效果

3.6 小结

　　本章是 Flash CS3 学习的一个重点，介绍了动画中大部分元素的编辑方法。在动画制作过程中，制作者必须对各种动画元素进行频繁的编辑。对象位置的管理和变形是其中使用最多的方法，读者学完本章后，一定要通过不断的练习将这些编辑方法牢记在心。

3.7 课后练习

1. 选择题

（1）按住_____键依次单击要选取的对象，可以同时选择多个对象。

A. Ctrl　　　　　　　　B. Shift　　　　　　　　C. Alt　　　　　　　　D. Ctrl+Shift

（2）在"信息"面板中，X 文本框的数值越大，图形越_____；Y 文本框的数值越大，图形越_____。

A. 靠右、靠上　　　　B. 靠左、靠上　　　　C. 靠右、靠下　　　　D. 靠左、靠下

（3）使用部分选取工具时，按住_____键拖动手柄，可以只移动一边的手柄，而另一边手柄则保持不动。

A. Alt　　　　　　　　B. Shift　　　　　　　　C. Ctrl　　　　　　　　D. 空格键

（4）执行缩放变形功能时，如果是在图形对象的 4 个点位置对其进行缩放操作，则可以通过按住_____键后再拖动鼠标指针的方式实现对图形的等比例缩放。

A. Ctrl　　　　　　　　B. Shift　　　　　　　　C. Ctrl+Shift　　　　　　D. Alt

2. 填空题

（1）使用_____可以通过鼠标直接编辑图形对象的锚点，从而实现图像变形效果。

（2）为了防止图形之间的相对位置发生改变，可以选择菜单_____命令，也可以使用_____键进行操作。

（3）使用扭曲变形功能时，配合_____键单击并拖动对象的边角锚点，即可执行对称变形操作。

（4）Flash 提供了几种对图形的修饰方法，包括_____、_____、_____及_____等。

3. 上机操作题

结合本章学习的内容，绘制扇子。

第 **4** 章

色彩工具的应用

　　本章针对色彩工具的基本应用展开讲解，并对不同的填充工具进行简单的介绍，另外还对"颜色"和"样本"面板进行了简单的介绍。

　　通过对本章的学习，可以使用户对色彩工具有一个简单的认识，并能掌握色彩工具的基本应用。

知 识 点

笔触和填充工具 ◉
擦除工具 ◉
"颜色"面板和"样本"面板 ◉

4.1 笔触和填充工具

图形绘制完成后，经常要使用一些工具对图形进行笔触描边和填充，这些常用的工具包括墨水瓶工具、颜料桶工具、滴管工具和渐变变形工具等。

4.1.1 墨水瓶工具

墨水瓶工具用来在绘图中更改线条和轮廓线的颜色和样式，不仅能够在选定图形的轮廓线上加上规定的线条，还可以改变一条线段的粗细、颜色、线型等，并且可以给打散后的文字和图形加上轮廓线。墨水瓶工具本身不能在工作区中绘制线条，只能对已有线条进行修改。

使用墨水瓶工具的操作步骤如下：

Step 01 单击工具箱中的 工具。一旦墨水瓶工具被选中，光标在工作区中将变成一个小墨水瓶的样式，表明此时已经选中了墨水瓶工具，可以对线条进行修改或者给无轮廓图形添加轮廓。

Step 02 选中需要使用 工具来添加轮廓的图形对象单击，图形会慢慢显示出轮廓，直到所有轮廓出现后，即可停止单击。

提示

如果 工具的作用对象是矢量图形，则可以直接为其添加轮廓。如果作用的对象是文本或者位图，则需要先将其分离，然后才可以使用墨水瓶工具添加轮廓。

选中 工具时，Flash 界面中的"属性"面板上将出现与墨水瓶工具有关的属性，如图4-1 所示。

图 4-1 墨水瓶"属性"面板

可以看到，该属性选项和线条工具、铅笔工具一样，设置方法已在前文中介绍过，这里不再赘述。

4.1.2 颜料桶工具

颜料桶工具可以用于给工作区内有封闭区域的图形填充颜色。

使用颜料桶工具的操作步骤如下。

Step 01 单击工具箱中的 工具。一旦 工具被选中，光标在工作区中将变成一个小颜料桶形状。

Step 02 在工作区中，用户可以在需要填充颜色的封闭区域内单击，即可在指定区域内填充颜色。

选中 工具时，Flash 界面中的"属性"面板上将出现与颜料桶工具有关的属性，如图 4-2 所示。

图 4-2　颜料桶"属性"面板

可以看到，该属性选项比较简单，只有一个填充色选项，该选项是用来设置颜料桶工具的填充颜色。除了"属性"面板中的填充颜色外，在工具箱的选项设置区内，还有一些针对颜料桶工具特有的附加功能选项，如图 4-3 所示。

- "空隙大小"：单击该按钮将打开一个下拉菜单，用户可以选择颜料桶工具判断近似封闭的空隙宽度，空隙大小下拉菜单如图 4-4 所示。

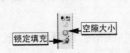

图 4-3　颜料桶工具的附加选项　　　　图 4-4　空隙大小下拉菜单

- ➢ "不封闭空隙"：在用颜料桶工具填充颜色前，Flash 将不会自行封闭所选区域的任何空隙。也就是说，所选区域的所有未封闭的曲线内将不会被填色。
- ➢ "封闭小空隙"：在用颜料桶工具填充颜色前，会自行封闭所选区域的小空隙。也就是说，如果所填充区域不是完全封闭的，但是空隙很小，则 Flash 会近似地将其判断为完全封闭而进行填充。
- ➢ "封闭中等空隙"：在用颜料桶工具填充颜色前，会自行封闭所选区域的中等空隙。也就是说，如果所填充区域不是完全封闭的，但是空隙大小中等，则 Flash 会近似地将其判断为完全封闭而进行填充。
- ➢ "封闭大空隙"：在用颜料桶工具填充颜色前，自行封闭所选区域的大空隙。也就是说，如果所填充区域不是完全封闭的，而且空隙尺寸比较大，则 Flash 会近似地将其判断为完全封闭而进行填充。
- "锁定填充"：单击开关按钮，可锁定填充区域。其作用和刷子工具的附加功能中的锁定填充功能相同。

4.1.3　滴管工具

滴管工具就是吸取某种对象颜色的管状工具。在 Flash 中，滴管工具的作用是采集某一对象的色彩特征，以便应用到其他对象上。

使用滴管工具的操作步骤如下：

Step 01 单击工具箱中的 ✐ 工具，一旦该工具被选中，光标就会变成一个滴管状，表明此时已经选中了滴管工具，可以拾取某种颜色。

Step 02 使用 ✐ 工具时，将滴管的光标先移动到需要采集色彩特征的区域上，然后在需要某种色彩的区域上单击，即可将滴管所在那一点具有的颜色采集出来，接着移动到目标对象上再单击，这样刚才所采集的颜色就被填充到目标区域中了。

Step 03 如果该区域是采集对象的轮廓线，滴管的光标附近就会出现铅笔标志，如图4-5左图所示。单击进行采集，同时调出墨水瓶，墨水瓶当前的颜色就是所采集的颜色，在如图4-6右侧所示的图形上单击，将采集的轮廓线填充到该图形上。

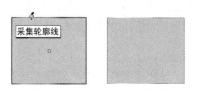

图 4-5　采集轮廓线颜色前　　　　　　　图 4-6　采集轮廓线颜色后

Step 04 如果该区域是采集对象的内部，滴管的光标附近将出现画笔标志，如图4-7左图所示。单击进行采集，同时调出颜料桶工具，颜料桶工具当前的颜色就是所采集的颜色，在如图4-8右侧所示的图形上单击，将采集的颜色填充到该图形上。

图 4-7　采集对象内部颜色前　　　　　　图 4-8　采集对象内部颜色后

4.1.4　渐变变形工具

　　渐变变形工具 ▦ 主要用于对对象进行各种方式的填充颜色变形处理，如选择过渡色、旋转颜色和拉伸颜色等处理。通过使用 ▦ 工具，用户可以将选择对象的填充颜色处理为需要的各种色彩。

　　使用渐变变形工具的操作步骤如下：

Step 01 首先确定需要用于颜色填充变换的对象。

Step 02 单击工具箱中的 ▦ 工具，一旦 ▦ 工具被选中，光标的右下角将出现一个具有梯形渐变填充的矩形。

Step 03 选择需要做填充变形处理的图形对象，一旦被选中，被选择图形四周将出现填充变形的调整手柄。如图4-9所示分别为线性渐变和放射状渐变的调整手柄。

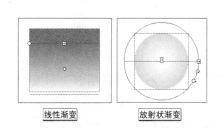

图 4-9　线性渐变和放射状渐变的调整手柄

Step 04 对选择的对象通过调整手柄进行填充色的变形处理,具体处理方式可由鼠标显示的不同形状来提示用户进行。处理后,即可看到填充颜色的变化效果。

4.2 擦除工具

Flash 的橡皮擦工具可以用来擦除图形的外轮廓和内部颜色。橡皮擦工具有多种擦除模式,例如,可以设定为只擦除图形的外轮廓和侧部颜色,也可以定义只擦除图形对象的某一部分的内容。用户可以在实际操作时根据具体情况设置不同的擦除模式。

使用橡皮擦工具的操作步骤如下:

Step 01 单击工具箱中的 ✎ 工具,一旦该工具被选中,光标将变成一个橡皮擦的形状。需要注意的是,使用 ✎ 工具进行擦除时,只可以对当前图层中的对象进行擦除,其他图层中的对象不会被擦除。

Step 02 在工作区中,用户可以在需要擦除的区域内单击并拖动光标对目标区域进行擦除,其操作过程如图 4-10 所示。

使用 ✎ 工具时,在工具箱的选项设置区中会出现相应的附加选项,如图 4-11 所示。

图 4-10　橡皮擦工具的操作过程

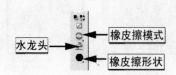

图 4-11　橡皮擦工具的附加选项

- “橡皮擦模式”:Flash 提供了 5 种不同的擦除方式可供选择,单击此按钮将弹出如图 4-12 所示的橡皮擦模式下拉菜单。
  - ➢ “标准擦除”:将擦除掉橡皮擦经过的所有区域,可以擦除同一层上的笔触和填充。此模式是 Flash 的默认工作模式,其擦除效果如图 4-13 所示。

图 4-12　橡皮擦模式下拉菜单

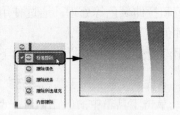

图 4-13　标准擦除

  - ➢ “擦除填色”:只擦除图形的内部填充颜色,而对图形的外轮廓线不起作用,此模式的擦除效果如图 4-14 所示。
  - ➢ “擦除线条”:只擦除图形的外轮廓线,而对图形的内部填充颜色不起作用,此模式的擦除效果如图 4-15 所示。

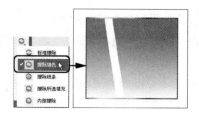

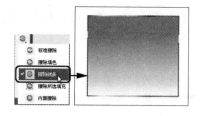

图 4-14 擦除填色   图 4-15 擦除线条

> "擦除所选填充"：只擦除图形中事先被选中的内部区域，其他没有被选中的区域不会被擦除，不影响笔触（不管笔触是否被选中），此模式的擦除效果如图 4-16 所示。

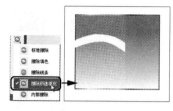

> "内部擦除"：只有从填充色内部作为擦除的起点才有效，如果擦除的起点是图形外部，则不会起任何作用，如图 4-17 所示。

图 4-16 擦除所选填充

- "水龙头"：水龙头的功能可以被看作是颜料桶和墨水瓶功能的反作用，也就是要将图形的填充色整体去掉，或者将图形的轮廓线全部擦除，只需在要擦除的填充色或者轮廓线上单击即可。

- "橡皮擦形状"：在这里可以选择橡皮擦的形状与尺寸，如图 4-18 所示。

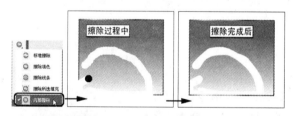

图 4-17 内部擦除   图 4-18 橡皮擦形状

4.3 "颜色"面板和"样本"面板

在 Flash 中有专门负责管理颜色的面板——"颜色"面板和"样本"面板，通过它们可以方便地设置需要的颜色。

4.3.1 "颜色"面板

选择菜单"窗口"|"颜色"命令，打开"颜色"面板，如图 4-19 所示。"颜色"面板主要用来对图形对象进行颜色设置。

如果已经在舞台中选定了对象，则在"颜色"面板中所做的颜色更改会被应用到该对象上。用户可以在 RGB、HSB 模式下选择颜色，或者使用十六进制模式直接输入颜色代码，还可以指定 Alpha 值定义颜色的透明度。另外，用户还可以从现有调色板中选择颜色。对舞台实例应用渐变色，"亮度"调节控件可用来修改所有颜色模式下的颜色亮度。

将"颜色"面板的填充类型设置为"线性"或者"放射状"时，"颜色"面板会变为渐变色设置模式。这时需要先定义好当前颜色，然后再拖动渐变定义栏下面的调节指针来调整颜色的渐变效果。并且，通过用鼠标单击渐变定义栏还可以添加更多的指针，从而创建更复杂的渐变效果，如图 4-20 所示。

图 4-19　"颜色"面板

图 4-20　创建渐变

提　示

如果想删除添加的调节指针，则可以按住 Ctrl 键，当鼠标的形状变为一个剪刀形状时，单击调节指针进行删除操作；或者选择要删除的指针，用鼠标单击并拖动到渐变定义栏外的区域进行删除操作。

4.3.2　"样本"面板

为了便于管理图像中的颜色，每个 Flash 文件都包含一个颜色样本。选择菜单"窗口" | "样本"命令，就可以打开"样本"面板，如图 4-21 所示。

"样本"面板分为上下两个部分：上部是纯色样表，下部是渐变色样表。这里先讨论纯色样表。默认纯色样表中的颜色称为"Web 安全色"。

图 4-21　"样本"面板

1. Web 安全色

在 MAC 系统和 Windows 系统中查看同一张图片，会发现两张图片的颜色亮度有细微的差别，一般在 Windows 中会显得亮一些。

为了让图片在不同系统中的显示效果一致，国际上提出了"Web 安全色"这一概念。只要图片中使用的是"Web 安全色"，就能保证图像的浏览效果是一致的。"Web 安全色"共有 216 种，也就是默认情况下"样本"面板中的那些颜色。

2. 添加颜色

Step 01 打开"颜色"面板，选中"笔触颜色"图标，并调制出一种颜色，如图 4-22 所示。

Step 02 打开"样本"面板，将光标移到面板底部空白的区域，这时光标变成一个油漆桶形，如图 4-23 所示。

Step 03 单击鼠标，把在"颜色"面板中调好的颜色加到"样本"面板中，如图 4-24 所示。

图 4-22　调制颜色　　图 4-23　光标变成油漆桶形　　图 4-24　添加到颜色样表中

3．复制颜色

Step 01　打开"样本"面板，单击用户要复制的颜色，然后单击面板右上角的按钮展开菜单，如图 4-25 所示。从弹出的下拉菜单中选择"直接复制样本"命令。

Step 02　在面板中即复制出一个新的色块，如图 4-26 所示。

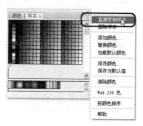

图 4-25　选择"直接复制样本"命令　　　　　图 4-26　复制新色块

4．删除颜色

Step 01　打开"样本"面板，选中要删除的色块，然后单击面板右上角的按钮，在弹出的下拉菜单中选择"删除样本"命令，如图 4-27 所示。

Step 02　删除选中的色块。如果要删除所有的色块，可以选择"清除颜色"命令，如图 4-28 所示。

Step 03　这样，面板中的色块都会被清除，如图 4-29 所示。

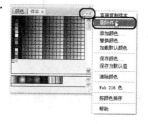

图 4-27　选择"删除样本"命令　　图 4-28　选择"清除颜色"命令　　图 4-29　清除色块后的面板

5．保存为默认值

通过复制、删除等方式，最终可以创建出一个自己的颜色样表，如图 4-30 所示。

如果希望在新建文件时，将当前颜色样表作为颜色样表，就需要将当前的颜色样表保存为默认颜色样表。要达到这个目的，只需选择面板菜单中的"保存为默认值"命令即可，如图 4-31 所示。

6．导出颜色样本

有时我们并不想覆盖默认的颜色样表，只是需要保存样本，这时可以将它导出为一个文件。具体操作步骤如下：

图 4-30　创建出的颜色样表　　　　　　图 4-31　选择"保存为默认值"命令

Step 01 在"样本"面板中，从右上角的面板菜单中选择"保存颜色"命令，这时将弹出"导出色样"对话框，如图 4-32 所示。

Step 02 在顶部的下拉列表框中选择合适的保存位置，并在"文件名"文本框中输入混色器的名称 001，然后单击"保存"按钮将文件保存下来。

Step 03 打开选择保存文件的位置，会看到一个新的扩展名为.clr 的文件。

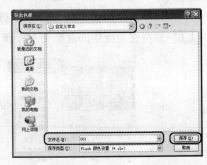

7．导入颜色样本

图 4-32　"导出色样"对话框

如果希望使用自己创建的"颜色样本"文件，可以将它导入进来。具体操作步骤如下：

Step 01 在"样本"面板中，从右上角的面板菜单中选择"替换颜色"命令，如图 4-33 所示。

Step 02 这时将弹出"导入色样"对话框，如图 4-34 所示。

图 4-33　选择"替换颜色"命令　　　　　图 4-34　"导入色样"对话框

Step 03 从保存位置中找到文件"001.clr"，然后单击"打开"按钮将其导入。这时"样本"面板就会替换为文件中的颜色样表。

8．颜色样表排序

要在默认的颜色样表中很快地定位某种颜色并不太容易。为了更快地定位颜色，用户可按照色相对样表中的颜色进行排序。

单击"样本"面板右上角的 按钮，从弹出的下拉菜单中选择"按颜色排序"命令，如图 4-35 所示。

这时颜色样本中同一色系的色块按照颜色亮度进行排列，如图 4-36 所示，这样在找颜色时就比较方便。

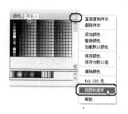

图 4-35 默认的颜色样表

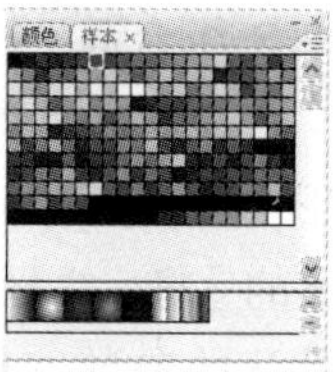

图 4-36 排序后的色表

9. 加载默认颜色样表

有时我们可能会用到其他颜色样表，系统中默认样表是 Web 安全色样表。要恢复 Web 安全色样表，可以从面板右上角的面板菜单中选择“Web 216 色”命令，如图 4-37 所示。

如果想重新恢复为默认的颜色样表，可以从面板右上角的面板菜单中选择“加载默认颜色”命令，用默认颜色样表替换当前颜色样表，如图 4-38 所示。

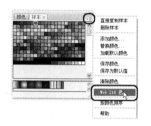

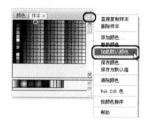

图 4-37 选择“Web 216 色”命令

图 4-38 面板菜单命令“加载默认颜色”

4.4 上机实训——为图形填色

实例说明

配套教学资源包DVD中带有此实例的多媒体演示

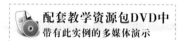

本例将使用工具，为导入的图形填充颜色，并将填充后的图形全部组合，完成后的效果如图 4-39 所示。

学习目标

通过对本例的学习，用户可以学会为图形填充颜色的方法，并能掌握工具的使用。

具体操作步骤如下：

Step 01 运行 Flash CS3 软件，新建一个空白文档，如图 4-40 所示。

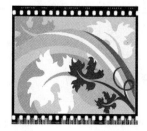

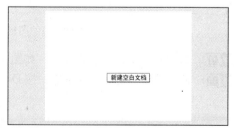

图 4-39 壁纸效果

图 4-40 新建空白文档

Step 02 按 Ctrl+R 组合键，打开"导入"对话框，如图 4-41 所示，在①处选择素材\Cha04\线框图.ai 文件，单击 "打开"按钮。

Step 03 在弹出的"将'线框图.ai'导入到舞台"对话框中，使用默认的参数，单击"确定"按钮，如图 4-42 所示。

Step 04 将文件导入到舞台后，调整文件的大小，使其充满舞台，如图 4-43 所示。

图 4-41　选择导入的文件

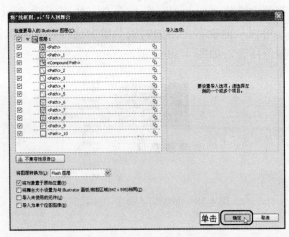

图 4-42　导入

图 4-43　调整文件的大小

Step 05 使用工具箱中的 ▶ 工具，在舞台中双击外侧的图形，使其进入编辑状态，如图 4-44 所示。

Step 06 在图 4-45 所示的"颜色"面板中将①处的颜色"类型"定义为"纯色"，在②处将填充色设置为"#FFCC33"，在③处选择 ◇ 工具，在④处单击鼠标填充颜色。

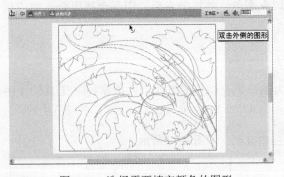

图 4-44　选择需要填充颜色的图形

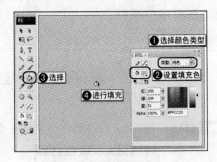

图 4-45　设置填充色

Step 07 选择 ▶ 工具，双击边缘线，如图 4-46 所示。

Step 08 确定边缘线处于选择状态，按 Delete 键将其删除，如图 4-47 所示。

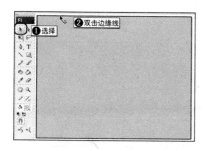

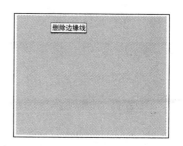

| 图 4-46　双击边缘线 | 图 4-47　删除边缘线 |

Step 09 单击"场景1"按钮，返回场景舞台，如图 4-48 所示。

Step 10 在舞台中选择需要填充颜色的形状，在"颜色"面板中选择填充颜色的类型，然后设置填充色为"#FD8C1C"，在"工具"面板中选择 🖐 工具，然后单击进行颜色的填充，如图 4-49 所示。

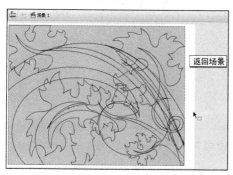

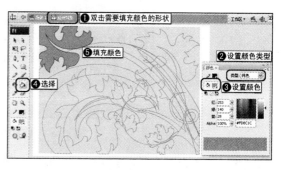

| 图 4-48　返回场景 | 图 4-49　选择图形并填充颜色 |

Step 11 使用工具箱中的 🖐 工具，在形状的边缘处双击，如图 4-50 所示。

Step 12 将选择的边缘线删除，并返回场景舞台中，如图 4-51 所示。

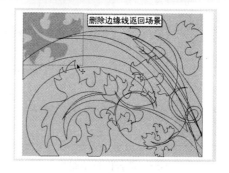

| 图 4-50　双击边缘线 | 图 4-51　删除边缘线 |

Step 13 在舞台中选择需要填充颜色的形状，在"颜色"面板中选择填充颜色的类型，设置填充色为"#ECB32D"，在"工具"面板中选择 🖐 工具，然后填充颜色，并将边缘线删除，如图 4-52 所示。

Step 14 单击"场景1"按钮，返回场景，如图 4-53 所示。

Step 15 在舞台中选择需要填充颜色的形状，在"颜色"面板中选择填充颜色的类型，设置填充色为"#F58C23"，在"工具"面板中选择 🖐 工具，然后填充颜色，将边缘线删除，如图 4-54 所示。

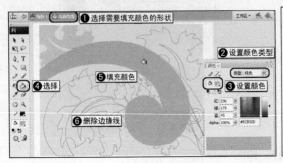

图 4-52　选择图形并填充颜色　　　　　　　　图 4-53　返回场景

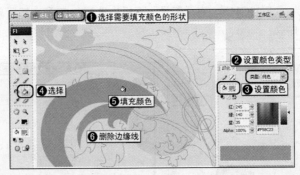

图 4-54　选择图形并填充颜色

Step 16 在舞台中选择需要填充颜色的形状，在"颜色"面板中选择填充颜色的类型，设置填充色为"#FEFDB4"，在"工具"面板中选择 ❄ 工具，然后填充颜色，如图 4-55 所示。

Step 17 删除边缘线并返回场景，如图 4-56 所示。

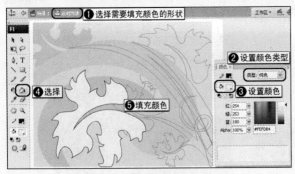
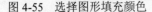

图 4-55　选择图形填充颜色　　　　　　　　　图 4-56　删除边缘线

Step 18 在舞台中选择需要填充颜色的形状，在"颜色"面板中选择填充颜色的类型，设置填充色为"#A90101"，在"工具"面板中选择 ❄ 工具，然后填充颜色，并删除其边缘线，如图 4-57 所示。

Step 19 在舞台中选择如图 4-58 所示的图形，将其填充为暗红色，如图 4-58 所示。

Step 20 在舞台中选择需要填充颜色的形状，在"颜色"面板中选择填充颜色的类型，设置填充色为"#FEFD89"，然后在图中需要填充该色部分处填充颜色，并删除其边缘线，如图 4-59 所示。

图 4-57　选择图形填充颜色　　　　　图 4-58　为选择的图形填充颜色

Step 21 在舞台中选择需要填充颜色的形状，在"颜色"面板中选择填充颜色的类型，设置填充色为"#FEFD92"，在图中需要填充该色的部分处填充颜色，并删除边缘线，如图 4-60 所示。

图 4-59　选择图形填充颜色　　　　　图 4-60　选择图形填充颜色

Step 22 在舞台中选择需要填充颜色的形状，在"颜色"面板中选择填充颜色的类型，设置填充色为"#C13A02"，然后在图中需要填充该色的部分填充颜色，删除其边缘线，如图 4-61 所示。

Step 23 在舞台中选择需要填充颜色的形状，在"颜色"面板中选择填充颜色的类型，设置填充色为"#FF9933"，然后在图中需要填充该色的部分填充颜色，删除其边缘线，如图 4-62 所示。

图 4-61　选择图形填充颜色　　　　　图 4-62　选择图形填充颜色

Step 24 按 Ctrl+A 组合键，将舞台中的对象全部选择，如图 4-63 所示。

Step 25 按 Ctrl+G 组合键，将选择的对象组合，如图 4-64 所示。

图 4-63　选择全部的图形

图 4-64　将选择的图形组合

4.5 小结

图形绘制完成后，可以进行设置图形的笔触和填充等基本操作。设置图形的笔触和填充的常用工具包括颜料桶工具、墨水瓶工具、滴管工具、橡皮擦工具等。熟练掌握笔触和填充工具的使用是Flash学习的关键。在学习和使用过程中，应当清楚各种工具的用途，从而灵活运用这些工具，为后面制作精美的动画奠定基础。

4.6 课后练习

1. 选择题

（1）"Web 安全色"共有_____种。

A. 226　　　　　　　　B. 214　　　　　　　　C. 216　　　　　　　　D. 228

（2）如果想拾取某种颜色，可以使用工具箱中的_____。

A. 墨水瓶工具　　　　B. 颜料桶工具　　　　C. 滴管工具　　　　D. 渐变变形工具

（3）如果采集的对象是图形的轮廓线，滴管的光标附近就会出现_____标志，单击鼠标左键进行采集，同时调出_____，_____当前的颜色就是所采集的颜色。

A. 铅笔、颜料桶、颜料桶　　　　　　　　　　B. 画笔、墨水瓶、墨水瓶
C. 铅笔、墨水瓶、墨水瓶　　　　　　　　　　D. 画笔、颜料桶、颜料桶

2. 填空题

（1）颜料桶工具有_____、_____、_____填充模式。

（2）Flash 提供了 5 种不同的擦除方式，分别是_____、_____、_____、_____、_____。

（3）"颜色样本"面板分为上下两个部分：上部是_____，下部是_____。

（4）使用渐变变形工具可以对图形进行_____、_____、_____处理。

3. 上机操作题

结合本章学习的内容，制作精美的壁纸。

第  章

文本的编辑与应用

本章将介绍 Flash CS3 文本工具, 通过本章的学习使读者对 Flash
文本的创建、编辑以及文本特效的制作有一个详细的了解。

- ◎ 文本工具简介
- ◎ 文本的基本操作
- ◎ 应用文本滤镜
- ◎ 文本的其他应用

5.1 文本工具简介

　　文字是影片中重要的组成部分，利用文本工具可以在 Flash 影片中添加各种文字。因此熟练使用文本工具也是掌握 Flash 的一个关键。一个完整而精彩的动画或多或少地需要一定的文字来修饰，而文字的表现形式又非常丰富。合理使用文本工具，可以增加 Flash 动画的整体完美效果，使动画显得更加丰富多彩。

5.1.1 文本工具的属性

　　使用工具箱中的文本工具的操作步骤如下：

Step 01 单击工具箱中的 T 文本工具，该工具一旦被选中，鼠标光标将变为十形状。在 Flash 中，文本工具是用来进行文本输入和编辑的。文本和文本输入框处于绘画层的顶层，这样处理的优点是不会因文本而使图像显得混乱，也便于输入和编辑文本。

Step 02 在工作区中输入需要的文本内容即可。

　　文本的属性包括文本的平滑处理、文本字体大小、文本颜色和文本框的类型等，如图 5-1 所示。

图 5-1　文本属性

- "文本类型"：用来设置所绘文本框的类型，有 3 个选项，分别为"静态文本"、"动态文本"和"输入文本"。
- "字体"：从 A Arial 字体下拉列表中可以选择当前选中文本框中文本的字体，也可以通过选择菜单"文本"|"字体"命令下的字体列表来改变当前文本的字体。
- "字体大小" 12 ：可以拖动字体大小文本框右侧的滑块来改变文字的大小，也可以选择菜单"文本"|"大小"命令来选择当前文字的字体大小。如果"文本"菜单中没有合适的字体大小，用户也可在 12 文本框中输入数值来自行设置字体的大小。
- "文本（填充）颜色" ■：设置和改变当前文本的颜色。
- "切换粗体" B：决定是否对当前文字进行加粗处理。
- "切换斜体" I：决定是否对当前文字进行倾斜处理。
- "对齐方式"：为当前段落选择文本的对齐方式。Flash CS3 提供了 ■左对齐、■居中对齐、■右对齐和 ■两端对齐 4 种对齐方式。
- "编辑格式选项" ¶：单击该按钮将弹出"格式选项"对话框，如图 5-2 所示，在这里可以定义当前段落的特性，包括"缩进"、"行距"、"左边距"和"右边距"。

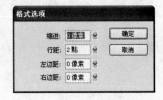

图 5-2　"格式选项"对话框

- "改变文本方向" ：使用此工具可以改变当前文本的方向。
- "字符位置" A⁺ 一般 ▼：字符位置控制着显示的文本与其基线相对的位置。对于水平文本，字符位置可以向上或向下移动字符（使字符在基线之上或之下）。对于垂直文本，字符位置可以将字符移动到基线的左边或右边。可以设置输入的字符为正常位置还是作为上标或下标。用户还可以对选定的文本使用此项设置，此功能只对静态文本有效。
- "字符间距" A⁺V 2 ▼：该设置会在字符之间插入统一的间隔。用户可以使用该项调整选定字符或整个文本块的间距。用户可以在其文本框中输入-60～+60 之间的数字，单位为磅，也可以通过右边的滑块进行设置。
- "可选" AB：使用用户能够在影片播放时选择动态文本或者静态文本，取消选择此选项将阻止用户选择文本。当用户选取文本后，单击鼠标右键弹出一个快捷菜单，可以让用户进行剪切、复制、粘贴等操作。
- "URL 链接" ∞：将动态文本框和静态文本框中的文本设置为超链接，只需要在URL 文本框中输入要链接到的 URL 地址即可，然后还可以在目标: top ▼ 下拉列表中对超链接属性进行设置。

5.1.2 文本的类型

在 Flash 中可以创建 3 种不同类型的文本字段：静态文本字段、动态文本字段和输入文本字段，所有文本字段都支持 Unicode 编码。

1．静态文本

在默认情况下，使用文本工具创建的文本框为静态文本框，静态文本框创建的文本在影片播放过程中是不变的。要创建静态文本框，需要先选取文本工具，然后在舞台上拉出一个固定大小的文本框，或在舞台上单击鼠标进行输入。绘制好的静态文本框没有边框。

不同类型文本框的"属性"面板不太相同，这些属性的异同也体现了不同类型文本框之间的区别。静态文本框的"属性"面板如图 5-3 所示。

图 5-3　静态文本的"属性"面板

2．动态文本

动态文本框创建的文本是可以变化的。动态文本框中的内容既可以在影片制作过程中输入，也可以在影片播放过程中动态变化，通常的做法是使用 ActionScript 对动态文本框中的文本进行控制，这样就大大增加了影片的灵活性。

要创建动态文本框，首先要在舞台上拉出一个固定大小的文本框，或者在舞台上单击鼠标进行文本的输入，接着从文本"属性"面板中的文本类型下拉列表中选取"动态文本"。绘制好的动态文本框会有一个黑色的边界。动态文本框的"属性"面板如图 5-4 所示。

图 5-4 动态文本的"属性"面板

3．输入文本

输入文本也是应用比较广泛的一种文本类型，用户可以在影片播放过程中即时地输入文本，一些用 Flash 制作的留言簿和邮件收发程序都大量使用了输入文本。

要创建输入文本框，首先要在舞台上拉出一个固定大小的文本框，或者在舞台上单击鼠标进行文本的输入。接着，从输入文本框的"属性"面板中的文本类型下拉列表中选取"输入文本"选项。输入文本框的"属性"面板如图 5-5 所示。

图 5-5 输入文本的"属性"面板

5.2 文本的基本操作

如果要编辑文本，可以在编辑文本之前用文本工具单击要进行处理的文本框（将其突出显示），然后对其进行操作。由于输入的文本都是以组为单位的，所以用户可以使用选择工具或变形工具对其进行移动、旋转、缩放和倾斜等简单的操作。

5.2.1 编辑文本

将文本对象作为一个整体进行编辑的操作步骤如下：

Step 01 首先在工具箱中单击选择工具。

Step 02 将光标移到场景中，然后单击舞台中的任意文本块，这时文本块四周会出现一个蓝色轮廓，表示此文本已被选中。

Step 03 接下来就可以使用选择工具调整、移动、旋转或对齐文本对象。

如果要编辑文本对象中的个别文字，其操作步骤如下：

Step 01 首先在工具箱中单击选择工具或者 T 工具。

Step 02 然后将光标移动到舞台中，双击将要修改的文本块，就可将其置于文本编辑模式下。如果用户选取的是文本工具，则只需要单击将要修改的文本块，就可将其置于文本编辑模式下。这样用户就可以通过对个别文字的选择来编辑文本块中的单个字母、单词或段落。

Step 03 在文本编辑模式下，对文本进行修改即可。

5.2.2　分离文本

　　文本在 Flash 动画中是作为单独的对象使用的，但有时需要把文本当作图形来使用，以便使这些文本具有更多的变换效果。这时就需要将文本对象进行分解。

　　要分解文本，可先选中文本，然后选择菜单"修改"|"分离"命令，将文本分解为图形。一旦文本被分解，文本字就不再是文本而是变成一个个独立的图形，使用选择工具可以对其进行所有的编辑操作。

> **提　示**　● ● ●
>
> 用户可以将文本转换为组成它的线条和填充区域，以便对文本进行改变形状、擦除和其他操作。如同其他所有形状一样，可以单独将这些转换后的字符分组，或将它们更改为元件并制作为动画。一旦将文本转换为线条和填充区域，就不能再将它们作为文本进行编辑。

5.3　应用文本滤镜

　　滤镜是可以应用到对象的图形效果。用滤镜可以实现斜角、投影、发光、模糊、渐变发光、渐变模糊和调整颜色等多种效果。可以直接从"滤镜"面板中对所选对象应用滤镜。应用滤镜后，可以随时改变其选项，或者重新调整滤镜顺序以实现组合效果。

5.3.1　为文本添加滤镜效果

　　使用如图 5-6 所示的"滤镜"面板，可以对选定的对象应用一个或多个滤镜。对象每添加一个新的滤镜，在"滤镜"面板中，就会将其添加到该对象所应用的滤镜列表中。可以对一个对象应用多个滤镜，也可以删除以前应用的滤镜。

图 5-6　"滤镜"面板

　　在"滤镜"面板中，可以启用、禁用或者删除滤镜。

5.3.2　"投影"滤镜

　　"投影"滤镜可以模拟对象向一个表面投影的效果，或者在背景中剪出一个形似对象的洞来模拟对象的外观。投影"滤镜"面板如图 5-7 所示。

- "模糊 X"、"模糊 Y"：设置投影的宽度和高度。
- "距离"：设置阴影与对象之间的距离。
- "颜色■"：打开"颜色"窗口，然后设置阴影颜色。
- "强度"：设置阴影明暗度。数值越大，阴影就越暗。
- "角度"：输入一个值来设置阴影的角度。
- "挖空"：挖空（即从视觉上隐藏）原对象，并在挖空图像上只显示投影。
- "内侧阴影"：在对象边界内应用阴影。
- "隐藏对象"：隐藏对象，并只显示其阴影。
- "品质"：选择投影的质量级别。把质量级别设置为"高"就近似于高斯模糊。建议把质量级别设置为"低"，以实现最佳的回放性能。

应用"投影"滤镜后的效果如图 5-8 所示。

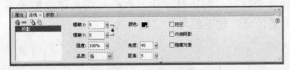

图 5-7　投影"滤镜"面板　　　　　　　　　图 5-8　投影效果

5.3.3　"模糊"滤镜

"模糊"滤镜可以柔化对象的边缘和细节。将模糊应用于对象，可以让它看起来好像位于其他对象的后面，或者使对象看起来好像是运动的。模糊"滤镜"面板如图 5-9 所示。

- "模糊 X"、"模糊 Y"：设置模糊的宽度和高度。
- "品质"：选择模糊的质量级别。把质量级别设置为"高"就近似于高斯模糊。建议把质量级别设置为"低"，以实现最佳的回放性能。

应用"模糊"滤镜后的效果如图 5-10 所示。

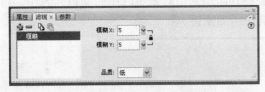
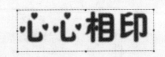

图 5-9　模糊"滤镜"面板　　　　　　　　　图 5-10　模糊效果

5.3.4　"发光"滤镜

使用"发光"滤镜，可以为对象的整个边缘应用颜色。"发光"滤镜面板如图 5-11 所示。

- "模糊 X"、"模糊 Y"：设置发光的宽度和高度。
- "颜色"■：打开"颜色"窗口，然后设置发光颜色。
- "强度"：设置发光的清晰度。

- "挖空": 挖空（即从视觉上隐藏）原对象，并在挖空图像上只显示发光。
- "内侧发光": 在对象边界内应用发光。
- "品质": 选择发光的质量级别。把质量级别设置为"高"就近似于高斯模糊。建议把质量级别设置为"低"，以实现最佳的回放性能。

应用"发光"滤镜后的效果如图 5-12 所示。

图 5-11　"发光"滤镜面板　　　　　　　　图 5-12　发光效果

5.3.5　"斜角"滤镜

应用"斜角"滤镜，就是向对象应用加亮效果，使其看起来凸出于背景表面。可以创建内斜角、外斜角或者完全斜角。斜角"滤镜"面板如图 5-13 所示。

- "类型": 选择要应用到对象的斜角类型。可以选择"内侧"斜角、"外侧"斜角或者"整个"斜角。
- "模糊 X"、"模糊 Y": 设置斜角的宽度和高度。
- "阴影"、"加亮": 选择斜角的阴影和加亮颜色。
- "强度": 设置斜角的不透明度，而不影响其宽度。
- "角度": 拖动角度盘或输入值，更改斜边投下的阴影角度。
- "距离": 输入值来定义斜角的宽度。
- "挖空": 挖空（即从视觉上隐藏）原对象，并在挖空图像上只显示斜角。
- "品质": 选择斜角的质量级别。把质量级别设置为"高"就近似于高斯模糊。建议把质量级别设置为"低"，以实现最佳的回放性能。

应用"斜角"滤镜的效果如图 5-14 所示。

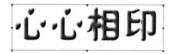

图 5-13　斜角"滤镜"面板　　　　　　　　图 5-14　斜角效果

5.3.6　"渐变发光"滤镜

应用"渐变发光"滤镜，可以在发光表面产生带渐变颜色的发光效果。渐变发光"滤镜"面板如图 5-15 所示。

- "类型": 从下拉列表中选择要为对象应用的发光类型。可以选择"内侧"、"外侧"或者"整个"选项。

- "模糊 X"、"模糊 Y"：设置发光的宽度和高度。
- "强度"：设置发光的不透明度，而不影响其宽度。
- "角度"：拖动角度盘或输入值，更改发光投下的阴影角度。
- "距离"：设置阴影与对象之间的距离。
- "挖空"：挖空（即从视觉上隐藏）原对象，并在挖空图像上只显示渐变发光。
- 指定发光的渐变颜色▭▭▭▭▭▭▭：渐变包含两种或多种可相互淡入或混合的颜色。
- "品质"：选择渐变发光的质量级别。把质量级别设置为"高"就近似于高斯模糊。建议把质量级别设置为"低"，以实现最佳的回放性能。

应用"渐变发光"滤镜后的效果如图 5-16 所示。

图 5-15　"渐变发光滤镜"面板　　　　图 5-16　渐变发光滤镜效果

5.3.7　"渐变斜角"滤镜

应用"渐变斜角"滤镜，可以产生一种凸起效果，使得对象看起来好像从背景上凸起，且斜角表面有渐变颜色，渐变斜角"滤镜"面板如图 5-17 所示。

- "类型"：在下拉列表中选择要应用到对象的斜角类型。可以选择"内侧"、"外侧"或者"整个"选项。
- "模糊 X"、"模糊 Y"：设置斜角的宽度和高度。
- "强度"：输入一个值以影响其平滑度，而不影响斜角宽度。
- "角度"：输入一个值或者使用弹出的角度盘来设置光源的角度。
- "挖空"：挖空（即从视觉上隐藏）原对象，并在挖空图像上只显示渐变斜角。
- "指定斜角的渐变颜色"▭▭▭▭▭▭：渐变包含两种或多种可相互淡入或混合的颜色。
- "品质"：选择渐变斜角的质量级别。把质量级别设置为"高"就近似于高斯模糊。建议把质量级别设置为"低"，以实现最佳的回放性能。

应用"渐变斜角"滤镜后的效果如图 5-18 所示。

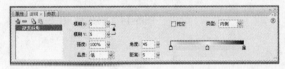

图 5-17　"渐变斜角"滤镜面板　　　　图 5-18　渐变斜角滤镜效果

5.3.8　"调整颜色"滤镜

使用"调整颜色"滤镜，可以调整对象的亮度、对比度、色相和饱和度。调整颜色"滤镜"面板如图 5-19 所示。

- "亮度"：调整对象的亮度。
- "对比度"：调整对象的对比度。
- "饱和度"：调整对象的饱和度。
- "色相"：调整对象的色相。

应用"调整颜色"滤镜后的效果如图 5-20 所示。

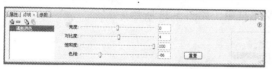

图 5-19　调整颜色滤镜参数

图 5-20　调整颜色滤镜效果

5.4 文本的其他应用

当用户在 Flash 影片中使用系统中已安装的字体时，Flash 会将该字体信息嵌入 Flash 影片播放文件中，从而确保该字体能够在 Flash Player 中正常显示。但是并非所有显示在 Flash 中的字体都可以随影片导出，要检查字体最终是否可以导出，可以选择菜单"视图" | "预览模式" | "消除文字锯齿"命令预览该文本，如果出现锯齿则表明 Flash 不识别该字体轮廓，也就无法将该字体导出到播放文件中。

用户可以在 Flash CS3 中使用一种被称作"设备字体"的特殊字体作为嵌入字体信息的一种替代方式（仅适用于横向文本）。设备字体并不嵌入 Flash 播放文件中。相反，Flash Player 会使用本地计算机上的与设备字体最相近的字体来替换设备字体。因为没有嵌入字体信息，所以使用设备字体生成的 Flash 影片文件会更小一些，此外，设备字体为小磅值（小于 10 磅）时比嵌入字体更清晰且更易读。不过，因为设备字体不是嵌入的，所以如果用户的系统上没有安装与设备字体相对应的字体，那么文本在用户系统中的显示效果可能与预期的不同。

Flash 中包括 3 种设备字体：_sans（类似于 Helvetica 或 Arial 字体）、_serif（类似于 Times Roman 字体）和_typewriter（类似于 Courier 字体），这 3 种字体位于文本"属性"面板中"字体"下拉列表的最前面。

要将影片中所用的字体指定为设备字体，可以在"属性"面板中选择上面任意一种 Flash 设备字体，在影片回放期间 Flash 会选择用户系统上的第 1 种设备字体。用户可以指定要选择的设备字体中的文本设置，以便复制和粘贴出现在影片中的文本。

5.4.1 创建和使用字体元件

如果将字体作为共享库项，就可以在"库"面板中创建字体元件，然后给该元件分配一个标识符字符串和一个公布包含该字体元件影片的 URL。这样用户就可以在影片中链接该字体并使用它，而无需将字体嵌入到影片中，从而大大减少影片的尺寸。

创建字体元件的操作步骤如下：

Step 01 选择菜单"窗口"|"库"命令，打开用户想向其中添加字体元件的库，如图 5-21 所示。

Step 02 单击"库"面板右上角的 ▾≡ 按钮，在弹出的下拉菜单中选择"新建字型"命令，如图 5-22 所示。

Step 03 在弹出的"字体元件属性"对话框中可以设置字体元件名称。例如设置为"字体 1"，将字体元件的名称输入到"名称"文本框中，如图 5-23 所示。

图 5-21　打开库　　　图 5-22　选择"新建字型"命令　　图 5-23　"字体元件属性"对话框

Step 04 从"字体"下拉列表中可以选择一种字体，或者将字体名称直接输入到"字体"文本框中。

Step 05 在下面的"样式"选项区中还可以选择字体的其他参数，如加粗、倾斜等。

Step 06 设置完毕后，单击"确定"按钮，就创建好了一个字体元件。

如果要为创建好的字体元件指定标识符字符串，具体操作步骤如下：

Step 01 在"库"面板中选择已存在的字体元件，如图 5-24 所示。

Step 02 执行以下操作之一：

- 单击"库"面板右上角的 ▾≡ 按钮，在弹出的下拉菜单中选择"链接"命令，如图 5-25 所示。
- 右击"库"面板中的字体元件名称，然后从快捷菜单中选择"链接"命令。

图 5-24　选中"库"面板中的字体元件　　　图 5-25　选择菜单中的"链接"命令

Step 03 在弹出的"链接属性"对话框的"链接"选项区中选择"为运行时共享导出"复选框，如图 5-26 所示。

Step 04 在"标识符"文本框中输入一个字符串，以标识该字体元件。

Step 05 在 URL 文本框中，输入包含该字体元件的 SWF 影片文件将要公布到的 URL。

Step 06 单击"确定"按钮完成操作。

图 5-26 "链接属性"对话框

至此，为字体元件指定标识符字符串的操作已经完毕。

5.4.2 替换缺失字体

如果处理的 Flash 文件中包含的字体，在用户的系统中没有安装（如用户从另一位设计者那里收到的文件），Flash 会使用用户系统中可用的字体来替换缺少的字体。用户可以在系统中选择要替换的字体，或者让 Flash 用 Flash 系统的默认字体（在常规首选参数中指定的字体）替换缺少的字体。

如果用户在系统上安装了以前缺少的字体，然后重新启动 Flash，那么字体将会显示在所有使用该字体的文件中。第 1 次显示在背景上时，会出现一个警告框指明文件中缺少字体，如图 5-27 所示。

如果用户发布或导出的文件没有显示任何包含缺少字体的场景，那么警告框会在发布或导出操作期间出现。如果用户确定要选择替换字体，会出现"字体映射"对话框，它会列出文件中的所有缺少字体，并让用户为每种缺少的字体选择一种替换字体，如果文件包含许多缺少字体，在 Flash 生成缺少字体列表的过程中可能会出现延迟。

用户可以将缺少字体应用到当前文件的新文本或现有文本中，该文本会使用替换字体在用户的系统上显示，但缺少字体信息会和文件一同保存起来。如果文件在包含缺少字体的系统上再次打开，文本会使用该字体显示。

当文本以缺少字体显示时，可能需要调整字体大小、行距、字距微调等文本属性。因为用户应用的格式要基于替换字体的文本外观。

指定字体替换的具体操作步骤如下：

Step 01 当出现"'缺少字体'警告"对话框时，可执行以下操作之一。

• 单击"使用默认值"按钮可以使用 Flash 系统默认字体替换所有缺少的字体，并去除该"缺少字体"警告。

• 单击"选择替换字体"按钮，将会弹出替换字体对话框，要求用户替换缺少的字体。此时可以从计算机中选择系统已安装的字体进行替换，如图 5-28 所示。

Step 02 在"字体映射"对话框中，单击"缺少字体"栏中的某种字体，按住 Shift 键单击以选择多种缺少字体，此时可将它们全部映射为同一种替换字体，在用户选择替换字体之前，默认替换字体会显示在"映射为"栏中。

Step 03 从"替换字体"下拉列表中选择一种字体。

Step 04 对所有缺少的字体重复执行 **Step 02** 和 **Step 03** 的操作。

Step 05 替换完毕后，单击"确定"按钮。

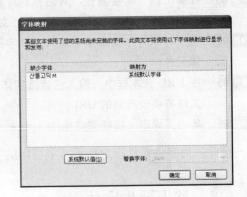

图 5-27 缺少字体警告   图 5-28 替换字体

用户可以通过"字体映射"对话框更改映射为缺少字体的替换字体，查看用户系统上的 Flash 中映射的所有替换字体，以及删除从用户的系统映射的替换字体。用户还可以关闭"缺少字体"警告以阻止它的出现。

在处理包含缺少字体的文件时，缺少的字体会显示在"属性"面板的字体列表中，用户选择替换字体时，替换字体也会显示在该字体列表中。

查看文件中所有缺少字体并重新选择替换字体的操作步骤如下：

Step 01 当该文件在 Flash 中处于活动状态时，选择菜单"编辑"|"字体映射"命令。此时会出现提示用户替换字体的对话框。

Step 02 按照前面讲过的步骤，选择一种替换字体。

查看系统中保存的所有字体映射的操作步骤如下：

Step 01 首先关闭 Flash 中的所有文件。

Step 02 选择菜单"编辑"|"字体映射"命令，再次打开"字体映射"对话框。

Step 03 查看完毕后，单击"确定"按钮，关闭对话框。

要关闭"缺少字体"警告，可执行以下操作之一：

- 在"缺少字体"警告中选择"不要再警告我"复选框。选择菜单"编辑"|"字体映射"命令可以再次查看该文件的映射信息。

- 要对所有文件关闭此警告，可选择菜单"编辑"|"首选参数"命令，然后单击"警告"选项卡。取消选择"字体缺少时发出警告"选项，然后单击"确定"按钮。

5.5 | 上机实训——制作立体文字

 实例说明

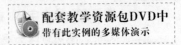
配套教学资源包DVD中
带有此实例的多媒体演示

本例介绍立体文字的效果，立体文字的效果主要是创建文本后将文本"分离"为形状，对形状进行复制并对底层的文本形状进行调整，形成立体文字的效果。

📖 **学习目标**

通过对本例的学习读者可以学会如何将文本分离为形状,完成后的效果如图 5-29 所示。

图 5-29　立体文字的效果

具体操作步骤如下:

Step 01　运行 Flash CS3 软件,在打开的窗口中单击 "Flash 文件(ActionScript 2.0)" 按钮,如图 5-30 所示。

Step 02　新建文档后,在 "属性" 面板中单击 `550 x 400 像素` 按钮,在弹出的 "文档属性" 对话框中将 "标题" 命名为 "立体文字",设置 "尺寸" 为 550 像素×200 像素,单击 "确定" 按钮,如图 5-31 所示。

Step 03　选择 T 工具,在 "属性" 面板中设置字体为 "方正综艺简体",设置大小为 110,单击 **B**

图 5-30　新建文档

按钮,根据自己的喜好设置一种颜色,并在舞台中创建文本 "完美世界",如图 5-32 所示。

图 5-31　设置文档属性

图 5-32　创建文本

Step 04　选择 工具,在舞台中选择文本,右击,在弹出的快捷菜单中选择 "分离" 命令,如图 5-33 所示。

Step 05　按 Ctrl+B 组合键,再次对文本进行分离,将文本分离为形状,如图 5-34 所示。

图 5-33 将文本"分离"

图 5-34 分离文本为形状

Step 06 确定分离后的形状处于选择状态，按 Ctrl+D 组合键复制形状，并调整形状的位置，如图 5-35 所示。

Step 07 保持复制出的形状处于选择状态，在"属性"面板中为其设置一种颜色，如图 5-36 所示。

图 5-35 复制文本

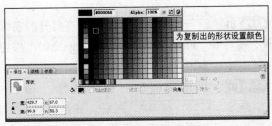

图 5-36 设置形状的颜色

Step 08 在工具箱中选择 工具，在场景中将鼠标放置到背景文本形状上，拖曳线段至前面的文本形状，如图 5-37 所示。

Step 09 完成后的效果如图 5-38 所示。

图 5-37 调整形状

图 5-38 完成后的立体文字

Step 10 可以为制作好的立体文字换一种颜色，如图 5-39 所示。

Step 11 再为立体文字添加一张背景图片，如图 5-40 所示，存储场景，并导出效果文件。

图 5-39 为立体文字换一种颜色

图 5-40 为立体文字添加背景后的效果

5.6 小结

本章主要介绍了文本工具的使用及其属性设置、特效文本的制作、字体映射的创建及编辑，以及系统缺少字体的替换等内容。通过"文本工具简介"一节的学习，读者应该学会使用文本工具在工作区创建文字，并能设置最常见的文字属性，如大小、颜色、字体、行间距和字间距等。

5.7 课后练习

1. 选择题

（1）在默认情况下，使用文本工具创建的文本框为＿＿＿＿＿＿＿＿。

A. 静态文本   B. 动态文本   C. 输入文本

（2）＿＿＿＿＿＿＿＿可以调整对象的亮度、对比度、色相和饱和度。

A. "投影"滤镜   B. "模糊"滤镜   C. "调整颜色"滤镜

2. 填空题

（1）＿＿＿＿＿＿＿＿可以柔化对象的边缘和细节。

（2）要关闭当前文件的警告，可在"缺少字体"警告中选择＿＿＿＿＿＿＿＿复选框，以后不再显示该对话框。

3. 问答题

如何替换缺失的字体？

第 6 章

元件、库和实例

本章主要讲解元件、库和实例的关系。

元件是被存放在"库"面板里的各种图形和电影片段，而实例则是指元件在舞台上的应用，一个元件可以产生许多实例。当一个元件被修改后，它所生成的实例也会随之改变，反之，一个实例被修改却不会影响原来的元件。

知 识 点

元件

库

实例

6.1 元件

使用 Flash 制作动画影片的一般流程是先制作动画中所需的各种元件，然后在场景中引用元件实例，并对实例化的元件进行适当的组织和编排，最终完成影片的制作。合理地使用元件和库可以提高影片的制作和工作效率。

元件是 Flash 中一个比较重要而且使用非常频繁的概念，狭义的元件是指用户在 Flash 中所创建的图形、按钮或影片剪辑这 3 种元件。元件可以包含从其他应用程序中导入的插图。元件一旦被创建，就会被自动添加到当前影片的库中，然后可以自始至终地在当前影片或其他影片中重复使用。用户创建的所有元件都会自动变为当前文件库的一部分。

6.1.1 元件的概念

元件在 Flash 影片中是一种比较特殊的对象，在 Flash 中只需创建一次，就可以在整部电影中反复使用而不会显著增加文件的大小。元件可以是任何静态的图形，也可以是连续动画，甚至还能将动作脚本添加到元件中，以便对元件进行更复杂的控制。当用户创建了元件后，元件都会自动成为影片库中的一部分。通常应将元件当作主控对象存于库中，将元件放入影片中时使用的是主控对象的实例，而不是主控对象本身，所以修改元件的实例并不会影响到元件本身。

1. 使用元件的优点

下面归纳了 4 个在动画中使用元件最显著的优点。

- 在使用元件时，由于一个元件在浏览中仅需要下载一次，因此可以加快影片的播放速度，避免同一对象的重复下载。
- 使用元件可以简化影片的编辑。在影片编辑过程中，可以把需要多次使用的元素做成元件，修改了元件以后，由同一元件生成的所有实例都会随之更新，而不必逐一对所有实例进行更改，这样就大大节省了创作时间，提高了工作效率。
- 制作运动类型的过渡动画效果时，必须将图形转换成元件，否则将失去透明度等属性，而且不能制作补间动画。
- 使用元件时，在影片中只会保存元件，不管该影片中有多少个该元件的实例，它都是以附加信息保存的，即用文字性的信息说明实例的位置和其他属性，所以保存一个元件的几个实例比保存该元件内容的多个副本占用的存储空间小。

2. 元件的类型

在 Flash 中可以制作的元件类型有 3 种：图形元件、按钮元件和影片剪辑元件，如图 6-1 所示。每种元件都有其在影片中所特有的作用和特性。

（1）图形元件

图形元件可用来重复应用静态的图片，并且图形元件也可以用到其他类型的元件当中，是 3 种 Flash 元件类型中最基本的类型。

（2）按钮元件

按钮元件一般用来对影片中的鼠标事件做出响应，如鼠标的单击、移开等。按钮元件是用来控制相应的鼠标事件交互性的特殊元件。它与平常在网页中出现的按钮一样，可以通过对其进行设置来触发某些特殊效果，如控制影片的播放、停止等。

按钮元件是一种具有 4 个帧的影片剪辑。按钮元件的时间轴无法被播放，它只是根据鼠标事件的不同而做出简单的响应，并转到所指向的帧，如图 6-2 所示。

图 6-1　元件的种类　　　　　　　　　　图 6-2　按钮的时间轴

- "弹起"帧：鼠标不在按钮上时的状态，即按钮的原始状态。
- "指针经过"帧：鼠标移动到按钮上时的按钮状态。
- "按下"帧：鼠标单击按钮时的按钮状态。
- "点击"帧：用于设置对鼠标动作做出反应的区域，该区域在 Flash 影片播放时是不会显示的。

（3）影片剪辑元件

影片剪辑是 Flash 中最具有交互性、用途最多及功能最强的部分。它基本上是一个小的独立电影，可以包含交互式控件、声音，甚至其他影片剪辑实例。不过，由于影片剪辑具有独立的时间轴，所以它们在 Flash 中是相互独立的。如果主场景中存在影片剪辑，即使主电影的时间轴已经停止，影片剪辑的时间轴仍可以继续播放。

每个影片剪辑在时间轴的层次结构树中都有相应的位置。使用 loadMovie 动作加载到 Flash Player 中的影片也有独立的时间轴，并且在显示列表中也有相应的位置。使用动作脚本可以在影片剪辑之间发送消息，以使它们彼此控制。例如，一段影片剪辑的时间轴中最后一帧上的动作可以指示开始播放另一段影片剪辑。

6.1.2　创建元件

元件的创建分为新建元件和转换为元件两种。

1. 新建元件

新建元件有以下 3 种方法。

- 选择菜单"插入"|"新建元件"命令，再在如图 6-3 所示的对话框中选择创建新元件的类型。

图 6-3　新建元件

- 单击"库"面板底部的"创建新元件"按钮 🖸。
- 在"库"面板中单击右上角的 🔻≣ 按钮，在弹出的下拉菜单中选择"新建元件"命令或者按快捷键 Ctrl+F8。

2．转换为元件

选中舞台中的任意图形对象，然后选择菜单"修改"|"转换为元件"命令或按快捷键 F8，在弹出的对话框中选择要转换的元件类型，如图 6-4 所示。

图 6-4　转换为元件

6.1.3　编辑元件

复制某个元件使用户可以使用现有的元件作为创建新元件的起点，复制元件后，新元件将被添加到库中，用户可以根据需要进行修改。

复制元件的操作步骤如下：

Step 01 在库中选择一个要复制的元件。

Step 02 单击"库"面板右上角的 🔻≣ 按钮，从弹出的下拉菜单中选择"直接复制"命令。

Step 03 在打开的"直接复制元件"对话框中输入新元件的名称，默认名称是在原名称后加上"副本"字样组成，如图 6-5 所示。

Step 04 设置完毕后单击"确定"按钮，元件库中将添加复制的元件。

用户也可以通过选择实例来复制元件，其操作步骤如下：

Step 01 在舞台中选择一个要复制元件的实例。

Step 02 选择菜单"修改"|"元件"|"直接复制元件"命令，这时该元件会被复制，并且原来的实例也会被复制的元件实例所代替，此时将弹出如图 6-6 所示的"直接复制元件"对话框，可以重命名复制的元件。

图 6-5　直接复制元件 1

图 6-6　直接复制元件 2

如果要从影片中彻底删除一个元件，则只能从库中进行删除。如果从舞台中进行删除，则删除的只是元件的一个实例，真正的元件并没有从影片中删除。删除元件和复制元件一样，可以通过"库"面板右上角的面板菜单或者右键菜单进行删除操作。

编辑元件时，Flash 会自动更新影片中该元件的所有实例。Flash 提供了以下 3 种方式来编辑元件。

- 在当前位置中编辑：可以在该元件和其他对象同在的舞台上编辑，其他对象将以灰显方式出现，从而将它们和正在编辑的元件区别开来。正在编辑的元件名称会显示在舞台上方的信息栏内。
- 在新窗口中编辑：可以在一个单独的窗口中编辑元件。

- 编辑：可将窗口从舞台视图更改为只显示该元件的单独视图。正在编辑的元件名称会显示在舞台上方的信息栏内。

6.1.4 元件的相互转换

一种元件被创建后，其类型不是不可改变的，它可以在"图形"、"按钮"和"影片剪辑"这 3 种元件之间互相转换，同时保持原有的特性不变。

要将一种元件转换为另一种元件，首先要在"库"面板中选取该元件，然后在其上单击鼠标右键，从弹出的快捷菜单中选择"类型"命令，在级联菜单中可以选择元件的类型。

6.2 库

库是元件和实例的载体，是使用 Flash 进行动画制作时一种非常有力的工具。使用库可以省去很多的重复操作和其他一些不必要的麻烦。另外，使用库在最大程度上可以减小动画文件的体积，充分利用库中包含的元素可以有效地控制文件的大小，便于文件的传输和下载。Flash 的库包括两种：一种是当前编辑文件的专用库，另一种是 Flash 中自带的公用库。

6.2.1 元件库的基本操作

Flash 的"库"面板中包括了当前文件的标题栏、预览窗口、库文件列表及一些相关的库文件管理工具等，如图 6-7 所示。

"库"面板的最下方有 4 个按钮，可以通过这 4 个按钮对库中的文件进行管理。

- "新建元件" ：单击此按钮，会弹出"创建新元件"对话框，可以设置新建元件的名称及新建元件的类型。
- "新建文件夹" ：在一些复杂的 Flash 文件中，库文件通常会十分繁多，管理起来十分不方便。因此需要使用创建新文件夹的功能，在库中创建一些文件夹，将同类的文件放入到相应的文件夹中，可使元件的调用更灵活方便。
- "属性" ：用于查看和修改库元件的属性，在弹出的对话框中显示了元件的名称、类型等一系列的信息，如图 6-8 所示。
- "删除" ：用来删除库中多余的文件和文件夹。

图6-7　"库"面板　　　　　　　　　　图6-8　"元件属性"对话框

6.2.2　专用库和公用库

1．专用库

选择菜单"窗口"|"库"命令或者使用快捷键 Ctrl+L 可以打开专用库的面板。在专用库中包含了当前编辑文件下的所有元件，如导入的位图、视频等，并且某个实例不论其在舞台中出现了多少次，它都只作为一个元件出现在库中。

2．公用库

选择菜单"窗口"|"公用库"命令，在级联菜单中可以看到"按钮"、"类"和"学习交互"3个命令。

（1）"按钮"库

选择菜单"窗口"|"公用库"|"按钮"命令，将弹出按钮"库"面板。其中包含多个文件夹，双击其中的某个文件夹将其打开，即可看到该文件夹中包含的多个按钮文件，单击选定其中的一个按钮，便可以在预览窗口中预览，预览窗口中右上角的▶播放按钮和■停止按钮可以用来查看按钮效果，如图6-9所示。

（2）"类"库

选择菜单"窗口"|"公用库"|"类"命令打开该库，可以看见其中有 DataBinding（数据绑定）、Utils（组件）及 Web Service（网络服务）3个选项，如图6-10所示。

（3）"学习交互"库

选择菜单"窗口"|"公用库"|"学习交互"命令将弹出学习交互库。其中包括了多层文件夹，双击文件夹将其打开，可以对其中的各个文件进行预览，如图6-11所示。

图6-9　"按钮"库　　　　　图6-10　"类"库　　　　　图6-11　"学习交互"库

6.3 | 实例

实例是指位于舞台上或嵌套在另一个元件内的元件副本。实例可以与元件在颜色、大小和功能上存在很大的差别。

6.3.1 实例的编辑

在库中存在元件的情况下，选中元件并将其拖动到舞台中即完成实例的创建。由于实例的创建源于元件，因此只要元件被修改编辑，那么所关联的实例也将会被更新。应用各实例时需要注意，影片剪辑实例的创建和包含动画的图形实例的创建是不同的，电影片段是只需要一个帧就可以播放动画，而且编辑环境中不能演示动画效果；而包含动画的图形实例，则必须在与其元件同样长的帧中放置，才能显示完整的动画。

创建元件的新实例的具体操作步骤如下：

Step 01 在时间轴上选择要放置此实例的图层。Flash 只可以把实例放在时间轴的关键帧中，并且总是放置于当前图层上。如果没有选择关键帧，该实例将被添加到当前帧左侧的第 1 个关键帧上。

Step 02 选择菜单"窗口"|"库"命令，打开影片的库。

Step 03 使用鼠标将要创建实例的元件从库中拖到舞台上。

Step 04 释放鼠标后，即可在舞台上创建元件的一个实例，然后就可以在影片中使用该实例或者对其进行编辑操作。

6.3.2 实例的属性

1. 指定实例名称

给实例指定名称的具体操作步骤如下：

Step 01 在舞台上选择要定义名称的实例。

Step 02 在"属性"面板左侧的"实例名称"文本框中输入该实例的名称即可。只有按钮元件和影片剪辑元件可以设置实例名称，分别如图 6-12 和图 6-13 所示。

图 6-12　按钮的"属性"面板

图 6-13　影片剪辑的"属性"面板

在创建了元件的实例后，使用"属性"面板还可以指定此实例的颜色效果和动作，设置图形显示模式或更改实例的行为。除非用户另外指定，否则实例的行为与元件行为相同。对实例所做的任何更改都只影响该实例，并不影响元件。

2．更改实例属性

每个元件实例都可以有自己的色彩效果，要设置实例的颜色和透明度选项，可使用"属性"面板，"属性"面板中的设置也会影响放置在元件内的位图。

要改变实例的颜色和透明度，可以从"属性"面板中的"颜色"下拉列表中进行选择设置，如图 6-14 所示。

- "无"：不设置颜色效果，此项为默认设置。
- "亮度"：用来调整图像的相对亮度和暗度。明亮值为-100%～100%，100%为白色，-100%为黑色。其默认值为 0。可直接输入数字，也可通过拖曳滑块来调节。
- "色调"：用来增加某种色调。可用颜色拾取器，也可以直接输入红、绿、蓝颜色值。RGB 后有 3 个空格，分别对应 Red（红色）、Green（绿色）、Black（黑色）的值。使用颜色选取框后的滑块可以设置色调百分比，数值为 0%～100%，数值为 0% 时所选颜色不受影响，数值为 100% 时，所选颜色将完全取代原有颜色。
- "Alpha"（不透明度）：用来设定实例的透明度，数值为 0%～100%，数值为 0% 时实例完全不可见，数值为 100% 时实例将完全可见。可以直接输入数字，也可以通过拖曳滑块来调节。
- "高级"：用来调整实例中的红、绿、蓝和透明度。单击"高级"选项后的"设置"按钮，则会弹出如图 6-15 所示的对话框，可进行详细的设置。

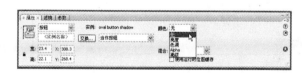 

图 6-14　实例的"属性"面板　　　图 6-15　"高级效果"对话框

在"高级效果"对话框中可以单独调整实例元件的红、绿、蓝三原色和 Alpha（透明度）。这在制作颜色变化非常精细的动画时非常有用。每一项都通过左右两个文本框来调整，左边的文本框用来输入减少相应颜色分量或透明度的比例，右边的文本框通过具体数值来增加或减小相应颜色或透明度的值。

将当前的红、绿、蓝和 Alpha（透明度）的值都乘以百分比值，然后加上右列中的常数值，就会产生新的颜色值。例如，如果当前红色值是 100，把左侧的滑块设置到 50%，并把右侧滑块设置到 100，就会产生一个新的红色值 150（（100×0.5）+100=150）。

提　示

"高级效果"对话框中的高级设置执行函数(A×Y+B)=X 中的 A 是文本框左侧设置中指定的百分比，Y 是原始位图的颜色，B 是文本框右侧设置中指定的值，X 是生成的效果（RGB 值为 0～255，Alpha 透明度值为 0～100）。

3. 给实例指定元件

用户可以给实例指定不同的元件，从而在舞台上显示不同的实例，并保留所有的原始实例属性（如色彩效果或按钮动作）。如果要给实例指定不同的元件，具体的操作步骤如下：

Step 01 在舞台上选择实例，然后在"属性"面板中单击"交换"按钮，弹出"交换元件"对话框，如图 6-16 所示。

Step 02 在"交换元件"对话框中，选择一个元件，替换当前指定给该实例的元件。要复制选定的元件，可单击对话框底部的"复制元件"按钮。如果制作的是几个具有细微差别的元件，那么复制操作使用户可以在库中现有元件的基础上建立一个新元件，并将复制工作减到最少。

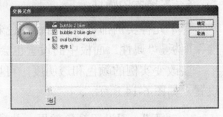

图 6-16　交换元件

Step 03 单击"确定"按钮。

4. 改变实例类型

无论是直接在舞台上创建的案例还是从元件中拖曳出的实例，都保留了其元件的类型，既可在以后的动画中将它用作其他类型，也可通过"属性"面板在 3 种元件类型间互相转换，如图 6-17 所示。

图 6-17　转换类型

按钮元件的设置选项如图 6-18 所示。

图 6-18　按钮元件的设置选项

- "当作按钮"：忽略其他按钮发出的事件，即从按钮 1 按下鼠标，然后移动到按钮 2 上松开鼠标，就不会起作用。
- "当作菜单项"：会接收在同样性质的按钮上发出的事件。

图形元件的设置选项如图 6-19 所示。

图 6-19　图形元件的设置选项

- "循环"：令包含在当前实例中的序列动画循环播放。
- "播放一次"：从指定帧开始，只播放动画一次。

- "单帧"：显示序列动画指定的一帧。

6.4 上机实训——制作按钮动画

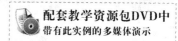

实例说明

本例介绍按钮动画的制作，在制作中主要应用了"影片剪辑"元件，并应用了"补间"|"形状补间"命令来创建按钮动画。完成后的动画效果如图 6-20 所示。

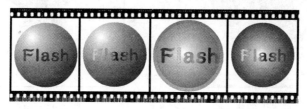

图 6-20 按钮动画

学习目标

通过对本例的学习，读者可以对简单的 Flash 按钮动画有一个初步的认识。

6.4.1 制作动画元件

在制作动画按钮前，先为其制作出几个按钮中需要的小动画元件。具体操作步骤如下：

Step 01 运行 Flash CS3 软件，新建一个 "Flash 文件（ActionScript 2.0）" 空白文档，如图 6-21 所示。

Step 02 选择菜单 "插入" | "新建元件" 命令，在弹出的对话框中使用默认 "名称" 为 "元件 1"，选择 "类型" 为 "影片剪辑"，单击 "确定" 按钮，如图 6-22 所示。

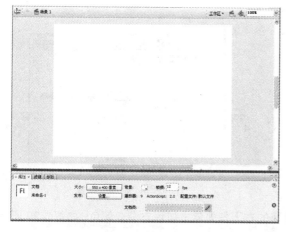

图 6-21 新建文档

图 6-22 插入元件

Step 03 选择 ◯ 工具，将描边设置为无，在元件 1 中按住 Alt+Shift 组合键绘制正圆，如图 6-23 所示。

Step 04 将圆形选中，选择 ◿ 工具，在"颜色"面板中设置"类型"为"放射状"，设置颜色渐变为白色到绿色再到深绿色的渐变，在舞台中圆的左上角处单击填充渐变，如图 6-24 所示。

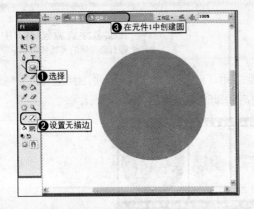

图 6-23　在元件 1 中创建正圆　　　　　　图 6-24　填充正圆颜色

Step 05 按 Ctrl+T 组合键打开"变形"面板，设置缩放为 90%，单击 ⬚ 按钮复制并应用变形，如图 6-25 所示。

Step 06 使用 ▶ 工具重新选择复制出的圆，按 Ctrl+X 组合键将其剪切，如图 6-26 所示。

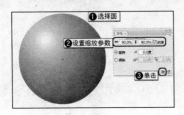

图 6-25　缩放并复制圆　　　　　　　图 6-26　剪切复制出的圆

Step 07 选择剪切后的圆环，使用 ◿ 工具在圆环的左上角填充颜色，如图 6-27 所示。

Step 08 选择元件 1 中的圆环，在"时间轴"面板中右击第 10 帧，在弹出的快捷菜单中选择"插入关键帧"命令，如图 6-28 所示。

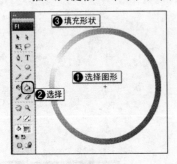

图 6-27　填充颜色　　　　　　　　图 6-28　添加关键帧

Step 09 插入关键帧后，使用 ◿ 工具在圆环的右下角处单击以填充渐变颜色，如图 6-29 所示。

Step 10 选择第 1 帧处的关键帧，在"属性"面板中设置"补间"为"形状"，如图 6-30 所示。

这样就创建出圆环高光移动的效果。

图 6-29 在第 10 帧处填充颜色

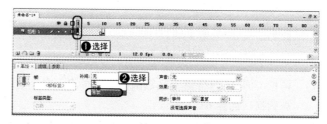

图 6-30 设置高光移动的"补间"

Step 11 选择菜单"插入"|"新建元件"命令，在弹出的对话框中使用默认的名称"元件 2"，单击"影片剪辑"单选按钮，再单击"确定"按钮，新建元件 2，如图 6-31 所示。

Step 12 在新建的元件 2 中按 Ctrl+V 组合键将剪切的圆形粘贴到元件 2 中，如图 6-32 所示。

图 6-31 新建元件

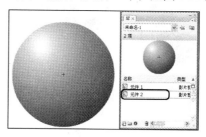

图 6-32 将圆形粘贴到元件 2 中

Step 13 在舞台中选择圆形，在"时间轴"面板中的第 10 帧位置处右击，在弹出的快捷菜单中选择"插入关键帧"命令，如图 6-33 所示。

Step 14 插入关键帧后，使用 ◇ 工具在圆形的右下角填充渐变颜色，如图 6-34 所示。

图 6-33 插入关键帧

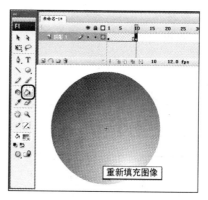

图 6-34 填充渐变颜色

Step 15 选择元件 2 的第 1 帧，在"属性"面板中设置补间为"形状"，如图 6-35 所示，为元件 2 中的圆形也创建同样的高光移动动画。

Step 16 选择菜单"插入"|"新建元件"命令，在弹出的对话框中使用默认的名称"元件 3"，单击"影片剪辑"单选按钮，再单击"确定"按钮，如图 6-36 所示。

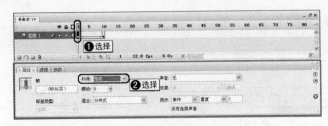

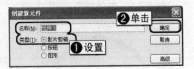

图 6-35　设置高光偏移动画　　　　　　　　图 6-36　新建元件

Step 17 再按 Ctrl+V 组合键，粘贴圆到"元件 3"中，重新设置渐变为蓝色渐变，并重新填充圆形，如图 6-37 所示。

Step 18 使用同样的方法为其设置高光偏移动画，如图 6-38 所示。

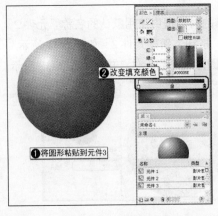

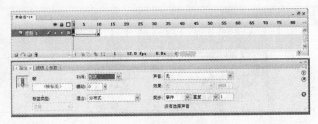

图 6-37　新建元件　　　　　　　　　　图 6-38　创建高光偏移动画

Step 19 选择菜单"插入"|"新建元件"命令，在弹出的对话框中使用默认的名称"元件 4"，单击"影片剪辑"单选按钮，再单击"确定"按钮，如图 6-39 所示。

Step 20 选择 T 工具，在"元件 4"中输入文本"Flash"，选择文本，在"属性"面板中选择字体为"汉仪秀英体简"，设置一个合适的字体大小，单击 B 按钮，如图 6-40 所示。

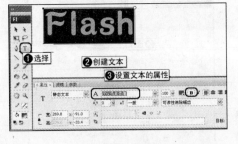

图 6-39　插入新元件　　　　　　　　　　图 6-40　创建文本

Step 21 使用 ▶ 工具在元件舞台中选择文本，并按两次 Ctrl+B 组合键分离文本为形状，如图 6-41 所示。

Step 22 选择 ◇ 工具，设置填充颜色为多彩色，在舞台中单击文本形状以填充颜色，如图 6-42 所示。

图 6-41　分离文本为形状　　　　　　　　　　图 6-42　为文本形状填充渐变色

Step 23 选择 工具，设置一个喜欢的描边颜色，在元件舞台中为文本图形描边，如图 6-43 所示。

Step 24 填充渐变颜色后，在"时间轴"中第 10 帧的位置插入关键帧，然后选择 工具，在舞台中移动渐变至文本形状的右侧，如图 6-44 所示。

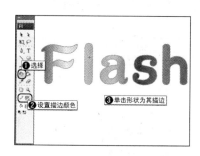

图 6-43　填充文本形状渐变色　　　　　　　　图 6-44　移动渐变色的位置

Step 25 选择第 1 帧，再移动渐变色至文本形状的左侧，如图 6-45 所示。

Step 26 选择第 1 帧，在"属性"面板中设置补间为"形状"，如图 6-46 所示，这样就设置了颜色移动的动画。

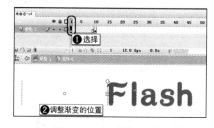

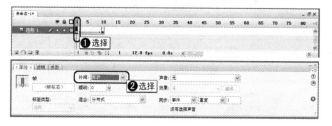

图 6-45　调整简便的位置　　　　　　　　　　图 6-46　设置颜色移动的动画

6.4.2　制作按钮

制作按钮的具体操作步骤如下：

Step 01 在"库"面板中选择"元件 2"并右击，在弹出的快捷菜单中选择"直接复制"命令，如图 6-47 所示。

Step 02 在弹出的"直接复制元件"对话框中使用默认的名称"元件 2 副本"，单击"按钮"单选按钮，再单击"确定"按钮，如图 6-48 所示。

Step **03** 复制出的按钮元件舞台场景的"时间轴"如图 6-49 所示。

  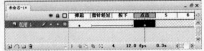

图 6-47　复制元件　　图 6-48　设置复制元件的类型　　图 6-49　复制出的按钮的"时间轴"

Step **04** 在不需要的帧上右击，在弹出的快捷菜单中选择"删除帧"命令，如图 6-50 所示。

Step **05** 在"时间轴"中选择"弹起"按钮，为舞台中添加实例，效果如图 6-51 所示，调整它们的大小和位置。

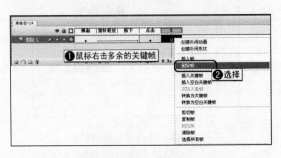 

图 6-50　删除不需要的帧　　　　　　　　图 6-51　为舞台添加实例

Step **06** 在"指针经过"下插入关键帧，并将"库"中的元件拖曳到舞台中，场景中的实例为如图 6-52 所示的效果。

Step **07** 在"按下"下插入关键帧，并为舞台添加如图 6-53 所示的实例。

图 6-52　"鼠标经过"时按钮的效果　　　　图 6-53　"按下"时按钮的效果

Step **08** 在"点击"下插入关键帧，调整舞台中按钮的效果如图 6-54 所示。

Step **09** 选择"场景 1"，在"库"面板中将制作好的按钮拖曳到场景舞台中，如图 6-55 所示。

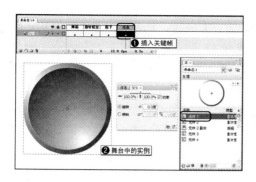

图 6-54　"点击"时按钮的效果

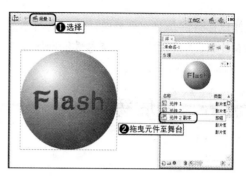

图 6-55　将按钮放置到场景舞台中

Step ⑩　选择菜单"控制"|"测试影片"按钮，在 Flash 播放器中测试按钮，如图 6-56 所示。

Step ⑪　按 Ctrl+S 组合键，在弹出的对话框中选择一个存储路径，为文件命名并使用默认的存储格式，单击"保存"按钮，如图 6-57 所示，存储场景。

Step ⑫　选择菜单"文件"|"导出"|"导出影片"命令，在弹出的对话框中选择一个存储路径，为文件命名，使用默认的存储格式，单击"保存"按钮，输出影片，如图 6-58 所示。

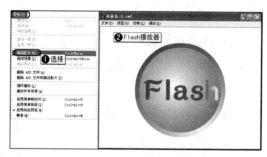

图 6-56　测试场景

图 6-57　存储场景文件

图 6-58　导出影片

6.5　小结

　　实例是动画最基本的元素之一，所有的动画都是由多个实例组织起来的。而元件这个概念的出现使创作者能够重复使用该元件的实例而几乎不增加动画文件的大小，这个特性使得 Flash 动画在网络上普及起来，大大丰富了互联网的内容，增加了网络对人们的吸引力，也引发了一次又一次的 Flash 热潮。库是管理元件最常用的工具，通过库的管理使元件的应用更加灵活。

　　通过本章的学习，读者应该重点对元件的创建和编辑进行练习，这是在以后的动画制作中要反复使用的东西。对于按钮元件而言，弄清各帧之间的关系，对于以后使用脚本命令时选择鼠标事件是非常重要的。读者需对本章的内容反复研读，特别是对于"实例和元件之间有着什么样的联系？"等概念性的问题要弄清楚。

6.6 课后练习

1. 选择题

（1）选择菜单"窗口"|"库"命令或者使用快捷键_____可以打开专用库的面板。

A. Ctrl+T   B. Ctrl+L   C. F9

（2）在舞台中改变实例的颜色，元件_____。

A. 不受实例的影响   B. 受实例的影响而改变   C. 改变，实例不变

（3）元件的创建方式分为两种：_____。

A. 新建元件和转换为元件

B. 直接复制元件和新建元件

C. 转换元件和直接复制元件

2. 填空题

（1）一种元件被创建后，其类型并不是不可改变的，它可以在_____、_____和_____这3种元件之间互相转换，同时保持原有的特性不变。

（2）按钮元件用来控制相应的_____事件的交互性特殊元件。

3. 问答题

（1）简述元件、库和实例的关系。

（2）元件的优点是什么？

第 **7** 章

素材文件的导入

　　本章主要讲解如何将不同格式的文件导入到 Flash 中，并介绍声音的编辑和压缩。

　　本章的重点是声音的编辑和压缩，特别是编辑声音是本章的重中之重。

- ◎ 导入位图文件
- ◎ 导入更多图形格式
- ◎ 导入视频文件
- ◎ 导入声音文件

7.1 导入位图文件

制作一个复杂的动画仅使用 Flash 软件自带的绘图工具是远远不够的，这就需要从外部导入用户创作时所需要的素材。Flash 提供了强大的导入功能，几乎可以导入各种类型的文件，特别是对 Photoshop 图像格式的支持，使得 Flash 素材的来源得到了极大的拓宽，使人们不再对精美的图片望而兴叹。

Flash 可以识别各种矢量图格式和位图格式，它可以将图片导入到当前 Flash 文件的舞台上或该文件的库中。

7.1.1 导入位图

在 Flash 中导入位图图像的操作步骤如下：

Step 01 选择菜单"文件"|"导入"|"导入到舞台"命令，打开"导入"对话框，如图 7-1 所示。

Step 02 在"导入"对话框中，找到并选中需要导入的文件。

Step 03 单击"打开"按钮，将图像导入到场景中。

如果导入的是图像序列中的某一个文件（文件名称以数字结尾），而且该序列中的其他文件都位于相同的文件夹中，则 Flash 会自动将其识别为图像序列，并提示"该文件看起来是图像序列的组成部分，是否导入序列中的所有图像？"，单击"是"按钮将导入图像序列中的所有文件，单击"否"按钮将只导入当前指定的文件，如图 7-2 所示。

图 7-1　导入　　　　　　　　　　图 7-2　导入图像序列提示

将图像序列导入到 Flash 中时，在场景中显示的只是选中的图像，其他图像则没有被显示出来，可以选择菜单"窗口"|"库"命令，打开"库"面板，在其中选择需要的图像。

7.1.2 压缩位图

Flash 虽然可以很方便地导入图像素材，但是有一个重要的问题经常会被使用者所忽略，即导入图像的容量大小。大多数人往往会误认为导入的图像容量会随着图片在舞台中缩小尺寸而减少，其实这是错误的想法，导入图像的容量和缩放的比例是毫无关系的。如果要减少导入图像的容量就必须对图像进行压缩。具体操作步骤如下：

Step 01 在库中找到导入的图像素材，在该图像上单击鼠标右键，在弹出的快捷菜单中选择"属性"命令。

Step 02 弹出"位图属性"对话框，面板中显示了图像的相关属性信息，如图7-3所示。

图7-3 位图属性

- "允许平滑"：选中该复选框会使用消除锯齿功能而平滑位图的边缘。
- "压缩"：下拉列表中有"照片（JPEG）"和"无损（PNG/GIF）"两个压缩方式。
  - "照片（JPEG）"：图片压缩格式。是 Flash CS3 的默认方式，如果选中了"使用导入的 JPEG 数据"复选框，则在输出时，可以在相应的图片品质对话框中输入要获得的品质数值，设定的数值越大，得到的图形显示效果就越好，而文件占用的空间也会相应增大。
  - "无损（PNG/GIF）"：图片无损格式，即不做任何修改。
- "使用导入的 JPEG 数据"：要使用为导入图像指定的默认压缩品质，则选择此项。

提 示

对于具有复杂颜色或色调变化的图像，如具有渐变填充的照片或图像，建议使用"照片"压缩方式。对于具有简单形状和颜色较少的图像，建议使用"无损"压缩方式。

7.1.3 转换位图

可以将位图转换为矢量图，Flash 矢量化位图的方法是，首先预审组成位图的像素，将近似的颜色划在一个区域，然后在这些颜色区域的基础上建立矢量图，但是用户只能对没有分离的位图进行转换。尤其对色彩少、没有色彩层次感的位图，即非照片的图像运用转换功能，会收到最好的效果。如果对照片进行转换，不但会增加计算机的负担，而且得到的矢量图比原图还大，结果会得不偿失。

使用"转换位图为矢量图"命令转换位图的操作步骤如下：

Step 01 选择菜单"文件"|"导入"|"导入到舞台"命令，打开"导入"对话框，选择一幅位图图像，将其导入场景中。

Step 02 选择菜单"修改"|"位图"|"转换位图为矢量图"命令，打开"转换位图为矢量图"对话框，如图7-4所示。

- "颜色阈值"：设置位图中每个像素的颜色与其他像素的颜色可以被当作是不同颜色的范围。范围是 1～500 之间的整数，设置的数越大，创建的矢量图就越小，但与源图像差别也越大；设置的数越小，颜色转换越多，与源图像的差别也越小。
- "最小区域"：设定使用多少像素为单位来转换成一种色彩。数值越低，转换后的色彩与原图越接近，但是会浪费较多的时间，其范围为 1～1000。

- "曲线拟合"：设定转换成矢量图后曲线的平滑程度。
- "角阈值"：设定转换成矢量图后，曲线的弯度转化为拐点的范围。

Step 03 调整好设置后，单击"确定"按钮，即可将位图转换为矢量图，如图 7-5 所示为转换前后的位图和矢量图。

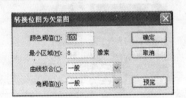

图 7-4　"转换位图为矢量图"对话框　　　　　图 7-5　位图与矢量图

提　示

并不是所有的位图转换成矢量图后都能减小文件的大小。将图像转换成矢量图后，有时会发现转换后的文件比源文件还要大，这是由于在转换过程中，要产生较多的矢量图来匹配它。可以通过前后对比来测试转换是否改变文件的大小。

7.2 导入更多格式的图形文件

Flash 可以按如下方式导入更多的矢量图形和图像序列。

- 当从 Illustrator 中将矢量图导入到 Flash 时，可以选择保留 Illustrator 层。
- 在保留图层和结构的同时，导入和集成 Photoshop（PSD）文件，然后在 Flash 中编辑它们。使用高级选项可以在导入过程中优化和自定义文件。
- 当从 Fireworks 导入 PNG 图像时，可以将文件作为能够在 Flash 中修改的可编辑对象进行导入，或作为可以在 Fireworks 中编辑和更新的平面化文件进行导入。可以选择保留图像、文本和辅助线。如果通过剪切和粘贴从 Fireworks 中导入 PNG 文件，该文件会被转换为位图。
- 将矢量图像从 FreeHand 导入到 Flash 中时，可以选择保留 FreeHand 层、页面和文本块。

7.2.1　导入 AI 文件

Flash 支持导入和导出 Illustrator 10 以前所有版本的文件，但导入前必须解除所有对象的组合。

导入 AI 文件的操作步骤如下：

Step 01 选择菜单"文件"|"导入"|"导入到舞台"命令,弹出"导入"对话框,选择一个 AI 文件。

Step 02 单击"打开"按钮将打开导入选项对话框,如图 7-6 所示。在这个对话框中有很多选项,可根据需要选择不同的选项。

- "将图层转换为":选择"Flash 图层"选项会将 Illustrator 文件中的每个层都转换为 Flash 文件中的一个层。选择"关键帧"选项会将 Illustrator 文件中的每个层都转换为 Flash 文件中的一个关键帧。选择"单一 Flash 图层"选项会将 Illustrator 文件中的所有层都转换为 Flash 文件中的单个平面化的层。
- "将对象置于原始位置":在 Illustrator 文件中的原始位置放置导入的对象。
- "将舞台大小设置为与 Illustrator 画板/裁剪区域相同":导入后,将舞台尺寸和 Illustrator 的画板/裁剪区域设置成相同的大小。
- "导入未使用的元件":导入时,将未使用的元件一并导入进来。
- "导入为单个位图图像":导入为单一的位图图像。

Step 03 设置完毕单击"确定"按钮,即可将 Illustrator 文件导入到 Flash 中,如图 7-7 所示。

图 7-6　导入到舞台对话框　　　　图 7-7　导入的 AI 文件

7.2.2　导入 PSD 文件

Flash 可以导入和导出 Photoshop 的 PSD 文件。将 Photoshop 文件导入到 Flash 中时,可以像其他 Flash 对象一样对其进行处理。

导入 Photoshop 文件的操作步骤如下:

Step 01 在"导入"对话框中,从"文件类型"下拉列表中选择"Photoshop"选项。

Step 02 选择需要导入的 PSD 文件。

Step 03 单击"打开"按钮,即可出现如图 7-8 所示的对话框。可根据情况在对话框中进行相应的设置。

- "将图层转换为":选择"Flash 图层"选项会将 PSD 文件中的每个层都转换为 Flash 文件中的一个层,如图 7-9 所示。选择"关键帧"选项会将 PSD 文件中的每个层都转换为 Flash 文件中的一个关键帧,如图 7-10 所示。

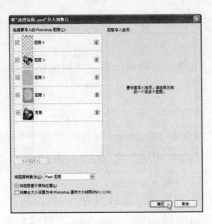

图 7-8　导入 PSD 文件的对话框　　　　图 7-9　选择"Flash 图层"选项导入后的效果

图 7-10　选择"关键帧"选项导入后的效果

- "将图层置于原始位置"：在 Photoshop 文件中的原始位置放置导入的对象。
- "将舞台大小设置为与 Photoshop 画布大小相同"：导入后，将舞台尺寸和 Photoshop 的画布设置成相同的大小。

Step 04　设置完毕后单击"确定"按钮，即可将 PSD 文件导入到 Flash 中。

7.2.3　导入 PNG 文件

可以将 PNG 文件作为平面化图像或可编辑对象导入到 Flash 中。将 PNG 文件作为平面化图像导入时，整个文件（包括所有矢量图）会进行栅格化，或转换为位图图像。将 PNG 文件作为可编辑对象导入时，该文件中的矢量图会保留为矢量格式。将 PNG 文件作为可编辑对象导入时，可以选择保留 PNG 文件中存在的位图、文本和辅助线。

如果将 PNG 文件作为平面化图像导入，则可以从 Flash 中启动 Fireworks，并编辑原始的 PNG 文件（具有矢量数据）。当成批导入多个 PNG 文件时，只需选择一次导入设置，Flash 对于一批中的所有文件使用同样的设置。可以在 Flash 中编辑位图图像，方法是将位图图像转换为矢量图或将位图图像分离。

导入 Fireworks PNG 文件的操作步骤如下：

Step 01 选择菜单"文件"|"导入"|"导入到舞台"命令，打开"导入"对话框。

Step 02 在"导入"对话框中，从"文件类型"下拉列表中选择"PNG 文件"选项。在相应的文件夹下选择需要导入的 PNG 文件，单击"打开"按钮。

Step 03 打开如图 7-11 所示的"导入 Fireworks 文档"对话框，在该对话框中可进行如下选项的设置。

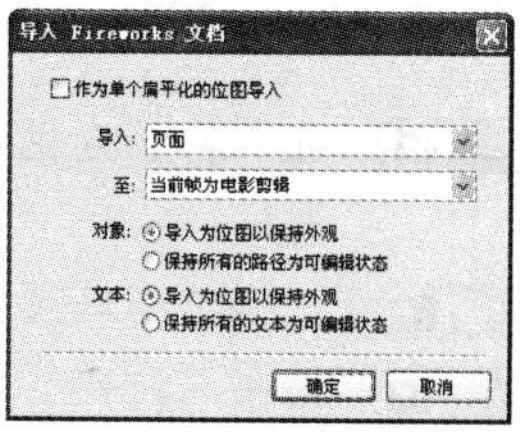

图 7-11　导入 Fireworks 文档

- "作为单个扁平化的位图导入"：选中该复选框，将 PNG 文件扁平化为单独的位图图像。

- "导入'页面'至'当前帧为电影剪辑'"：将 PNG 文件导入为影片剪辑，并且该影片剪辑元件内部的所有帧和层都不变；导入"页面"至"新层"，则将 PNG 文件导入到堆叠顺序顶部的单独新层的当前 Flash 文件中，Fireworks 层会被平面化为单独的一层，Fireworks 帧包含在该新层中。

- "对象"：单击"导入为位图以保持外观"单选按钮，将 Fireworks 笔画、填充和效果保留在 Flash 中。单击"保持所有的路径为可编辑状态"单选按钮，将所有对象保留为可编辑路径。

- "文本"：单击"导入为位图以保持外观"单选按钮，将文本导入到 Flash 时保留 Fireworks 笔画、填充和效果在 Flash 中。单击"保持所有的文本为可编辑状态"单选按钮，将所有文本保持为可编辑路径。

Step 04 设置完毕后，单击"确定"按钮即可将图像导入到 Flash 中。

7.2.4　导入 FreeHand 文件

用户可以将 FreeHand 文件（版本 10 或更低版本）直接导入到 Flash 中。FreeHand 是导入到 Flash 中的矢量图形的最佳选择，因为这样可以保留 FreeHand 层、文本块、库元件和页面，并且可以选择要导入的页面范围。

导入 FreeHand 文件时，要记住以下原则：

- 当要导入的文件有两个重叠的对象，而用户又想将这两个对象保留为单独的对象时，可以将这两个对象放置在 FreeHand 的不同层中，然后在"FreeHand 导入"对话框中选择"图层"（如果将一个层上的多个重叠对象导入到 Flash 中，重叠的形状将在交集点处分割，就像在 Flash 中创建的重叠对象一样）。

- 当导入具有渐变填充的文件时，Flash 最多支持一个渐变填充中有 8 种颜色。如果 FreeHand 文件包含具有多于 8 种颜色的渐变填充时，Flash 会创建剪辑路径来模拟渐变填充，剪辑路径会增大文件的大小。要想减小文件的大小，则在 FreeHand 中使用具有 8 种或更少颜色的渐变填充。

- 当导入具有混合的文件时，Flash 会将混合中的每个步骤导入为一个单独的路径。因此，FreeHand 文件的混合中包含的步骤越多，Flash 中的导入文件就变得越大。

- 如果导入文件中包含具有方头的笔触，Flash 会将它转换为圆头。

- 如果导入文件中具有灰度图像，则 Flash 会将该灰度图像转换为 RGB 图像。这种转换会增大导入文件的大小。

导入 FreeHand 文件的操作步骤如下：

Step 01 在"导入"对话框中，从"文件类型"下拉列表中选择 FreeHand 选项。

Step 02 选择将要导入的 FreeHand 文件。

Step 03 单击"打开"按钮。

Step 04 在如图 7-12 所示的"FreeHand 导入"对话框中可进行如下设置。 图 7-12 FreeHand 导入

- "页面"（"映射"区域内）：单击"场景"单选按钮会将 FreeHand 文件中的每个页面都转换为 Flash 文件中的一个场景。单击"关键帧"单选按钮会将 FreeHand 文件中的每个页面转换为 Flash 文件中的一个关键帧。

- "图层"：单击"图层"单选按钮会将 FreeHand 文件中的每个层都转换为 Flash 文件中的一层。单击"关键帧"单选按钮会将 FreeHand 文件中的每个层都转换为 Flash 文件中的一个关键帧。单击"平面化"单选按钮会将 FreeHand 文件中的所有层都转换为 Flash 文件中的单个平面化的层。

- "页面"：单击"全部"单选按钮将导入 FreeHand 文件中的所有页面。在"自"和"至"中输入页码，将导入页码范围内的 FreeHand 文件。

- "选项"：选中"包括不可见图层"复选框将导入 FreeHand 文件中的所有层（包括可见层和隐藏层）。选中"包括背景图层"复选框会随 FreeHand 文件一同导入背景层。选中"维持文本块"复选框会将 FreeHand 文件中的文本保持为可编辑文本。

Step 05 设置完毕后单击"确定"按钮，即可将 FreeHand 文件导入 Flash 中。

7.3 导入视频文件

Flash 支持动态影像的导入功能，根据导入视频文件的格式和方法的不同，可以将含有视频的影片发布为 Flash 影片格式（.SWF 文件）或者 QuickTime 影片格式（.MOV 文件）。Flash 可以导入的视频文件格式有很多，主要有以下几种。

- QuickTime 影片文件：扩展名为*.mov。
- Windows 视频文件：扩展名为*.avi。
- MPEG 影片文件：扩展名为*.mpg、*.mpeg。
- 数字视频文件：扩展名为*.dv、*.dvi。
- Windows Media 文件：扩展名为*.asf、*.wmv。
- Adobe Flash 视频文件：扩展名为*.flv。

向当前的编辑环境中导入视频文件的操作步骤如下：

Step 01 选择菜单"文件"|"导入"|"导入视频"命令，打开"导入视频"对话框，如图 7-13

所示。选择要导入的视频剪辑。可以选择存储在本地计算机上的视频剪辑，也可以选择已上传到 Web 服务器的视频。

Step 02 单击"浏览"按钮，打开如图 7-14 所示的对话框，选择素材\Cha07，然后查找视频文件并在列表框中选择需要导入的视频文件，单击"打开"按钮。即可将选择的视频文件导入，如图 7-15 所示。

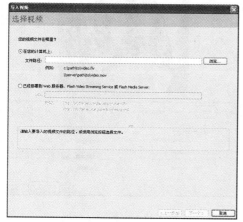

图 7-13　"导入视频"对话框　　　　　　　图 7-14　选择需要导入的视频文件

Step 03 单击"下一个"按钮，即可进入如图 7-16 所示的对话框，进行"部署"设置。

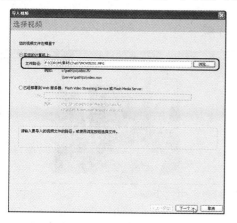

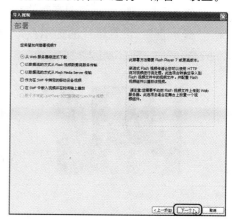

图 7-15　导入视频文件后的对话框　　　　图 7-16　进行部署设置

Step 04 再单击"下一个"按钮，设置视频文件的相关选项，如图7-17所示。

- "编码配置文件"：选择 Flash 视频的编码方案。
- "视频"：设置和视频相关的选项，如图 7-18 所示。
  - ➢ "对视频编码"：对视频进行解码。
  - ➢ "视频编解码器"：选择视频的编码方案。
  - ➢ "对 Alpha 通道编码"：对 Alpha 通道进行解码。
  - ➢ "反交错"：防止视频交错。
  - ➢ "帧频"：设置视频帧频率。
  - ➢ "品质"：设置视频质量。

> ➤ "最大数据速率"：设置视频的最大数据率，单位为 kbps。
> ➤ "关键帧放置"：设置关键帧的位置。
> ➤ "关键帧间隔"：设置关键帧的间隔帧数。

图 7-17 "编码配置文件"选项

图 7-18 "视频"选项

- "音频"：设置和音频相关的选项，如图 7-19 所示。
  > ➤ "对音频编码"：对音频进行编码。
  > ➤ "数据速率"：设置音频的数据率。
- "提示点"：设置影片的提示点，如图 7-20 所示。

图 7-19 "音频"选项

图 7-20 "提示点"选项

- "裁切与调整大小"：设置影片的裁切选项，如图 7-21 所示。
  > ➤ "裁切"：对影片进行裁切。
  > ➤ "调整大小"：设置视频的宽度和高度。
  > ➤ "保持高宽比"：改变视频大小时，保持高度和宽度的比例。
  > ➤ "修剪"：设置影片的开始和结束点。

Step 05 单击"下一个"按钮，加载视频文件的外观，如图 7-22 所示。

- "外观"：设置视频导航控制的外观。
- "URL"：设置自定义视频导航外观时的 URL 地址。

图 7-21　"裁切与调整大小"选项

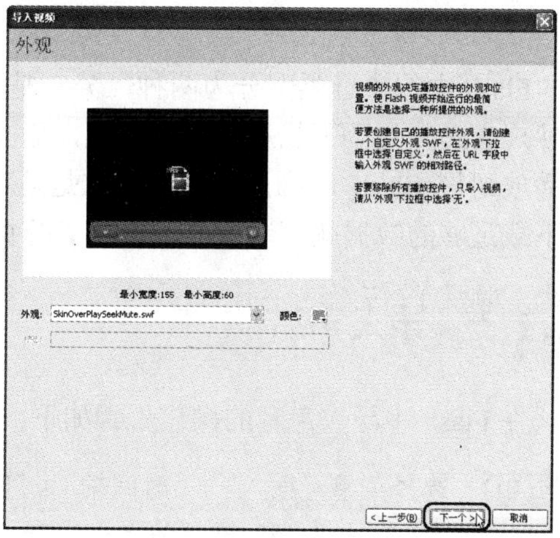

图 7-22　加载视频文件的外观

Step 06　单击"下一个"按钮，进入如图 7-23 所示的对话框。

Step 07　单击"完成"按钮，打开如图 7-24 所示的"另存为"对话框。选择保存的路径，然后为文件命名，再单击"保存"按钮。单击"保存"按钮后，进行视频编码，如图 7-25 所示。编码完成后，影片被导入到舞台中，如图 7-26 所示。

图 7-23　完成视频导入

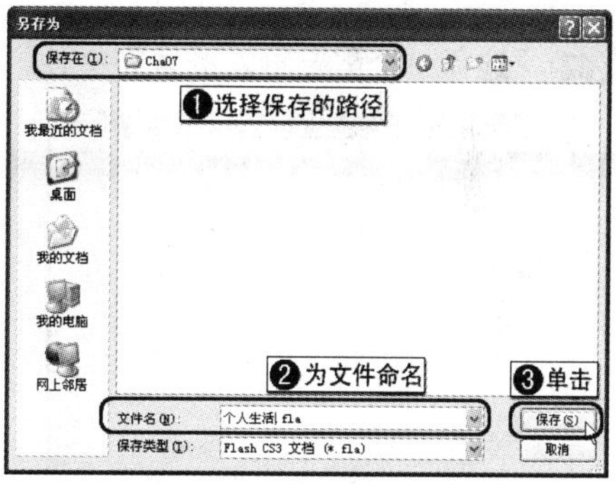

图 7-24　保存导入的视频

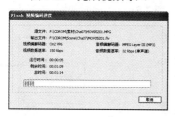

图 7-25　视频编码进度

图 7-26　导入到舞台后的影片

7.4 导入声音文件

Flash 中的声音类型分为两种，分别是事件声音和音频流。它们之间的不同之处在于：事件声音必须完全下载后才可能播放，除非强制其停止，否则会一直连续播放；而音频流的播放则与 Flash 动画息息相关，它是随动画的播放而播放，随动画的停止而停止，即只要下载足够的数据就可以播放，而不必等待数据全部读取完毕，做到了实时播放。

7.4.1 导入声音

在 Flash 中导入声音的操作步骤如下：

Step 01 选择菜单"插入"|"时间轴"|"图层"命令，在当前影片中为声音创建一个独立的图层。如果同时要播放多个声音，也可以创建多个图层。

Step 02 选择菜单"文件"|"导入"|"导入到舞台"命令，打开"导入"对话框，如图 7-27 所示。

提 示

也可以选择菜单"文件"|"导入"|"导入到库"命令，声音被加到用户的库后，最初并不会显示在时间轴上，还需要对插入声音的帧进行设置。用户既可以使用全部声音文件，也可以将其中的一部分重复放入电影中的不同位置，这并不会显著地影响文件的大小。"导入到库"对话框如图 7-28 所示。

Step 03 选择一个需要导入的声音文件，单击"打开"按钮，如图 7-28 所示，导入声音。

图 7-27 "导入"对话框

图 7-28 "导入到库"对话框

Step 04 导入的声音会自动添加到"库"面板中，如图 7-29 所示。如果选中库中的一个声音，在预览窗口中就会观察到声音的波形。

用户可以在"库"面板中试听导入声音的效果。通过单击"库"面板预览窗口中的"播放"按钮，即可在库中听到播放的声音。声音文件被导入到 Flash 中后，就成为 Flash 文件的一部分，也就是说，声音或音轨文

图 7-29 将声音导入到"库"中

件会使 Flash 文件的体积变大。

7.4.2 编辑声音

导入的声音文件可以通过"属性"面板进行相关的属性编辑，如图 7-30 所示。

图 7-30 声音文件的"属性"面板

1. 设置声音效果

在声音层任意选中一帧（含有声音数据的帧），打开"属性"面板，从"效果"下拉列表中选择一种效果。

- "左声道"：只用左声道播放声音。
- "右声道"：只用右声道播放声音。
- "从左到右淡出"：声音从左声道转换到右声道。
- "从右到左淡出"：声音从右声道转换到左声道。
- "淡入"：音量从无逐渐增加到正常。
- "淡出"：音量从正常逐渐减少到无。
- "自定义"：在弹出的对话框中，通过使用编辑封套自定义声音效果，如图 7-31 所示。

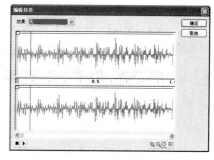

图 7-31 用编辑封套自定义声音效果

2. 声音同步设置

在"属性"面板的"同步"下拉列表中可以选择声音的同步类型。

- "事件"：该选项可以将声音和一个事件的发生过程同步起来。事件声音在其起始关键帧开始显示时播放，并独立于时间轴播放完整的声音，即使 SWF 文件停止也继续播放。当播放发布的 SWF 文件时，事件和声音混合在一起。事件声音的一个实例就是用户单击一个按钮时播放的声音。如果事件声音正在播放，而声音再次被实例化（例如，用户再次单击按钮），则第一个声音实例继续播放，另一个声音实例同时开始播放。
- "开始"：与"事件"选项的功能相似，但是如果原有的声音正在播放，使用"开始"选项后则不会播放新的声音实例。
- "停止"：使指定的声音静音。
- "数据流"：用于同步声音，以便在 Web 站点上播放。Flash 将强制动画和音频流同步。如果 Flash 不能足够快地绘制动画的帧，就跳过该帧。与事件声音不同，音频流会随着 SWF 文件的停止而停止。而且，音频流的播放时间绝对不会比帧的播放时间长。当发布 SWF 文件时，音频流会混合在一起播放。

3. 声音循环设置

一般情况下声音文件的字节数较多，如果在一个较长的动画中引用很多的声音，就会造成文件过大。为了避免这种情况发生，可以使用声音重复播放的方法，在动画中重复播放一个声音文件。

在"属性"面板的"循环次数"文本框中输入一个值，可以指定声音循环播放的次数，如果要连续播放声音，可以选择"循环"，以便在一段持续时间内一直播放声音。

7.4.3 压缩声音

在库文件列表中用鼠标右键单击声音文件，在弹出的快捷菜单中选择"属性"命令，会弹出"声音属性"对话框，如图 7-32 所示。

- "默认"：是 Flash CS3 提供的一个通用的压缩方式，可以对整个文件中的声音用同一个压缩比进行压缩，而不用分别对文件中不同的声音进行单独的属性设置，避免了不必要的麻烦。
- "ADPCM"：常用于压缩诸如按钮音效、事件声音等比较简短的声音，选择该项后，其下方将出现新的设置选项，如图 7-33 所示。

图 7-32 "声音属性"对话框

图 7-33 ADPCM 压缩方式下的设置

- "预处理"：如果选中了"将立体声转换为单声道"复选框，就可以自动将混合立体声（非立体声）转化为单声道的声音，文件大小相应减半。
- "采样率"：该选项控制声音的保真度和文件大小。较低的采样率可以减小文件大小，但同时也会降低声音的品质。5kHz 的采样率仅仅只能达到人们说话声的质量。11kHz 的采样率是播放一小段音乐所要求的最低标准，同时 11kHz 的采样率所能达到的声音质量为 1/4 的 CD（Compact Disc）音质。22kHz 的采样率的声音质量可达到一般的 CD 音质，也是目前众多网站所选择的播放声音的采样率。鉴于目前的网络速度，建议读者采用该采样率作为 Flash 动画中的声音标准。44kHz 的采样率是标准的 CD 音质，可以达到很好的听觉效果。

Flash 不能提高输出声音的采样率。例如，导入音频为 11kHz 的声音，则输出时就算将其采样率设置为 22kHz，但是输出的采样率仍然是 11kHz。

> "ADPCM 位"：设置编码时的比特率。数值越大，生成声音的音质越好，而声音文件的容量也就越大。

- "MP3"：使用该方式压缩声音文件可使文件体积变成原来的 1/10，而且基本不损害音质。这是一种高效的压缩方式，常用于压缩较长且不用循环播放的声音，这种方式在网络传输中十分常用。选择这种压缩方式后，其下方会出现如图 7-34 所示的选项。

  > "比特率"：MP3 压缩方式的比特率决定导出声音文件中每秒播放的位数。设定的数值越大得到的音质就越好，而文件的容量就会相应增大。Flash 支持 8kbps 到 160kbps CBR（恒定比特率）的速率。但导出音乐时，需将比特率设置为 16kbps 或更高，以获得最佳效果。

图 7-34 MP3 压缩方式下的设置

  > "品质"：用于设置导出声音的压缩速度和质量。它有 3 个选项，分别是"快速"、"中"和"最佳"。"快速"可以使压缩速度加快而降低声音质量；"中"可以获得稍慢的压缩速度和较高的声音质量；"最佳"可以获得最慢的压缩速度和最佳的声音质量。

- "原始"：选择该选项，则在导出声音时不进行压缩。
- "语音"：要选择一个特别适合于语音的压缩方式导出声音，可以使用该选项。

7.5 上机实训——为 MTV 添加背景音乐

实例说明

配套教学资源包DVD中带有此实例的多媒体演示

本上机实训介绍为 MTV 添加背景音乐，进一步对声音文件进行简单的介绍。如图 7-35 所示为制作完成后的动画效果。

学习目标

通过对本例的学习，可以学会如何为舞台添加背景音乐。

图 7-35 添加完背景音乐后的动画效果

Step 01 打开 Scene\Cha07\为 MTV 添加背景音乐.fla 文件，为了便于操作，将所有图层全部锁定，如图 7-36 所示。

Step 02 选择菜单"文件"|"导入"|"导入到库"命令，打开"导入到库"对话框，在"查找范围"下拉列表框中选择素材\Cha07，在下面的列表框中选择声音文件，然后单击"打开"按钮，如图 7-37 所示。

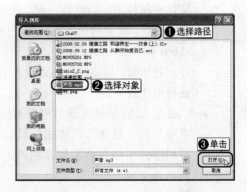

图 7-36 打开的场景文件　　　　　图 7-37 "导入到库"对话框

Step 03 在"库"面板中可以看到添加的声音，如图 7-38 所示。

Step 04 在"时间轴"面板上单击 按钮，插入图层，将其命名为"声音"，如图 7-39 所示。

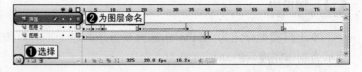

图 7-38 库中的声音　　　　　图 7-39 添加声音图层

Step 05 选择声音图层的第 1 帧，在"库"中将声音拖曳到舞台中，然后在"属性"面板中设置"同步"为"停止"和"重复"，如图 7-40 所示。

图 7-40　在第 1 帧处将声音添加到动画中

Step 06　选择声音图层的第 2 帧，如图 7-41 所示。

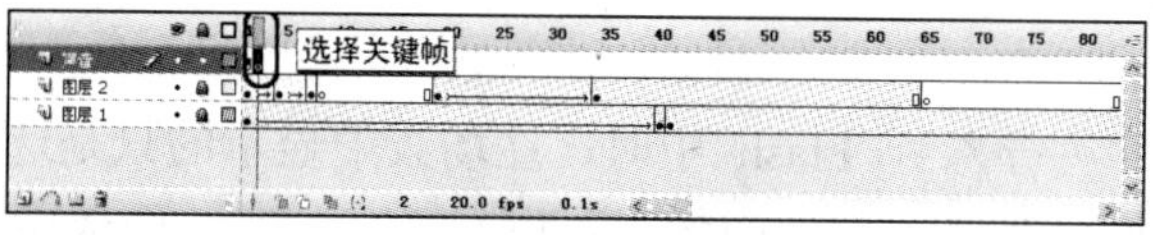

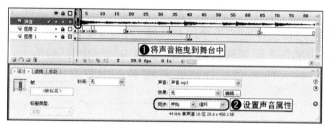

图 7-41　选择关键帧

Step 07　在 "库" 中将声音再次拖曳到舞台中，在 "属性" 面板中设置 "同步" 为 "开始" 和 "循环"，如图 7-42 所示。

图 7-42　添加声音并设置属性

Step 08　按 Ctrl+Enter 组合键测试动画，存储场景文件，并将影片输出。

7.6　小结

通过本章的学习，读者应该掌握几种常用格式文件的导入方法及各参数的设定情况，同时对声音和图像方面的知识也有了更深一步的了解。另外，声音的编辑与压缩、视频的导入与编辑都是动画中必须用到的知识，希望读者能通过大量的练习以达到熟练掌握的目的。

7.7　课后练习

1. 选择题

（1）如果要减少导入图像的容量就必须_____。

A. 压缩图像　　　　　B. 缩放图像　　　　　C. 剪切图像　　　　　D. 减小图像的分辨率

（2）下面选项中为 Flash 可以导入的矢量图形和图形序列的格式是_____。

A．MOV、AI、PSD   B．PSD、PNG、FreeHand
C．FLV、MPG、PNG   D．PSD、AVI、 WMV

（3）如果导入音频为 11kHz 的声音，输出时将其采样率设置为 25kHz，其输出的采样率为_____。

A. 25kHz   B. 1kHz   C. 0kHz   D. 11kHz

2．填空题

（1）将一个图像序列导入到 Flash 中时，在场景中显示的只是选中的图像，其他图像无法显示出来，这时如果要使用其他图像，可以在_____面板中对其进行选择。

（2）对于具有复杂颜色或色调变化的图像，如具有渐变填充的照片或图像，建议使用_____压缩方式。对于具有简单形状和颜色较少的图像，建议使用_____压缩方式。

（3）在 Flash 中导入 PSD 文件时，系统会自动弹出一个对话框，在该对话框中选择_____选项会将 PSD 文件中的每个层都转换为 Flash 文件中的一个层。选择_____选项会将 PSD 文件中的每个层都转换为 Flash 文件中的一个关键帧。

（4）Flash 可以导入的视频文件格式有很多，主要有_____、_____、_____、_____、_____、_____。

3．上机操作题

结合本章学习的内容，制作一个简单的 MTV 并为其添加背景音乐。

第 **8** 章

简单动画的制作

本章主要对时间轴、帧和图层进行介绍，并对时间轴特效进行简单的介绍，通过在图层上添加关键帧制作简单的动画效果。

本章的重点是帧的编辑以及图层的管理和编辑。

- 认识时间轴
- 编辑帧
- 图层的基本操作
- 时间轴特效
- 逐帧动画

8.1 认识时间轴

时间轴和帧是Flash动画制作中两个最重要的基本概念，它们就好比是树的树干和树根，而元件是树叶，没有树干和树根的支撑，整个Flash影片就会如同一堆杂乱的落叶。并且Flash动画的播放是否流畅，很大程度上也取决于时间轴和帧的使用。

下面从时间轴、帧、图层等基本概念的介绍开始，逐步引入 Flash 动画的概念。

时间轴用于组织和控制文档内容在一定时间内播放的层数和帧数。与胶片一样，Flash文件也将时长分为帧，主要由层、帧和播放头构成。层在时间轴的左侧，每个层中包含的帧显示在该层右侧的一行中。时间轴顶部的时间轴标题指示帧的编号。播放头则指示的是在舞台中当前显示的帧。时间轴状态显示在时间轴的底部，它指示所选的帧编号、当前帧频及到当前帧为止的运行时间，如图 8-1 所示。为方便读者对时间轴相关内容的理解，首先介绍时间轴的有关术语。

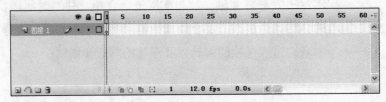

图 8-1　时间轴面板

1. 播放头

播放头用来指示当前所在帧。如果在舞台中按下Enter键，则可以在编辑状态下运行影片，播放头也会随着影片的播放而向前移动，指示出播放到的帧的位置。

如果正在处理大量的帧，无法一次全部显示在时间轴上，则可以拖动播放头沿着时间轴移动，从而轻易地定位到目标帧，拖动播放头时，它会变成黑色的细线，如图8-2 所示。

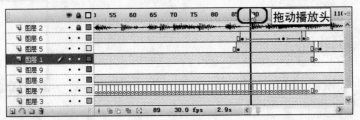

图 8-2　拖动播放头

播放头的移动是有一定范围的，最远只能移动到时间轴中定义过的最后一帧，不能将播放头移动到未定义过帧的时间轴范围。

2. 图层

在进行较复杂的动画制作，特别是制作拥有较多对象的动画效果时，同时对多个对象进行编辑就会造成混乱，带来很多麻烦。针对这个问题，Flash 系列软件提供了图层操作模式，每一个图层具有自己的一系列的帧，各图层可以独立地进行编辑操作。这样可以在不同的图层上设置不同对象的动画效果。另外，由于每个图层的帧在时间上也是互相对应的，所以在播放的过程中，同时显示的各个图层是互相融合地协调播放，Flash 还提供了专门的图层管理器，使用户在使用图层工具时有充分的自主性。

3．帧

帧就像电影中的底片，制作动画的大部分操作都是对帧的操作，不同帧的前后顺序将关系到这些帧中的内容在影片播放中的出现顺序。帧操作的好坏与否直接影响到影片的视觉效果和影片内容的流畅性。帧是一个广义概念，它包含了 3 种类型，分别是普通帧（也叫过渡帧）、关键帧和空白关键帧。

8.2 编辑帧

动画的制作原理是将一定数量的静态图片连续播放，由于此过程有很强的连贯性，因此人的肉眼感觉到静态的图片是在发生动态变化，这一系列的静态图片可以称为帧。关键帧是指角色或者物体运动或变化中的关键动作所处的帧。Flash 可以在关键帧之间补间或填充帧，从而生成流畅的动画。因为关键帧可以不用画出每个帧就能生成动画，所以能更容易地创建动画。

8.2.1 插入帧和关键帧

在制作 Flash 影片的过程中，有时需要在时间轴中插入一些帧来满足影片长度的需要，下面介绍插入帧的一些相关操作。

1．插入帧

如果需要将某些图像的显示时间延长，以满足Flash影片的需要，就要插入一些帧使显示时间延长到需要的长度。要插入一个新的帧，可以选择菜单"插入"|"时间轴"|"帧"命令，也可以使用快捷键F5，或者在时间轴上要插入帧的地方右击，在弹出的快捷菜单中选择"插入帧"命令，完成插入帧的操作，如图8-3所示。

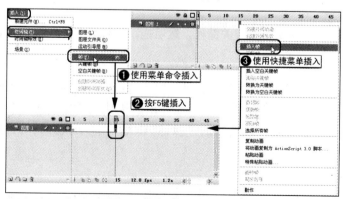

图 8-3　插入帧的 3 种方法

2. 插入关键帧

选择菜单"插入"|"时间轴"|"关键帧"命令，也可以使用快捷键 F6，或者在时间轴上要插入关键帧的地方右击，在弹出的快捷菜单中选择"插入关键帧"命令，完成插入关键帧的操作，如图 8-4 所示。

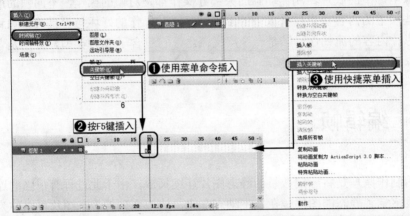

图 8-4　插入关键帧的 3 种方法

3. 插入空白关键帧

有时不想让新层中的关键帧中出现前面的内容，这就需要插入空白关键帧来解决这一问题。要插入空白关键帧，可以选择菜单"插入"|"时间轴"|"空白关键帧"命令，也可以使用快捷键 F7，或者在时间轴上右击，在弹出的快捷菜单中选择"插入空白关键帧"命令，完成插入空白关键帧的操作。

8.2.2　删除、移动、复制、转换与清除帧

1. 帧的删除

选取多余的帧，然后选择菜单"编辑"|"时间轴"|"删除帧"命令，或者右击，在弹出的快捷菜单中选择"删除帧"命令，都可以删除多余的帧。

2. 帧的移动

使用鼠标单击需要移动的帧或关键帧，然后拖动鼠标到目标位置即可，如图 8-5 所示。

3. 帧的复制

使用鼠标选中要复制的一帧或多个帧，然后选择菜单"编辑"|"时间轴"|"复制帧"命令，如图 8-6 所示。也可以右击，在弹出的快捷菜单中选择"复制帧"命令，如图 8-7 所示。还可以选中要复制的帧后，按住 Alt 键并拖动鼠标到等待复制的位置，如图 8-8 所示。

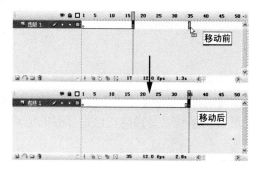

图 8-5　移动帧的位置

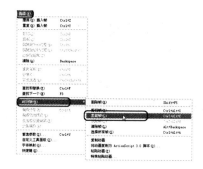

图 8-6　使用菜单命令复制帧

图 8-7　使用快捷菜单复制帧

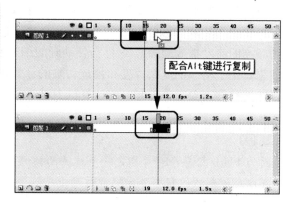

图 8-8　配合 Alt 键进行复制

4．关键帧的转换

如果要将帧转换为关键帧，可先选择需要转换的帧，然后选择菜单"修改"|"时间轴"|"转换为关键帧"命令，或者右击，在弹出的快捷菜单中选择"转换为关键帧"命令，都可以将帧转换为关键帧。

5．帧的清除

使用鼠标单击选择一个帧后，选择菜单"编辑"|"时间轴"|"清除帧"命令进行清除操作。其作用是清除帧内部的所有对象，这与"删除帧"命令有着本质区别。如图 8-9 和图 8-10 所示分别为删除帧和清除帧的制作过程及效果，用户可将它们进行对比。

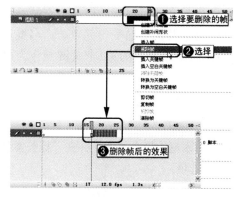

图 8-9　删除帧

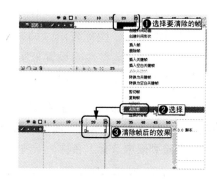

图 8-10　清除帧

8.2.3　设置帧频

帧频在Flash动画中用来衡量动画播放的速度，通常以每秒播放的帧数为单位（f/s，帧/秒）。由于网络传输速率不同，每部Flash的帧频设置也可能不同，但在Internet上12f/s的帧频通常会得到最佳的效果，QuickTime和AVI影片通常的帧频就是12f/s，但是标准的运动图像速率是24f/s，如电视机。

在播放Flash动画时，将按照制作时设置的播放帧频进行播放，如果播放动画的计算机的配置比制作动画的那台计算机的配置低，就不能足够快地按照预设帧频播放动画（通常是以比预设帧频低的速度播放动画），影片看上去就会出现停顿。如果播放动画的计算机的配置比制作动画的那台计算机的配置高，也不能按照预设帧频播放动画（通常是以比预设帧频高的速度播放动画），这样会使动画的细节变得模糊，这些都会直接影响到影片的播放效果。由于动画的复杂程度和播放动画的计算机速度将直接影响动画回放的流畅程度，所以一部动画需要在各种配置的计算机上进行测试，以确定最佳的帧频。

提示 ● ● ●

> 因为 Flash 给整个影片指定一个统一的帧频，因此最好在创建动画之前就设置好帧频，在以后的制作过程中不要随意改动。

8.2.4　创建帧标签、帧注释和命名锚记

使用帧标签有助于在时间轴上确认关键帧。当在动作脚本中指定目标帧时，帧标签可以用来取代帧号码。当添加或移除帧时，帧标签也随着移动，而不管帧号码是否改变，这样即使修改了帧，也不用再修改动作脚本了。帧标签同电影数据同时输出，所以要避免长名称，以获得较小的文件体积。

帧注释有助于用户对影片的后期操作，还有助于在同一个电影中的团体合作。同帧标签不同，帧注释不随电影一起输出，所以可以尽可能详细地写入注解，以方便制作者以后的阅读或其他合作伙伴的阅读。

命名锚记可以使影片观看者使用浏览器中的"前进"和"后退"按钮从一个帧跳到另一个帧，或是从一个场景跳到另一个场景，从而使Flash影片的导航变得简单。命名锚记关键帧在时间轴中用锚记图标表示，如果希望Flash自动将每个场景的第1个关键帧作为命名锚记，可以通过对首选参数的设置来实现。

要创建帧标签、帧注释或命名锚记，其操作步骤如下：

Step 01 选择一个要加标签、注释或锚记的帧。

Step 02 在如图 8-11 所示的"属性"面板中的"帧"文本框中输入文本，并在"标签类型"下拉列表中选择"名称"、"注释"或"锚记"选项。

图 8-11 "属性"面板

8.2.5 使用绘图纸

在制作连续性的动画时，如果前后两帧的画面内容没有完全对齐，就会出现抖动的现象。绘图纸工具不但可以用半透明方式显示指定序列画面的内容，还可以提供同时编辑多个画面的功能。如图 8-12 所示为绘图纸工具。

- "滚动到播放头" ：帧居中。单击该工具能使播放头所在的帧在时间轴中间显示。
- "绘图纸外观" ：单击该按钮将显示播放头所在帧内容的同时显示其前后数帧的内容。播放头周围会出现方括号形状的标记，其中所包含的帧都会显示出来，这将有利于观察不同帧之间的图形变化过程。
- "绘图纸外观轮廓" ：绘图纸轮廓线。如果只希望显示各帧图形的轮廓线，则单击该按钮。
- "编辑多个帧" ：编辑多帧。要想使绘图纸标志之间的所有帧都可以编辑，则单击该按钮，编辑多帧按钮只对帧动画有效，对渐变动画无效，因为过渡帧是无法编辑的。
- "修改绘图纸标记" ：绘图纸修改器。用于改变绘图纸的状态和设置，单击该按钮则弹出如图 8-13 所示的下拉菜单。

图 8-12 绘图纸工具

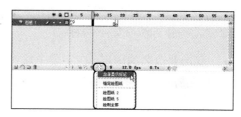

图 8-13 绘图纸设置菜单

- "总是显示标记"：不论绘图纸是否开启，都显示其标记。当绘图纸未开启时，虽然显示范围，但是在画面上不会显示绘图纸效果。
- "锚定绘图纸"：将绘图纸标记标定在当前的位置，其位置和范围都将不再改变。否则，绘图纸的范围会跟着指针移动。
- "绘图纸 2"：显示当前帧两边各两帧的内容。
- "绘图纸 5"：显示当前帧两边各 5 帧的内容。
- "绘制全部"：显示当前帧两边所有的内容。

8.3 图层的基本操作

图层就像透明的胶片，可以帮助用户组织文件中的插图，可以在图层上绘制和编辑对象，而不会影响其他图层上的对象。如果一个图层上没有内容，那么就可以透过它看到下面图层中的内容。

Flash 以层为基本单位来组织影片，因为在同一层中不能同时控制多个对象的变化，动画制作者通过增加层，可以在一层中编辑运动渐变动画，在另一层中使用形状渐变动画而互不影响，也正因为如此，才可以制作出那么多较复杂经典的效果。

8.3.1 管理图层

1．新增图层

新创建的电影通常只有一个图层，无法满足编辑的需要。因此在 Flash 中，用户可以通过增加多个图层来编辑电影的图像、声音、文字和动画。为图像添加图层的方法有如下 3 种：

- 单击时间轴面板左下角的 □ 按钮。
- 选择菜单"插入" | "时间轴" | "图层"命令。
- 在时间轴的图层编辑区右击，在弹出的快捷菜单中选择"插入图层"命令。

2．重命名图层

新建图层后，系统默认的图层名称是"图层 1"、"图层 2"、"图层 3"等，依此类推。进行一个复杂的操作过程时，这样的名称往往会让人变得很糊涂，因此，给新建的图层重新命名很有必要，操作方法有如下两种：

- 双击要改名的图层，在字段中输入新的图层名称。
- 用鼠标右键单击要改名的图层，在弹出的快捷菜单中选择"属性"命令，当屏幕上弹出如图 8-14 所示的对话框时，在"名称"文本框中输入新的图层名称。

图 8-14 "图层属性"对话框

3．改变图层顺序

堆叠顺序决定一个图层显示于其他图层之前还是之后。因此，在编辑时，往往要改变图层之间的顺序。在时间轴中，选择要移动的图层，然后将图层向上或向下拖动，当高亮线在想要的位置出现时，释放鼠标，图层即被成功地放置到新的位置。

4．指定图层

当一个文件具有多个图层时，往往需要在不同的图层之间来回选取，只有图层成为当前层才能进行编辑。当前层的名称旁边有一个铅笔的图标时，表示该层是当前工作层。

选择图层的方法有如下 3 种：

- 单击时间轴上该层的任意一帧。
- 单击时间轴上层的名称。

- 选取工作区中的对象，则对象所在的图层被选中。

5. 复制图层

可以将图层中的所有对象复制下来粘贴到不同的图层中，操作步骤如下：

Step 01 单击要复制的图层，选取整个图层。

Step 02 选择菜单"编辑"|"复制"命令；也可以在时间轴上右击帧，并在弹出的快捷菜单中选择"复制帧"命令。

Step 03 单击要粘贴的新图层的第1帧，选择菜单"编辑"|"粘贴"命令。

6. 删除图层

删除图层的方法有3种，执行下面任意一项操作即可删除图层。

- 选择该图层，单击"时间轴"面板上右下角的 🗑 按钮。
- 在"时间轴"面板上单击要删除的图层，并将其拖到 🗑 按钮上。
- 在"时间轴"面板上右击要删除的图层，然后从弹出的快捷菜单中选择"删除图层"命令。

8.3.2 设置图层状态

在时间轴的图层编辑区中有代表图层状态的3个图标，如图8-15所示。这3个图标分别可以隐藏某层以保持工作区域的整洁，将某层锁定以防止被意外修改，在任何层查看对象的轮廓线。

1. 隐藏图层

隐藏图层可以使一些图像隐藏起来，从而减少不同图层之间的图像干扰，使整个工作区保持整洁。在图层隐藏以后，暂时就不能对该层进行各种编辑了，如图8-16所示。

图8-15　图层状态

图8-16　隐藏图层

隐藏图层的方法有以下3种：

- 单击图层名称右边的隐藏栏即可隐藏图层，再次单击隐藏栏则可以取消隐藏该层。
- 用鼠标在图层的隐藏栏中上下拖动，即可隐藏多个图层或者取消隐藏多个图层。
- 单击隐藏图标👁，可以隐藏所有图层，再次单击隐藏图标则会取消隐藏图层。

2. 锁定图层

锁定图层可以将某些图层锁定，防止一些已编辑好的图层被意外修改。在图层锁定以后，暂时就不能对该层进行各种编辑了，如图8-17所示。与隐藏图层所不同的是，锁定图层上的图像仍然可以显示。

3. 线框模式

在编辑中，可能需要查看对象的轮廓线，这时可以通过线框显示模式去除填充区，从而方便地查看对象。在线框模式下，该层的所有对象都以同一种颜色显示，如图 8-18 所示。

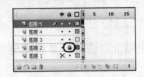

图 8-17　锁定图层

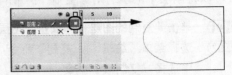

图 8-18　线框显示图层

调出线框模式显示的方法有以下 3 种：

- 单击图标 □，可以将所有图层采用线框模式显示，再次单击则取消线框模式。
- 单击图层名称右边的显示模式栏 ■（不同图层显示栏的颜色不同），之后，显示模式栏变成空心的正方形 □ 时，即可将图层转换为线框模式，再次单击显示模式栏则可取消线框模式。
- 用鼠标在图层的显示模式栏中上下拖动，可以使多个图层以线框模式显示或者取消线框模式。

8.3.3　混合模式

使用图层混合模式可以创建复合图像。复合是改变两个或两个以上重叠对象的透明度或者颜色相互关系的过程。使用混合，可以混合重叠影片剪辑中的颜色，从而创造独特的效果。

混合模式包含 4 种元素：混合颜色应用于混合模式的颜色；不透明度应用于混合模式的透明度；基准颜色是混合颜色下像素的颜色；结果颜色是基准颜色的混合效果。

由于混合模式取决于混合所应用的对象的颜色和基础颜色，因此必须试验不同的颜色，以查看结果。操作步骤如下：

Step 01　选择要应用混合模式的图层。

Step 02　在"属性"面板的"混合"下拉列表中选择对象的混合模式，如图 8-19 所示。

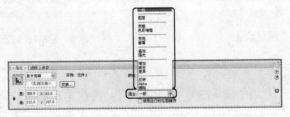

图 8-19　混合模式

混合模式包括以下几项。

- "一般"：正常应用颜色，不与基准颜色有相互关系，如图 8-20 所示。
- "图层"：可以层叠各个影片剪辑，而不影响其颜色，如图 8-21 所示。
- "变暗"：只替换比混合颜色亮的区域，而比混合颜色暗的区域不变，如图 8-22 所示。

图 8-20 "一般"模式

图 8-21 "图层"模式

- "色彩增殖":将基准颜色复合以混合颜色,从而产生较暗的颜色,如图 8-23 所示。

图 8-22 "变暗"模式

图 8-23 "色彩增殖"模式

- "变亮":只替换比混合颜色暗的像素,而比混合颜色亮的区域不变,如图 8-24 所示。
- "萤幕":将混合颜色的反色与基准颜色复合,从而产生漂白效果,如图 8-25 所示。

图8-24 "变亮"模式

图8-25 "萤幕"模式

- "叠加"：进行色彩增殖或滤色，具体情况取决于基准颜色，如图 8-26 所示。
- "强光"：进行色彩增殖或滤色，具体情况取决于混合模式颜色，该效果类似于用点光源照射对象，如图 8-27 所示。

图 8-26　"叠加"模式

图 8-27　"强光"模式

- "增加"：从基准颜色增加混合颜色，如图 8-28 所示。
- "减去"：从基准颜色减去混合颜色，如图 8-29 所示。

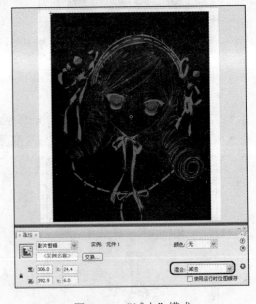

图 8-28　"增加"模式

图 8-29　"减去"模式

- "差异"：从基准颜色减去混合颜色，或者从混合颜色减去基准颜色，具体情况取决于较大的亮度值。该效果类似于彩色底片，如图 8-30 所示。
- "反转"：取基准颜色的反色，如图 8-31 所示。

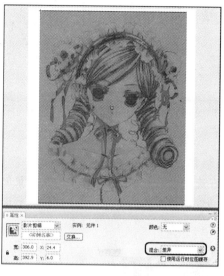

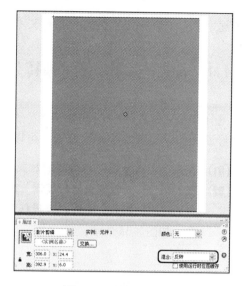

图 8-30 "差异"模式   图 8-31 "反转"模式

- Alpha：应用 Alpha 遮罩层，如图 8-32 所示。
- "擦除"：删除所有基准颜色像素，包括背景图像中的基准颜色像素，如图 8-33 所示。

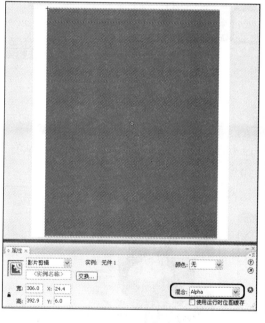

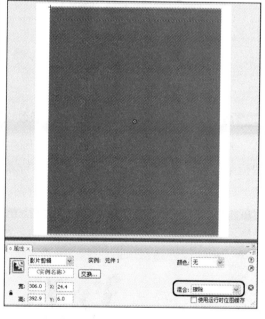

图8-32 Alpha模式   图8-33 "擦除"模式

8.4 时间轴特效

　　Flash 将 Flash 动画中一些经常用到的效果制作成简单的时间轴特效命令，使人们只需选中动画的对象再执行相关命令即可，从而省去了大量重复、机械的操作，提高了动画开发的速率。时间轴特效应用的对象有文本、图形、位图及按钮图标等。

8.4.1 添加与编辑时间轴特效

选择菜单"插入"|"时间轴特效"命令中的相关命令，即可完成时间轴特效的添加。对已经添加的时间轴特效进行编辑，可以进行以下操作：

Step 01 在舞台上选择要进行编辑的对象，如图 8-34 所示。

Step 02 在"属性"面板中单击"编辑"按钮，或在选定对象上右击，从弹出的快捷菜单中选择"时间轴特效"命令，选择任意一个命令，这里选择的是"效果"中的"分离"命令，如图 8-35 所示。

图 8-34 选择对象

图 8-35 执行"分离"命令

Step 03 在打开的特效设置对话框中修改设置，如图 8-36 所示，单击"确定"按钮即可。

若要删除了经添加的时间轴特效，则在舞台上选择要删除特效的对象，右击，从右键快捷菜单中选择"时间轴特效"|"删除特效"命令，如图 8-37 所示。

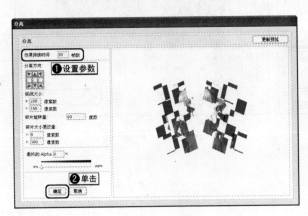

图 8-36 设置参数

图 8-37 执行"删除特效"命令

8.4.2 设置时间轴特效

1. 变形特效

对对象使用该特效能调整对象的位置、缩放比例、旋转角度、透明度和色彩值，创造出淡入/淡出、飞进/飞出、膨胀/收缩和左旋/右旋的效果。添加特效的步骤如下：

Step 01 在舞台上选中添加效果的对象。

Step 02 执行菜单"插入"|"时间轴特效"|"变形/转换"|"变形"命令，或右击，在弹出的快捷菜单中选择"时间轴特效"|"变形/转换"|"变形"命令，将弹出"变形"对话框，如图 8-38 所示。

- "效果持续时间"：设置变形特效持续的时间。
- "更改位置方式"：设置 X 和 Y 方向的偏移量。
- "缩放比例"：锁定时，X 和 Y 轴使用相同的比例缩放；解锁时，可以分别设置 X 轴和 Y 轴的缩放比例。
- "旋转"（度数）：设置对象的旋转角度。
- "旋转"（次数）：设置对象的旋转次数。
- "更改颜色"：选中此复选框将改变对象的颜色；取消该复选框的选择，不改变对象的颜色。
- "最终颜色"：单击此按钮，可以指定对象最后的颜色。
- "最终的 Alpha"：设置对象最后的 Alpha 透明度百分数。可以在其右边的文本框中直接输入百分数，也可以左右拖曳其下面的滑块进行调整。
- "移动减慢"：可以设置开始时慢速，然后逐渐变快；或开始时快，然后逐渐变慢。

Step 03 在该对话框中进行相应参数的设定，设置完毕后单击"确定"按钮即可。

2. 转换特效

为对象添加该特效能对对象进行擦除和淡入/淡出处理，或二者的组合处理，从而产生逐渐过渡的效果。添加该特效的步骤如下：

Step 01 在舞台上选中添加效果的对象。

Step 02 执行菜单"插入"|"时间轴特效"|"变形/转换"|"转换"命令，或右击，在弹出的快捷菜单中选择"时间轴特效"|"变形/转换"|"转换"命令，将弹出"转换"对话框，如图 8-39 所示。

- "方向"：单击"入"或"出"单选按钮并单击方向按钮，可以设置过渡特效的方向。
- "淡化"：选中此复选框和"入"选项，获得淡入效果；选中此复选框和"出"选项，获得淡出效果；取消此复选框的选择，则取消"淡入/淡出"效果。
- "涂抹"：选中此复选框和"入"选项，获得擦入效果；选中此复选框和"出"选项，获得擦出效果；取消此复选框的选择，则取消涂抹效果。
- "移动减慢"：可以设置开始时慢速，然后逐渐变快；或开始时快，然后逐渐变慢。

Step 03 在该对话框进行相应参数的设定，设置完毕后单击对话框左下角的"确定"按钮。

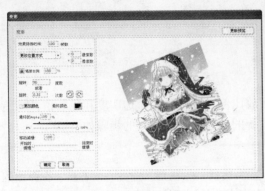

图 8-38 "变形"对话框　　　　　　　图 8-39 "转换"对话框

3. 分散式直接复制特效

该特效的作用是根据设置的次数复制选定对象，给对象添加该命令的步骤如下：

Step 01 在舞台上选中添加效果的对象。

Step 02 选择菜单"插入"｜"时间轴特效"｜"帮助"｜"分散式直接复制"命令，或右击，在弹出的快捷菜单中选择"时间轴特效"｜"帮助"｜"分散式直接复制"命令，将弹出"分散式直接复制"对话框，如图 8-40 所示。

- "副本数量"：设置要复制的副本数。
- "偏移距离"：设置偏移的距离。其中，x 位置用于设置 X 轴方向的偏移量（以像素为单位），y 位置用于设置 Y 轴方向的偏移量（以像素为单位）。
- "偏移旋转"：设置偏移旋转的角度（以度为单位）。
- "偏移起始帧"：设置偏移开始的帧编号。
- "缩放比例"：设置缩放的方式和百分数。在其右边的文本框中可以设置缩放的百分数，在其上面的下拉列表中可以选择缩放的方式。可选的缩放方式有指数缩放比例（以增量百分数为单位在 X 轴和 Y 轴方向同时缩放）和线性缩放比例（以增量百分数为单位在 X 轴和 Y 轴方向同时缩放）。
- "更改颜色"：选中此复选框将改变副本的颜色；取消该复选框的选择，不改变副本的颜色。
- "最终颜色"：单击此按钮，可以指定最后副本的颜色（RGB 用十六进制值表示），中间的副本逐渐过渡到这种颜色。
- "最终的 Alpha"：设置最后副本的 Alpha 透明度百分数。可以在其右边的文本框中直接输入百分数，也可以左右拖曳其下面的滑块进行调整。

Step 03 在该对话框中进行相应参数的设定，设置完毕后单击对话框左下角的"确定"按钮。

4. 复制到网格特效

复制到网格特效的作用是按列数复制选定的对象，然后按照列数×行数，创建该元素的副本。给对象添加该命令的操作步骤如下：

Step 01 在舞台上选中添加效果的对象。

Step 02 选择菜单"插入"｜"时间轴特效"｜"帮助"｜"复制到网格"命令，或右击，在弹出

的快捷菜单中选择"时间轴特效"|"帮助"|"复制到网格"命令，将弹出"复制到网格"对话框，如图8-41所示。

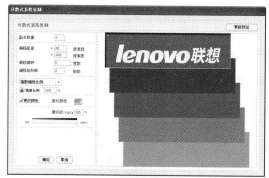

图8-40 "分散式直接复制"对话框

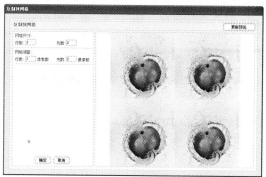

图8-41 "复制到网格"对话框

- "网格尺寸"选项组中有以下两个选项。
  - ➢ "行数"：设置网格的行数。
  - ➢ "列数"：设置网格的列数。
- "网格间距"选项组中有以下两个选项。
  - ➢ "行数"：设置行间距（以像素为单位）。
  - ➢ "列数"：设置列间距（以像素为单位）。

Step 03　在该对话框中进行相应参数的设定，设置完毕后单击对话框左下角的"确定"按钮。

5. 分离特效

对文本或复杂组合对象（图符、矢量图或视频剪辑）的元素应用该特效将产生被打散、旋转和向外抛洒的效果。给对象添加该特效的操作步骤如下：

Step 01　在舞台上选中添加效果的对象。

Step 02　选择菜单"插入"|"时间轴特效"|"效果"|"分离"命令，或右击，在弹出的快捷菜单中选择"时间轴特效"|"效果"|"分离"命令，将弹出"分离"对话框，如图8-42所示。

- "效果持续时间"：设置分离特效持续的时间（以帧为单位）。
- "分离方向"：单击此图标中的方向按钮，可选择分离时元素的运动方向。
- "弧线大小"：设置 X 轴和 Y 轴方向的偏移量（以像素为单位）。
- "碎片旋转量"：设置碎片的旋转角度（以度为单位）。
- "碎片大小更改量"：设置碎片的大小（以像素为单位）。
- "最终的 Alpha"：设置爆炸效果最后一帧的透明度。可以在其右边的文本框中直接输入数值，也可以通过拖曳其下面的滑块进行调整。

Step 03　在该对话框中进行相应参数的设定，设置完毕后单击对话框左下角的"确定"按钮。

6. 展开特效

展开特效是用来扩展和收缩对象的。可以对多个组合在一起的对象使用本特效，也可

143

对文本或图形图符中的对象应用本特效。给对象添加该特效的操作步骤如下：

Step 01 在舞台上选中添加效果的对象。

Step 02 选择菜单"插入"|"时间轴特效"|"效果"|"展开"命令，或右击，在弹出的快捷菜单中选择"时间轴特效"|"效果"|"展开"命令，将弹出"展开"对话框，如图8-43所示。

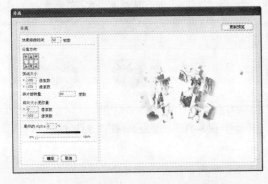 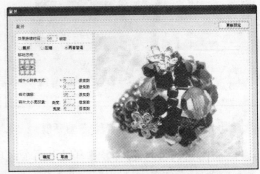

图 8-42 "分离"对话框   图 8-43 "展开"对话框

- "效果持续时间"：设置扩展特效持续的时间（以帧为单位）。
- "展开"、"压缩"、"两者皆是"：设置特效的运动形式。
- "移动方向"：单击此图标中的方向按钮，可设置扩展特效的运动方向。
- "组中心转换方式"：设置运动在 X 轴和 Y 轴方向的偏移量（以像素为单位）。
- "碎片偏移"：设置碎片（如文本中的每个中文字或字母）的偏移量。
- "碎片大小更改量"：通过改变高度和宽度值来改变碎片的大小（以像素为单位）。

Step 03 在该对话框中进行相应参数的设定，设置完毕后单击对话框左下角的"确定"按钮。

7. 投影特效

投影特效的作用是在选定的对象下面创建一个阴影，给对象添加该特效的操作步骤如下：

Step 01 在舞台上选中添加效果的对象。

Step 02 选择菜单"插入"|"时间轴特效"|"效果"|"投影"命令，或右击，在弹出的快捷菜单中选择"时间轴特效"|"效果"|"投影"命令，将弹出"投影"对话框，如图8-44所示。

- "颜色"：单击此按钮，可以设置阴影的颜色（用 RGB 十六进制值表示）。
- "Alpha 透明度"：设置阴影的 Alpha 透明度百分数。可以在其右边的文本框中直接输入百分数，也可以通过拖曳其下面的滑块进行调整。
- "阴影偏移"：设置阴影在 X 轴和 Y 轴方向的偏移量（以像素为单位）。

Step 03 在该对话框中进行相应参数的设定，设置完毕后单击对话框左下角的"确定"按钮。

8. 模糊特效

模糊特效的作用是通过改变对象的 Alpha 值、位置及缩放比例，创建运动模糊特效。给对象添加该特效的操作步骤如下：

Step 01 在舞台上选中添加效果的对象。

Step 02 选择菜单"插入"|"时间轴特效"|"效果"|"模糊"命令，或右击，在弹出的快捷菜单中选择"时间轴特效"|"效果"|"模糊"命令，将弹出"模糊"对话框，如图8-45所示。

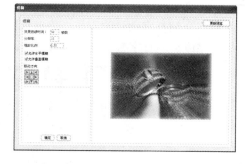

图 8-44 "投影"对话框   图 8-45 "模糊"对话框

- "效果持续时间"：设置特效持续的时间长度（以帧为单位）。
- "允许水平模糊"：设置在水平方向产生模糊效果。
- "允许垂直模糊"：设置在垂直方向产生模糊效果。
- "移动方向"：单击此图标中的方向按钮，可以设置运动模糊的方向。

Step 03 在该对话框中进行相应参数的设定，设置完毕后单击对话框左下角的"确定"按钮。

8.5 逐帧动画

    Flash作为一款著名的二维动画制作软件，其制作动画的功能是非常强大的。在Flash中，用户可以轻松地创建丰富多彩的动画效果。并且只需要通过更改时间轴每一帧中的内容，就可以在舞台中创作出移动对象、增加或减小对象大小、旋转、更改颜色、淡入/淡出或者更改对象形状的效果。上述的更改既可以独立于其他的更改方式进行，也可以与其他的更改方式互相协调，结合使用。

    Flash 创建动画序列的基本方法有两种：逐帧动画和补间动画。逐帧动画也叫帧帧动画，顾名思义，它需要具体定义每一帧的内容，以完成动画的创建。补间动画包含了运动渐变动画和形状渐变动画两大类动画效果，也包含了引导动画和遮罩动画这两种特殊的动画效果。在补间动画中，用户只需要创建起始帧和结束帧的内容，而让 Flash 自动创建中间帧的内容。Flash 甚至可以通过更改起始帧和结束帧之间的对象大小、旋转方式、颜色和其他属性来创建运动的效果。

    逐帧动画需要用户更改影片每一帧中的舞台内容。简单的逐帧动画并不需要用户定义过多的参数，只需设置好每一帧动画即可播放。

    逐帧动画最适合于每一帧中的图像都在更改的 Flash 动画，而不仅仅是简单地在舞台中移动的复杂动画。逐帧动画增加文件大小的速度比补间动画快得多，所以逐帧动画的体积一般会比普通动画的体积大。在逐帧动画中，Flash 会保存每个完整帧的值。

8.6 上机实训——制作打字效果

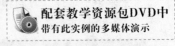

实例说明

本例将介绍打字动画的制作，将舞台中的文本打散，将它们转换成图形元件来制作动画效果。完成后的打字效果如图 8-46 所示。

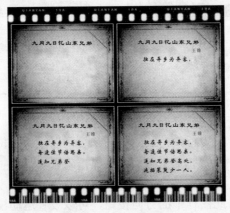

图 8-46　打字效果

学习目标

通过对本例的学习，读者可以学会打字动画的制作，并能掌握元件的应用。

1. 输入文本

Step 01 新建一个文档，按 Ctrl+R 组合键，在弹出的对话框中选择素材\ Cha08\打字背景.jpg 文件，单击"打开"按钮，如图 8-47 所示。

Step 02 将素材导入到舞台中，调整素材的大小，如图 8-48 所示。

图 8-47　选择导入的背景

图 8-48　导入背景后的效果

Step 03 单击 T 按钮，设置文本属性，将字体设置为"隶书"，将字体大小设置为 32，将文本（填充）颜色设置为#000000，然后输入文本，如图 8-49 所示。

Step 04 单击 T 按钮，设置文本属性，将字体设置为"宋体"，将字体大小设置为 22，将文本（填充）颜色设置为#000000，然后输入文本，如图 8-50 所示。

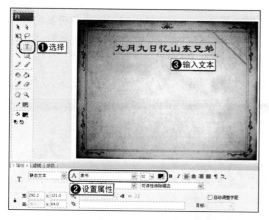
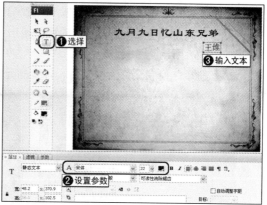

图 8-49　设置文本属性并输入标题文字　　　　　图 8-50　设置文本属性并输入作者名字

Step 05　单击 T 按钮，设置文本属性，将字体设置为"华文新魏"，将字体大小设置为 30，将文本（填充）颜色设置为#000000，然后输入文本，如图 8-51 所示。

Step 06　继续在舞台中输入文本，如图 8-52 所示。

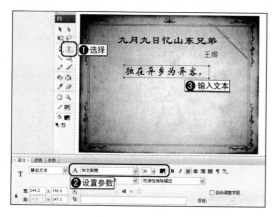

图 8-51　设置文本属性并输入诗文　　　　　　　图 8-52　输入其他文本

Step 07　在舞台中选择文本，按 Ctrl+B 组合键将文本打散成单独的文本块，如图 8-53 所示。

Step 08　使用同样的方法将其他文本打散成单独的文本块，完成后的效果如图 8-54 所示。

图 8-53　将选择的文本分离　　　　　　　　　　图 8-54　分离文本

Step 09 选择舞台中的"九"字，按 F8 键将其转换为图形元件，在弹出的对话框中将其命名为
"九 01"，在"类型"选项组中单击"图形"单选按钮，再单击"确定"按钮，如图
8-55 所示。

Step 10 删除转换完元件后的文本，转换的元件会自动保存到"库"面板中，如图 8-56 所示。

图 8-55　将文本转换为图形元件　　　　　　图 8-56　自动保存元件

Step 11 同样选择"月"，并将其转换为图形元件，如图 8-57 所示。

Step 12 将"月"字从舞台中删除，如图 8-58 所示。

图 8-57　转换图形元件　　　　　　　　　　图 8-58　删除"月"字

Step 13 使用同样的方法将舞台中的其他文本转换为图形元件，并删除文本。完成后的效果如
图 8-59 所示。

2. 制作动画

Step 01 在"图层"面板中将"图层 1"重新命名为"背景"，单击该面板中的 🖫 按钮，插入
一个图层，并将其重新命名为"文本"，如图 8-60 所示。

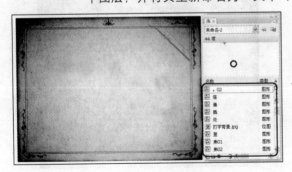

图 8-59　转换元件并删除其余文本　　　　　图 8-60　新建图层并命名

Step 02 选择"背景"图层上的第 185 帧，按 F5 键插入帧，如图 8-61 所示。

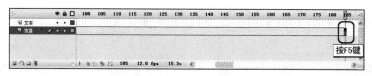

图 8-61　插入帧

Step 03　选择"文本"图层的第 5 帧，按 F6 键插入关键帧，在"库"面板中将元件"九 01"
　　　　拖曳到舞台中，并调整它的位置，如图 8-62 所示。

Step 04　在"图层"面板中每隔 4 帧添加一个关键帧，并将相应的元件拖曳到舞台中，如图
　　　　8-63 所示。

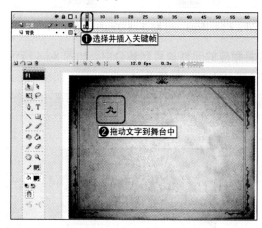

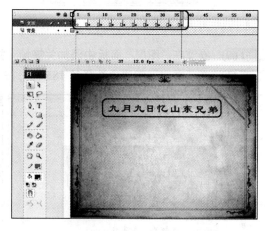

图 8-62　将元件"九 01"拖动到舞台中　　　　图 8-63　添加关键帧制作动画

Step 05　选择"文本"图层的第 42 帧，按 F6 键添加关键帧，将元件"王"拖曳到舞台中，如
　　　　图 8-64 所示。

Step 06　选择"文本"图层的第 46 帧，按 F6 键添加关键帧，将元件"维"拖曳到舞台中，如
　　　　图 8-65 所示。

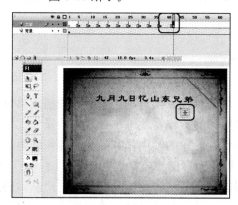

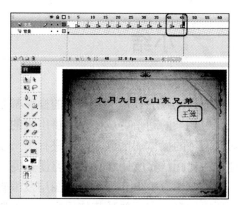

图 8-64　添加关键帧并拖曳元件"王"到舞台中　　图 8-65　添加关键帧并拖曳元件"维"到舞台中

Step 07　选择"文本"图层的第 51 帧，按 F6 键添加关键帧，将元件"独"拖曳到舞台中，如
　　　　图 8-66 所示。

Step 08　使用同样的方法，每隔 4 帧添加关键帧，并将相对应的元件拖曳到舞台中，如图 8-67
　　　　所示。

图 8-66　添加关键帧并拖曳元件"独"到舞台中

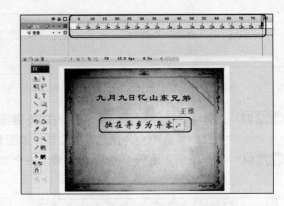

图 8-67　添加关键帧并拖曳相应元件到舞台中

Step 09　继续在"图层"面板中添加关键帧，并将相应的元件放置到舞台中，如图 8-68 所示。

Step 10　在"文本"图层中选择第 185 帧，按 F5 键插入帧，如图 8-69 所示。

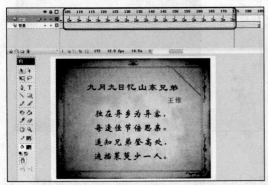

图 8-68　添加关键帧并调整元件的位置

图 8-69　按 F5 键插入帧

Step 11　至此，打字效果制作完成，保存完成后的场景，然后按 Ctrl+Enter 组合键测试动画。

8.7 小结

在制作动画的过程中大部分的操作都是针对时间轴的，帧是动画中最小的播放单位，再长、再复杂的动画也是一帧帧拼出来的。对时间轴的操作是动画中最基本的操作，掌握好对时间轴的操作，可更方便地进行下一步的操作。简短的帧注释和帧标签能帮助用户更好地读懂动画，养成良好的制作习惯是提高动画制作效率的好方法。

另外，本章中也介绍了管理图层及编辑图层的一些方法，图层是管理动画最基本的工具，所以读者一定要熟悉其使用方法。复制图层、隐藏图层及文件夹等的操作，不仅使动画的条理更清晰，也能给动画制作者带来极大的方便。

时间轴特效是 Flash 系列软件中最大的改进，就像做平面设计时使用的一些滤镜，集成了一些常用的动画效果，虽然对系统要求高及集成效果少是它的两个显著缺点，但通过扩充和改进，相信下一个版本中的时间轴特效会更加方便、实用和成熟。

8.8 课后练习

1. 选择题

（1）插入帧的快捷键是_____。

A. F4 　　　　B. F5 　　　　C. F6 　　　　D. F7

（2）配合键盘上的_____键可以对图层中的帧进行复制。

A. Ctrl 　　　　B. Alt 　　　　C. Shift 　　　　D. Alt+Shift

（3）制作淡入/淡出效果可以使用_____特效。

A. 变形 　　　　B. 转换 　　　　C. 展开 　　　　D. 分离

2. 填空题

（1）_____和_____是 Flash 动画制作中最重要的两个基本概念。

（2）帧是一个广义概念，它包含了 3 种类型，分别是_____、_____和_____。

（3）锁定图层与隐藏图层的不同之处是_____。

（4）时间轴特效包括_____、_____、_____、_____、_____、_____、_____特效。

3. 上机操作题

结合本章学习的内容，制作简单的小动画。

第 **9** 章

补间动画与多场景动画的制作

本章通过丰富的实例，主要介绍Flash中补间动画的制作方法。补间动画包含了动作补间动画和形状补间动画两大类动画效果，也包含了引导层动画和遮罩动画这两种特殊的动画效果。

知 识 点

动作补间动画

形状补间动画

引导层动画

遮罩动画

场景

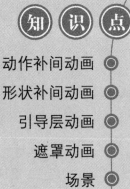

9.1 动作补间动画

由于逐帧动画需要详细制作每一帧的内容，因此既费时又费力，而且在逐帧动画中，Flash 需要保存每一帧的数据，而在补间动画中，Flash 只需保存帧之间不同的数据，使用补间动画还能尽量减少文件的大小。因此在制作动画时，应用最多的是补间动画。补间动画是一种比较有效的产生动画效果的方式。

Flash 能生成两种类型的补间动画，一种是动作补间，另一种是形状补间。动作补间需要在一个点定义实例的位置、大小及旋转角度等属性，然后才可以在其他的位置改变这些属性，从而由这些变化产生动画。

9.1.1 动作补间动画基础

利用动作补间方式可以制作出多种类型的动画效果，如位置移动、大小变化、旋转移动、逐渐消失等。只要能够熟练地掌握并运用这些简单的动作补间效果，就能通过对它们进行相互组合而制作出样式更加丰富、效果更加吸引人的复杂动画。

使用动作补间，需要具备以下两个前提条件：

- 起始关键帧与结束关键帧缺一不可。
- 应用于动作补间的对象必须具有元件或者群组的属性。

为时间轴设置了补间效果后，"属性"面板将有所变化，如图 9-1 所示。

图 9-1 动作补间"属性"面板

- "补间"：选择补间的方式，包括动画和形状。
- "缩放"：应用于有大小变化的动画效果。
- "缓动"：应用于有速度变化的动画效果。单击"缓动"文本框右侧的下三角按钮，弹出一个滑块，当移动滑块在 0 值以上时，实现的是由快到慢的效果；当移动滑块在 0 值以下时，实现的是由慢到快的效果。
- "旋转"：设置对象的旋转效果。
- "调整到路径"：在路径动画效果中，使对象能够沿着引导线的路径移动。
- "同步"：设置元件动画的同步性。
- "贴紧"：使物体可以附着在引导线上。

9.1.2 制作动作补间动画

 实例说明

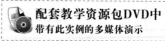 配套教学资源包DVD中
带有此实例的多媒体演示

通过制作气球上升的动画介绍动作补间动画的制作，完成后的动画效果如图 9-2 所示。

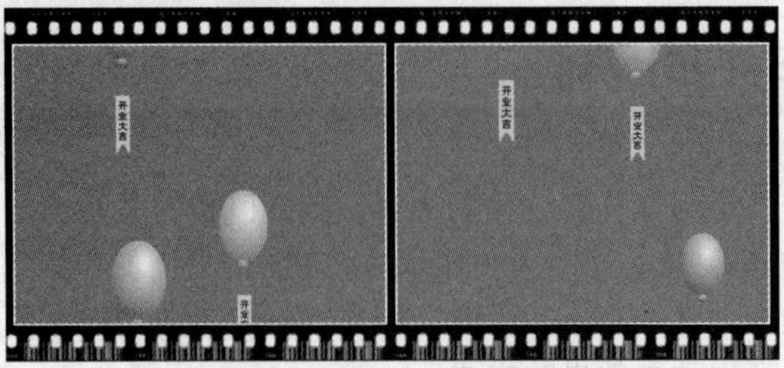

图 9-2　气球上升的效果

学习目标

通过对本例的学习，读者可以对动作补间动画有一个初步的了解。其操作步骤如下：

Step 01 运行 Flash CS3 软件，新建一个“ActionScript 2.0”的空白文档，如图 9-3 所示。

Step 02 选择菜单“插入”|“新建元件”命令，在弹出的对话框中，在“名称”文本框中输入“气球”，选择“类型”的方式为“图形”，单击“确定”按钮，如图 9-4 所示。

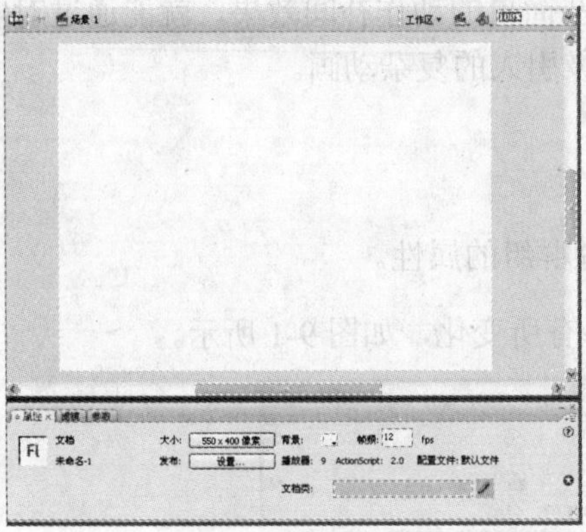

图 9-3　新建空白文档

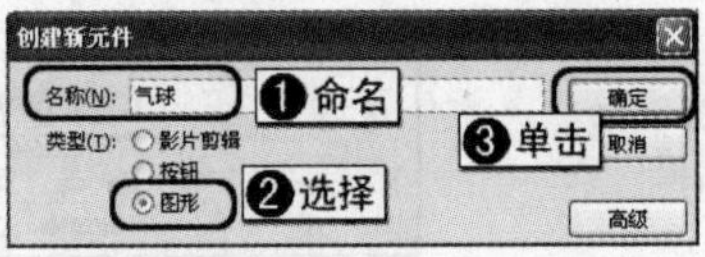

图 9-4　插入新元件

Step 03 选择工具，在气球元件的舞台中创建圆，如图 9-5 所示。

Step 04 使用工具删除描边并选择圆，在“颜色”面板中选择“类型”的方式为“放射状”，设置渐变为白色到红色的渐变，如图 9-6 所示。

Step 05 选择工具，在舞台中调整渐变填充的形状和位置，如图 9-7 所示，然后选择圆，按 Ctrl+G 组合键将其组合。

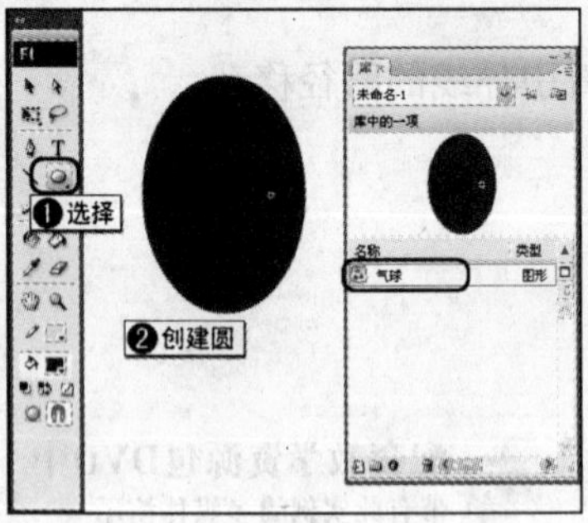

图 9-5　创建圆形

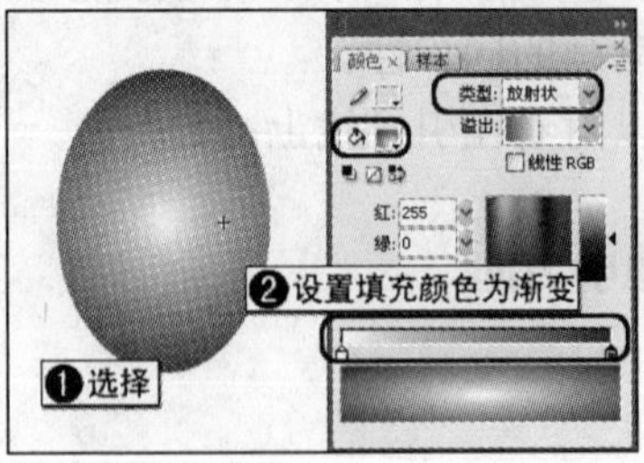

图 9-6　填充圆形渐变

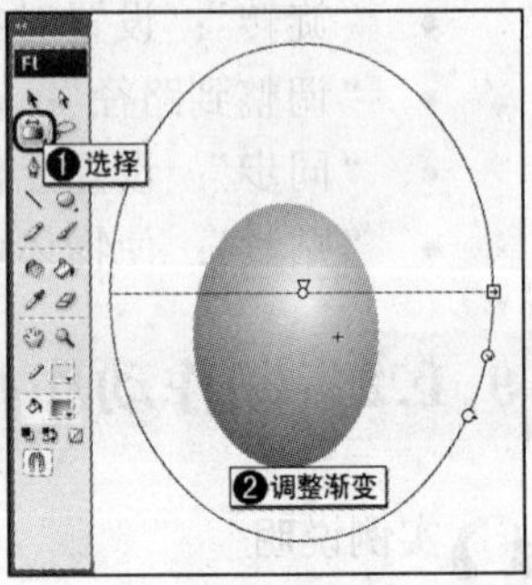

图 9-7　调整渐变位置和形状

Step 06 选择 工具，在舞台的空白处创建如图 9-8 所示的形状，调整形状。

Step 07 使用 工具为该形状填充渐变，如图 9-9 所示。

Step 08 删除形状的描边，选择形状后按 Ctrl+G 组合键组合形状，并在舞台中调整形状的位置和大小，如图 9-10 所示。

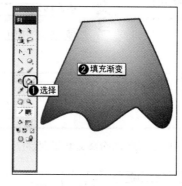

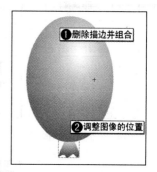

图 9-8　创建形状　　　　　　　图 9-9　填充形状渐变　　　　　图 9-10　调整形状的位置

Step 09 选择 工具，在舞台的空白处创建如图 9-11 所示的线，在"属性"面板中设置线的粗细和颜色，合适即可。

Step 10 在舞台中选择线，按 Ctrl+G 组合键将其组合，并调整线的位置，如图 9-12 所示。

Step 11 使用 工具，在舞台的空白处创建矩形，删除描边填充矩形的颜色为黄色，如图 9-13 所示。

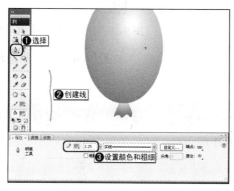

图 9-11　创建线　　　　　　　图 9-12　调整线的位置　　　　　图 9-13　创建矩形

Step 12 在舞台中选择矩形，在工具箱中选择 工具，并单击 按钮，然后在舞台中调整矩形，如图 9-14 所示，将矩形进行组合，并调整它的位置及大小。

Step 13 选择 T 工具，在舞台中创建文本，选择文本，在"属性"面板中为其设置字体和字体颜色，单击 B 按钮加粗文本，并选择文本方向为"垂直，从左向右"，如图 9-15 所示，使用 工具选择文本，按两次 Ctrl+B 组合键分离文本为形状，并按 Ctrl+G 组合键将分离文本后的形状组合，并调整文本形状的位置，如图 9-16 所示。

Step 14 在舞台中选择所有的图像，按 Ctrl+G 组合键将图形组合，如图 9-17 所示。

Step 15 选择"场景 1"，在"库"面板中拖曳"气球"元件至场景中，选择 工具，在场景中调整气球的大小和位置，如图 9-18 所示。

Step 16 选择气球，在"时间轴"的第 25 帧位置处单击鼠标右键，在弹出的快捷菜单中选择

"插入关键帧"命令，插入关键帧，并在舞台中调整气球的位置，如图 9-19 所示。

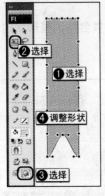

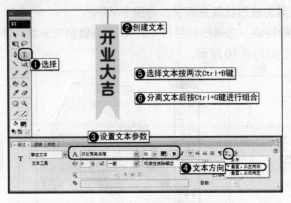

图 9-14　调整矩形形状　　　图 9-15　创建并分离文本为形状再对形状进行组合　　　图 9-16　调整位置

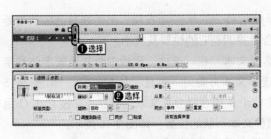

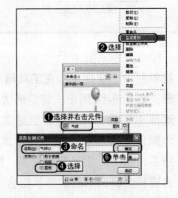

图 9-17　将气球元件组合　　　图 9-18　为舞台添加气球　　　图 9-19　插入关键帧并移动气球

Step 17　选择第 1 帧，在"属性"面板中选择"补间"为"动画"，如图 9-20 所示，创建动作补间动画。

Step 18　在"库"面板中选择"气球"元件并单击鼠标右键，在弹出的快捷菜单中选择"直接复制"命令，在弹出的对话框中将"名称"命名为"气球 02"，设置"类型"的方式为"图形"，单击"确定"按钮，如图 9-21 所示。

图 9-20　创建动作补间动画　　　　　　　图 9-21　复制元件

Step 19　修改"气球 02"元件的颜色为蓝色。修改气球颜色时双击要修改的组，进入组的修改中对其修改即可，如图 9-22 所示，双击舞台的空白处即可退出组的修改。

Step 20　选择"场景 1"，新建"图层 2"，并将"元件 02"拖曳到场景舞台中，调整它的大小和位置，为其在第 14 帧和 35 帧处插入关键帧，在第 35 帧调整气球运动的效果，在第 14 帧设置"属性"面板中的"补间"为"动画"，如图 9-23 所示。

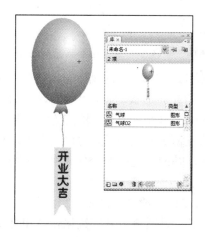

图 9-22　修改元件

图 9-23　为气球创建动作补间动画

Step 21 使用同样的方法制作出不同颜色的气球，并为其设置动作补间动画，如图 9-24 所示。

Step 22 设置完成动画后，按 Ctrl+Enter 组合键测试场景，如图 9-25 所示，最后保存场景并输出影片。

图 9-24　设置不同气球的动作补间动画

图 9-25　测试场景

9.2 形状补间动画

通过形状补间可以实现一幅图形变为另一幅图形的效果。形状补间和动作补间的主要区别在于形状补间不能应用到实例上，必须是被打散的形状图形之间才能产生形状补间。所谓形状图形，就是由无数个点堆积而成，并非是一个整体。选中该对象时外部没有一个蓝色边框，而是会显示成掺杂白色小点的图形。

9.2.1 形状补间动画基础

如果想取得一些特殊的效果，需要在"属性"面板中进行相应的设置。当将某一帧设

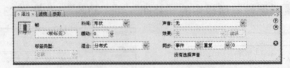

置为形状补间后，其"属性"面板如图 9-26 所示。

图 9-26　形状补间"属性"面板

- "缓动"：输入一个-100～100 之间的数，或者通过单击"缓动"文本框右侧的下三角按钮弹出的滑块来调整。如果要慢慢地开始补间形状动画，并朝着动画的结束方向加速补间过程，可以向下拖动滑块或输入一个-100～-1 之间的负值。如果要快速地开始补间形状动画，并朝着动画的结束方向减速补间过程，可以向上拖动滑块或输入一个 1～100 之间的正值。默认情况下，补间帧之间的变化速率是不变的，通过调节此项可以调整变化速率，从而创建更加自然的变形效果。
- "混合"："分布式"选项创建的动画，形状比较平滑且不规则。"角形"选项创建的动画，形状会保留明显的角和直线。"角形"只适合于具有锐化转角和直线的混合形状。如果选择的形状没有角，Flash 会还原到"分布式"补间形状。

要控制更加复杂的动画，可以使用变形提示。变形提示可以标识起始形状和结束形状中相对应的点。变形提示点用字母表示，这样可以方便地确定起始形状和结束形状，每次最多可以设定 26 个变形提示点。变形提示点在开始的关键帧中是黄色的，在结束关键帧中是绿色的，如果不在曲线上则是红色的。

在创建形状补间时，如果完全由 Flash 自动完成创建动画的过程，那么很可能创建出的渐变效果不是很令人满意。因此如果要控制更加复杂或罕见的形状变化，可以使用 Flash MX 2004 提供的形状提示功能。形状提示会标识起始形状和结束形状中相对应的点。例如，如果要制作一张动画，其过程是三叶草的 3 片叶子渐变为 3 棵三叶草。而 Flash 自动完成的动画是表达不出这一效果的。这时就可以使用形状渐变，使三叶草 3 片叶子上对应的点分别变成 3 棵草对应的点。

提 示

在有棱角和曲线的地方，提示点会自动吸附上去。按在开始帧添加点的顺序为结束帧添加上相同的点。

形状提示是用字母（从 a～z）标志起始形状和结束形状中相对应的点，因此一个形状渐变动画中最多可以使用 26 个形状提示。在创建完形状补间动画后，选择菜单"修改"|"形状"|"添加形状提示"命令，为动画添加形状提示。

9.2.2　制作形状补间动画

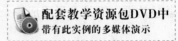
配套教学资源包DVD中带有此实例的多媒体演示

实例说明

本例主要介绍形状补间动画的一般制作流程。完成后的效果如图 9-27 所示。

图 9-27　摇曳的烛火

📖 学习目标

通过对本例的学习，读者可以对形状补间动画有一个初步的了解，具体操作步骤如下：

Step 01 运行 Flash CS3 软件后在弹出的对话框中单击"打开"按钮，然后在弹出的"打开"对话框中选择 Scene\Cha09\摇曳的烛火.fla 文件，单击"打开"按钮，如图 9-28 所示。

Step 02 打开的文件效果，如图 9-29 所示。

图 9-28　"打开"对话框

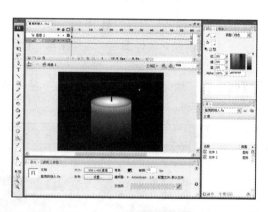

图 9-29　打开的文件效果

Step 03 在"时间轴"面板单击🔲按钮，插入图层，并更改图层名称为"烛火"，调整图层至"图层 2"的下方。选择◯工具，设置填充颜色为黄色，并在场景舞台中创建圆，如图 9-30 所示。

Step 04 使用 ▶ 工具删除圆的描边，使用 ▶ 和 ▶ 工具调整形状，如图 9-31 所示。

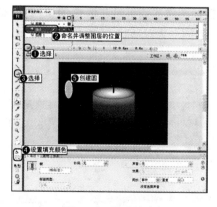

图 9-30　创建烛火

图 9-31　调整烛火的效果

Step 05 选择"烛火"图层,选择第 1 帧,在舞台中调整图像的位置,如图 9-32 所示。使用 工具选择烛火,按 Ctrl+C 组合键复制图像。

Step 06 选择"烛火"图层,在第 5 帧的位置按 F7 键插入空白关键帧,按 Ctrl+Shift+V 组合键在原位置粘贴图像,并使用 和 工具调整形状,如图 9-33 所示。

 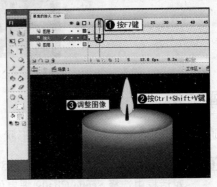

图 9-32　调整图像在第 1 帧的位置　　　　　图 9-33　在第 5 帧插入关键帧并调整图像

Step 07 在"烛火"图层的第 10 帧,按 F7 键插入空白关键帧,再次复制第 1 帧的烛火图像至 10 帧处,选择图像,选择菜单"修改"|"变形"|"水平翻转"命令翻转图像的角度,如图 9-34 所示。

Step 08 在"烛火"的第 5 帧处右击,在弹出的快捷菜单中选择"复制帧"命令,如图 9-35 所示。

图 9-34　设置第 10 帧的图像效果　　　　　图 9-35　选择"复制帧"命令

Step 09 在"烛火"图层的第 15 帧处右击,在弹出的快捷菜单中选择"粘贴帧"命令,如图 9-36 所示。

Step 10 通过复制关键帧完成烛火摇曳的动画,关键帧图像的效果是左弯曲-直立-右弯曲-直立,复制完成关键帧后为各个关键帧设置"补间"为"形状",如图 9-37 所示。

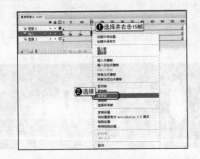 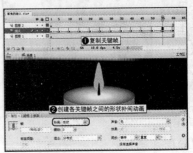

图 9-36　粘贴关键帧　　　　　图 9-37　创建形状补间动画

Step 11 在"时间轴"面板中选择"图层 1"并将时间调至第 1 帧处。选择 ○ 工具，并设置描边为无，随意设置一种填充颜色，在工作区中创建圆，如图 9-38 所示。

Step 12 在"颜色"面板中设置"类型"为"放射状"，设置渐变为黄色到白色，设置白色色块的 Alpha 值为 0%，设置黄色色块的 Alpha 值为 80%，如图 9-39 所示。

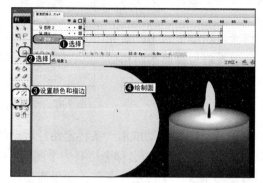

图 9-38　创建圆

图 9-39　设置填充渐变

Step 13 在工具箱中选择 ◇ 工具，为圆填充渐变，并使用 ▣ 工具调整渐变的大小和位置，如图 9-40 所示。

Step 14 按 Ctrl+Enter 组合键测试影片，如图 9-41 所示，保存场景文件，并对影片进行输出。

图 9-40　调整渐变效果

图 9-41　测试影片

9.3 引导层动画

运动引导层使用户可以创建特定路径的补间动画效果，实例、组或文本块均可沿着这些路径运动。在影片中也可以将多个图层链接到一个运动引导层，从而使多个对象沿同一条路径运动，链接到运动引导层的常规层相应地就成为引导层。

9.3.1 引导层动画基础

引导层在影片制作中起辅助作用，它可以分为普通引导层和运动引导层两种，下边介绍这两种引导层的功能。

1. 普通引导层

普通引导层以图标 ✎ 表示，起到辅助静态对象定位的作用，它无须使用被引导层，可以单独使用。创建普通引导层的操作很简单，只需选中要作为引导层的那一层，右击，在弹出的快捷菜单中选择"引导层"命令即可，如图 9-42 所示。

若想取消普通引导层为普通图层，只需要再次在图层上右击，从弹出的快捷菜单中选择"引导层"命令即可。引导层有着与普通图层相似的图层属性。

2. 运动引导层

图 9-42　引导层

在 Flash 中建立直线运动是很容易的工作，但建立曲线运动或沿一条特定路径运动的动画却不能直接完成，而需要运动引导层的帮助。在运动引导层的名称旁边有一个图标 ⌒ᵃᵃ，表示当前图层的状态是运动引导，运动引导层总是与至少一个图层相关联（如果需要，它可以与任意多个图层相关联），这些被关联的图层被称为被引导层。将层与运动引导层关联起来可以使被引导图层上的任意对象沿着运动引导层上的路径运动。创建运动引导层时，已被选择的层都会自动与该运动引导层建立关联。也可以在创建运动引导层之后，将其他任意多的标准层与运动层相关联或者取消它们之间的关联。任何被引导层的名称栏都将被嵌在运动引导层的名称栏下面，表明一种层次关系。

默认情况下，任何一个新生成的运动引导层都会自动放置在用来创建该运动引导层的普通层的上面。用户可以像操作标准图层一样重新安排它的位置，不过所有同它连接的层都将随之移动，以保持它们之间的引导与被引导关系。

创建运动引导层的过程也很简单，选中被引导层，单击 ⌒ᵃᵃ 按钮或右击在弹出的菜单中选择"添加引导层"命令即可，如图 9-43 所示。

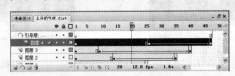

图 9-43　运动引导层

运动引导层的默认命名规则为"引导层：被引导图层名"。建立运动引导层的同时也建立了两者之间的关联，从图中"图层 4"的标签向内缩进可以看出两者之间的关系，具有缩进的图层为被引导层，上方无缩进的图层为运动引导层。如果在运动引导层上绘制一条路径，任何同该层建立关联的层上的过渡元件都将沿这条路径运动。以后可以将任意多的标准图层关联到运动引导层，这样，所有被关联的图层上的过渡元件都共享同一条运动路径。要使更多的图层同运动引导层建立关联，只需将其拖曳到引导层下即可。

9.3.2　制作引导层动画

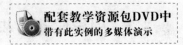

配套教学资源包DVD中
带有此实例的多媒体演示

🖐 **实例说明**

本例通过介绍花瓣雨效果的制作，主要介绍引导层动画的制作流程，其效果如图 9-44

所示。

图 9-44 花瓣雨的效果

📖 **学习目标**

通过对本例的学习读者可以对引导层动画有一个初步的了解，具体操作步骤如下：

Step 01 运行 Flash CS3 软件，打开 Scene\Cha09\花瓣雨.fla 文件，如图 9-45 所示。

Step 02 按 Ctrl+F8 组合键，在弹出的 "创建新元件" 对话框中将元件 "名称" 命名为 "元件 2"，设置 "类型" 为 "影片剪辑"，单击 "确定" 按钮，如图 9-46 所示。

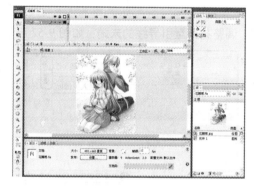

图 9-45 打开的文件   图 9-46 新建元件

Step 03 从 "库" 面板中向元件舞台拖曳 "花瓣雨.jpg" 和 "元件 1"，调整花瓣在舞台中的位置，如图 9-47 所示。

Step 04 单击 "时间轴" 面板中的 按钮，创建引导层，如图 9-48 所示。

提 示 ● ● ●

为元件添加 "花瓣雨.jpg" 文件实例是为了参考场景的大小，以便于创建引导线的长度。

图 9-47 为舞台添加实例   图 9-48 创建引导层

Step 05 在图 9-49 所示的❶处选择"引导层",并选择第 1 帧,选择 🖊 工具,接着在舞台中绘制引导线。

Step 06 再选择"引导层"图层的第 45 帧,按 F6 键插入关键帧,如图 9-50 所示。

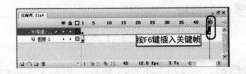

图 9-49　创建引导线　　　　　　　　　　　　　　图 9-50　插入关键帧

Step 07 选择"图层 1",并选择第 1 帧,在舞台中将图片删除,并在第 1 帧处调整花瓣至引导线的起始位置,如图 9-51 所示。

Step 08 选择"图层 1"的第 45 帧,插入关键帧,调整花瓣至引导线的末端,如图 9-52 所示。

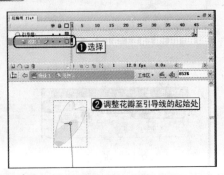

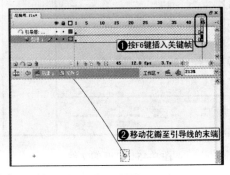

图 9-51　调整花瓣至引导线的起始位置　　　　　图 9-52　调整花瓣至引导线的末端

Step 09 选择"图层 1"的第 1 帧,再选择"补间"方式为"动画",选择"旋转"为"顺时针",如图 9-53 所示。

Step 10 选择"场景 1",将"元件 2"拖曳到场景舞台中并调整其位置,如图 9-54 所示,使用同样的方法创建另一种不同飘落路径的花瓣并不断地为场景舞台添加花瓣,调整花瓣的位置,使其形成花瓣雨的效果。按 Ctrl+Enter 组合键测试影片,保存场景,并输出影片。

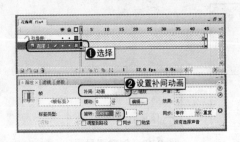

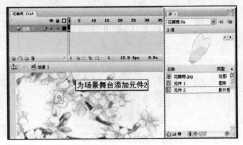

图 9-53　创建补间动画　　　　　　　　　　　　图 9-54　为场景拖曳花瓣

9.4 遮罩动画

遮罩动画也是 Flash 中常用的一种技巧。遮罩动画就好比在一个板上打了各种形状的孔，透过这些孔，可以看到下面的层。遮罩项目可以是填充的形状、文字对象、图形元件的实例或影片剪辑。用户可以将多个图层组织在一个遮罩层之下来创建复杂的效果。

用户还可以利用动作和行为，让遮罩层动起来，以便创建各种各样的动态效果动画。对于用作遮罩的填充形状，可以使用补间形状功能。对于文字对象、图形实例或影片剪辑，可以使用补间动画。当使用影片剪辑实例作为遮罩时，还可以让遮罩沿着路径运动。总之，利用前面学过的各种动画制作的技巧配合遮罩动画，发挥自己的创意，可制作出各种不同的效果。

9.4.1 遮罩动画基础

要创建遮罩，可以将遮罩放在作用的层上。与填充不同的是，遮罩就像个窗口，透过它可以看到下面链接层的区域。除了通过遮罩项显示的内容之外，其余的所有内容都会被遮罩层的其余部分隐藏起来。

就像运动引导层一样，遮罩层起初与一个单独的被遮罩层关联，当它变成遮罩层时，被遮罩层位于遮罩层的下面。遮罩层也可以与任意多个被遮罩的图层关联，仅那些与遮罩层相关联的图层会受其影响，其他所有图层（包括组成遮罩的图层下面的那些图层及与遮罩层相关联的层）将显示出来。创建遮罩层的操作步骤如下：

Step 01 首先创建一个普通层"图层1"，并在此层绘制出可透过遮罩层显示的图形与文本。

Step 02 新建一个图层"图层2"，将该图层移动到"图层1"的上面。

Step 03 在"图层2"上创建一个填充区域和文本。

Step 04 在该层上右击，从弹出的快捷菜单中选择"遮罩层"命令，如图 9-55 所示，将"图层2"设置为遮罩层，其下面的"图层1"就变成了被遮罩层。

图 9-55　遮罩层

提示

在应用遮罩效果时要注意一个遮罩只能包含一个遮罩项目，按钮内部不能出现遮罩，遮罩不能应用于另一个遮罩中。

9.4.2 制作遮罩动画

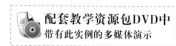
配套教学资源包DVD中
带有此实例的多媒体演示

实例说明

本例将介绍遮罩动画的制作，完成后的效果如图 9-56 所示。

图 9-56 遮罩动画效果

📖 学习目标

通过对本例的学习读者可以对遮罩动画有一个初步的了解，具体的操作步骤如下：

Step 01 运行 Flash CS3 软件，新建文档，"属性"面板中将"大小"设置为"300×300 像素"，在"文档属性"对话框中设置"尺寸"为 300 像素×300 像素，设置"背景颜色"为黑色，单击"确定"按钮，如图 9-57 所示。

Step 02 选择 □ 工具，在舞台中创建矩形，为了操作方便可将创建的矩形进行组合，然后使用 ▶ 工具的同时按住 Ctrl 键移动复制矩形，形成如图 9-58 所示的效果。

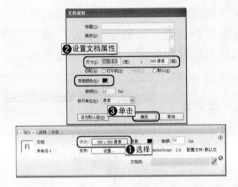

图 9-57 设置文档属性

图 9-58 移动复制矩形

Step 03 单击"时间轴"面板中的 ▣ 按钮，插入"图层 2"，如图 9-59 所示。

Step 04 按 Ctrl+R 组合键，在弹出的对话框中选择素材\Cha09\全景图.jpg 文件，单击"打开"按钮，如图 9-60 所示。

图 9-59 插入图层

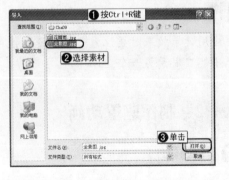

图 9-60 打开素材文件

Step 05 在舞台中调整图像的位置，如图 9-61 所示。

Step 06 选择"图层 2"，在第 90 帧的位置按 F6 键插入关键帧，如图 9-62 所示，同时在"图层 1"第 90 帧的位置处插入关键帧。

图 9-61　调整图像的位置

图 9-62　插入关键帧

Step 07 在"图层 2"的第 45 帧位置按 F6 键插入关键帧，并在舞台中调整图像的位置，如图 9-63 所示。

Step 08 选择"图层 2"在第 1 帧处的关键帧，并在"属性"面板中设置"补间"方式为"动画"，并设置第 45 帧处关键帧的"补间"方式为"动画"，如图 9-64 所示。

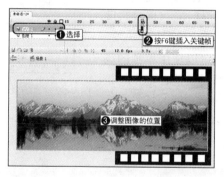

图 9-63　调整图像在第 45 帧的位置

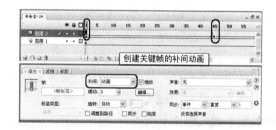

图 9-64　创建补间动画

Step 09 单击"时间轴"面板中的 按钮，插入 "图层 3"，使用 工具，在如图 9-65 所示的位置创建矩形，如图 9-65 所示。

Step 10 创建矩形后，右击"图层 3"，在弹出的快捷菜单中选择"遮罩层"命令，如图 9-66 所示。创建遮罩层后的效果如图 9-67 所示。

图 9-65　创建遮罩图形

图 9-66　设置遮罩层

Step 11 按 Ctrl+Ener 组合键测试影片，如图 9-68 所示。保存场景，并将影片输出。

图 9-67　创建遮罩层后的场景

图 9-68　测试影片

9.5 场景

　　"场景"面板帮助用户处理和组织影片中的场景，并且允许用户创建、删除和重新组织场景，并在不同的场景之间切换。"场景"面板如图 9-69 所示。

图 9-69　"场景"面板

　　要按照主题组织影片，可以使用场景。例如，可以使用单独的场景用于简介、出现的消息及片头、片尾字幕等。当发布包含多个场景的 Flash 影片时，影片中的场景将按照它们在 Flash 文档的场景面板中列出的顺序进行回放。影片中的帧都是按场景顺序编号的。例如，如果影片包含两个场景，每个场景有 10 帧，则场景 2 中帧的编号为 11～20。用户可以添加、删除、复制、重命名场景和更改场景的顺序。

- "直接复制场景" ：先选中要复制的场景，单击 按钮后，将在影片中复制一个与此场景完全相同的新场景，新场景命名规则为"原场景名+备份"。
- "添加场景" ：在影片中建立一个新场景，命名规则为"场景+数字"。
- "删除场景" ：从影片中删除选中的场景。
- "更改场景的顺序"：在"场景"面板中将场景名称拖动到不同的位置，可以更改影片中场景的顺序。
- "更改场景名称"：在"场景"面板中双击场景名称，然后输入新名称。

9.6 上机实训——制作新年贺卡

实例说明

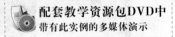
配套教学资源包DVD中
带有此实例的多媒体演示

　　本例介绍新年贺卡的制作，制作好的贺卡效果如图 9-70 所示。本例将应用创建补间动画和创建补间形状动画来制作。

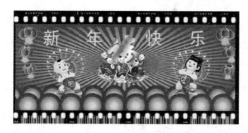

图 9-70　新年贺卡的效果

📚 **学习目标**

通过对本例的学习读者可以对综合动画有一个初步的了解。具体操作步骤如下：

Step 01 运行 Flash CS3 软件，新建一个"ActionScript 2.0"的空白文档，在"属性"面板中单击"设置"按钮，在弹出的对话框中设置"尺寸"为 567 像素×220 像素，设置"背景颜色"为红色，单击"确定"按钮，如图 9-71 所示。

Step 02 按 Ctrl+R 组合键，在弹出的对话框中选择素材\Cha09\圆.psd 文件，单击"打开"按钮，如图 9-72 所示。

图 9-71　设置文档属性　　　　　　　　　　图 9-72　打开素材文件

Step 03 在"将'圆.psd'导入到舞台"对话框中选择"图层 1"，并选择"具有可编辑图层样式的位图图像"选项，单击"确定"按钮，如图 9-73 所示。

Step 04 将素材导入到舞台，在"时间轴"面板中将其图层命名为"圆"，在舞台中调整素材的位置，选择素材按 Ctrl+D 键，复制素材图像，并调整复制出的素材的大小和位置，如图 9-74 所示。

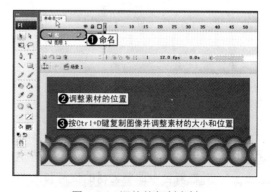

图 9-73　设置导入素材的属性　　　　　　　图 9-74　调整并复制素材

Step 05 按 Ctrl+R 键，打开素材\Cha09\灯笼.psd 文件，单击"打开"按钮，在"将'灯笼.psd'导入到舞台"对话框中选择"图层 1"，并选择"具有可编辑图层样式的位图图像"选项，单击"确定"按钮，如图 9-75 所示。

Step 06 将素材导入到舞台后，调整素材的大小和位置，将其所在的图层命名为"灯笼 01"，并再插入图层"灯笼 02"，选择"灯笼 01"中的灯笼素材，按 Ctrl+C 键，选择"灯笼 02"图层，按 Ctrl+V 键，粘贴素材到图层中，并在舞台中调整素材的位置和角度，如图 9-76 所示。

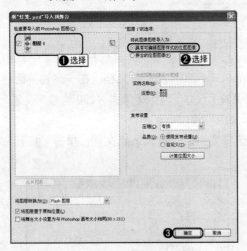

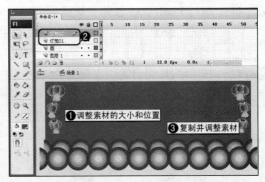

图 9-75 设置导入素材的属性　　　　　图 9-76 复制并调整素材

Step 07 按 Ctrl+R 键，打开素材\Cha09\光.psd 文件，单击"打开"按钮，在"将'灯.psd'导入到舞台"对话框中选择"图层 1"，并选择"具有可编辑图层样式的位图图像"选项，单击"确定"按钮，如图 9-77 所示。

Step 08 将素材导入到舞台后，调整素材的大小和位置，将其所在的图层命名为"光"，在舞台中调整素材的位置和大小，如图 9-78 所示。

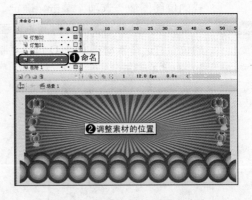

图 9-77 设置导入素材的属性　　　　　图 9-78 调整素材的位置和大小

Step 09 使用同样的方法将"福.psd"、"鞭炮.psd"、"男孩.psd"、"女孩.psd"素材导入到舞台，并在舞台中调整素材的位置和大小，在"时间轴"面板中命名并调整图层的位置，将所有图层的显示时间扩展到 50 帧，如图 9-79 所示。

Step 10 在"时间轴"面板中将"男孩"、"女孩"图层的开始帧拖曳到 15 帧,将"鞭炮 01"、"鞭炮 02"图层的开始帧拖曳到 20 帧的位置,选择"光"图层,在第 5 帧插入关键帧,并在舞台中选择实例,设置缩放参数为 70%,如图 9-80 所示。

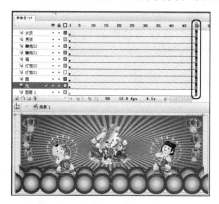

图 9-79　导入素材

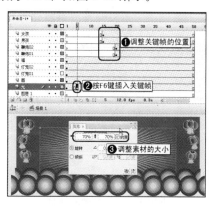

图 9-80　调整关键帧

Step 11 将"光"图层的第 1 帧粘贴到第 15 帧,将 10 帧的关键帧粘贴到第 20 帧,以此类推,粘贴关键帧直至 50 帧的位置,在关键帧之间创建补间动画,如图 9-81 所示。

Step 12 在"灯笼 01"图层的第 10 帧、20 帧、30 帧、40 帧、50 帧插入关键帧,并在关键帧之间创建补间动画,如图 9-82 所示。

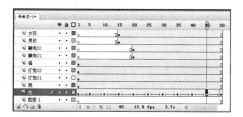

图 9-81　复制关键帧并创建补间动画

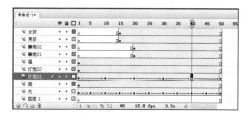

图 9-82　创建"灯笼"的关键帧

Step 13 选择第 1 帧,使用 工具,调整图像的中心位于图像素材的顶端,并调整灯笼的角度,如图 9-83 所示。

Step 14 选择第 10 帧,使用 工具,调整图像的中心位于图像素材的顶端,并调整灯笼的角度,9-84 所示。

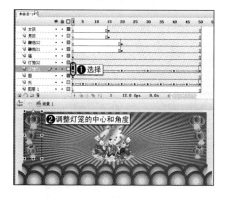

图 9-83　调整灯笼的中心和角度

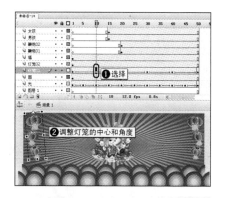

图 9-84　调整灯笼的摆动动画

Step 15 使用同样的方法创建出灯笼摆动的动画，在"时间轴"中为"福"图层插入 3 个关键帧，选择中间的关键帧，在舞台中选择实例，在"属性"面板中选择"颜色"为"亮度"，设置参数为 66%，如图 9-85 所示。

Step 16 选择 3 个关键帧并对其进行复制，粘贴到"福"图层的时间轴中，选择 50 帧后的空白帧，右击，在弹出的对话框中选择"删除帧"命令，如图 9-86 所示。

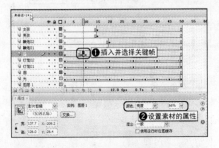
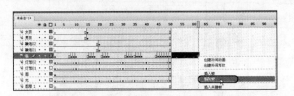

图 9-85　设置实例的属性　　　　图 9-86　删除不需要的关键帧

Step 17 在"女孩"、"男孩"的第 20 帧插入关键帧，如图 9-87 所示。

Step 18 选择"女孩"和"男孩"的第 15 帧，并在舞台中调整素材的大小，如图 9-88 所示。

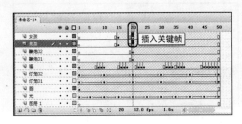
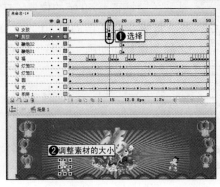

图 9-87　插入关键帧　　　　图 9-88　调整素材的大小

Step 19 在"女孩"、"男孩"的关键帧之间创建补间动画，在舞台中创建"新年快乐"4 个字，分别将 4 个字放置在图层中，并调整文本图层的关键帧的位置，如图 9-89 所示。

Step 20 在"新"图层的第 15 帧插入关键帧，如图 9-90 所示。

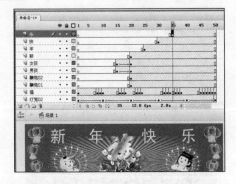
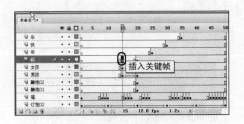

图 9-89　创建文本　　　　图 9-90　插入关键帧

Step 21 按 Ctrl+R 键，打开素材\Cha09\烟花.psd 文件，单击"打开"按钮，弹出"将'烟花.psd'

导入到舞台"对话框，选择"图层 1"，并选择"具有可编辑图层样式的位图图像"，单击"确定"按钮，如图 9-91 所示。

Step 22 导入素材，在舞台中调整素材的大小和位置，如图 9-92 所示，选择素材按 Ctrl+X 键，将素材剪切，并删除其图层。

图 9-91　设置导入素材的参数

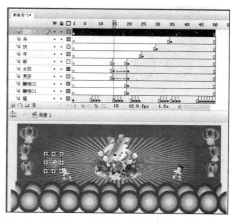

图 9-92　调整素材的大小和位置

Step 23 选择"新"的第 15 帧，按 Ctrl+Shift+V 键，将素材粘贴到"新"的 15 帧，并按两次 Ctrl+B 键，将素材分离为图形，如图 9-93 所示。

Step 24 选择"新"的第 20 帧，并在舞台中按 Ctrl+B 键，分离文本为图形，在 15 帧和 20 帧之间创建补间形状，如图 9-94 所示。

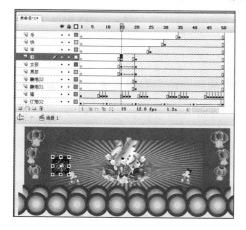

图 9-93　将素材分离为图形

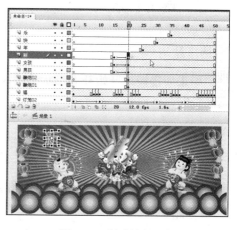

图 9-94　创建补间形状

Step 25 使用同样的方法创建烟花变型为文本的动画，如图 9-95 所示，将"新年快乐"图层放置到"女孩"、"男孩"图层的下方，如图 9-95 所示。

Step 26 至此，新年贺卡就制作完成，按 Ctrl+Enter 键测试影片，如图 9-96 所示，并将完成的场景保存。

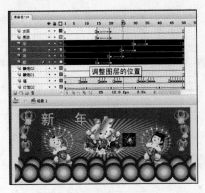

图 9-95　调整图层的位置

图 9-96　测试影片

9.7 小结

补间动画是 Flash 中最常用的动画创建方式。需要注意的是，动作补间动画只能在相同元件的不同实例之间创建。使用引导层和遮罩层能制作出曲线的补间动画并能增加动画的层次感，是动画制作中使用较多的方法。制作运动引导层时一定要细心，如果对象的中心没有吸附到引导线上，那么这个动画将不能正常播放。而制作遮罩动画时，制作者要对动画的层次有较深的了解。熟练使用这两个方法是制作复杂动画的基础。

9.8 课后练习

1. 选择题

（1）如果要慢慢地开始补间形状动画，并朝着动画的结束方向加速补间过程，可以设置"缓动"的范围值为＿＿＿＿＿＿。

A. 1～100　　　　　　　　B. 0　　　　　　　　C. -100～-1

（2）运动引导层的默认命名规则为"引导层：＿＿＿＿＿＿"。

A. 普通图层　　　　　B. 背景图层　　　　C. 被引导图层名

2. 填空题

（1）引导层在影片制作中起辅助作用，它可以分为＿＿＿＿＿和＿＿＿＿＿两种。

（2）遮罩层也可以与任意多个被遮罩的图层关联，仅那些与遮罩层相关联的图层会受其影响，其他所有图层（包括组成遮罩的图层下面的那些图层及与遮罩层相关联的层）将＿＿＿＿＿＿。

3. 上机操作题

根据上面所学的内容设计一个遮罩动画。

第 **10** 章

ActionScript 基础知识

ActionScript 是 Flash 的脚本语言，正是由于 Flash 中增加、完善了 ActionScript，才能使创作出来的动画具有很强的交互性。本章介绍 ActionScript 的基础知识，包括 Flash CS3 的编辑环境、常用命令、数据类型、变量、运算符、语法、基本语句等。

- ⊙ ActionScript 的概念
- ⊙ Flash CS3 的编程环境
- ⊙ 常用命令
- ⊙ 数据类型
- ⊙ 变量
- ⊙ 运算符
- ⊙ ActionScript 的语法
- ⊙ 基本语句

10.1 ActionScript 的概念

　　ActionScript（动作脚本）是一种专用的 Flash 程序语言，是 Flash 的一个重要组成部分，它的出现给设计和开发人员带来了很大的方便。通过使用 ActionScript 脚本编程，可以实现根据运行时间和加载数据等事件来控制 Flash 文档播放的效果；另外，它为 Flash 文档添加交互性，使之能够响应按键、单击等用户操作；还可以将内置对象（如按钮对象）与内置的相关方法、属性和事件结合使用；并且允许用户创建自定义类和对象，创建更加短小精悍的应用程序（相对于使用用户界面工具创建的应用程序），所有这些都可以通过可重复利用的脚本代码来完成。并且，ActionScript 是一种面向对象的脚本语言，可用于控制 Flash 内容的播放方式。因此，在使用 ActionScript 时，只要有一个清晰的思路，通过简单的 ActionScript 代码语言的组合，就可以实现很多相当精彩的动画效果。

　　ActionScript 是 Flash 的脚本撰写语言，使用户可以向影片添加交互性。动作脚本提供了一些元素，如动作、运算符及对象，可将这些元素组织到脚本中，指示影片要执行什么操作；用户可以对影片进行设置，从而使单击按钮和按键之类的事件可触发这些脚本。例如，可用动作脚本为影片创建导航按钮等。

　　在 ActionScript 中，所谓面向对象，就是指将所有同类物品的相关信息组织起来，放在一个被称做类（Class）的集合中，这些相关信息被称为属性（Propertie）和方法（Method），然后为这个类创建对象（Object）。这样，这个对象就拥有了它所属类的所有属性和方法。

　　Flash 中的对象不仅可以是一般自定义的用来装载各种数据的类及 Flash 自带的一系列对象，还可以是每一个定义在场景中的电影剪辑，对象 MC 是属于 Flash 预定义的一个名叫 "电影剪辑" 的类。这个预定义的类有_totalframe、_height、_visible 等一系列属性，同时也有 gotoAndPlay()、nestframe()、geturl()等方法，所以每一个单独的对象 MC 也拥有这些属性和方法。

　　在 Flash 中可以自己创建类，也可以使用 Flash 预定义的类，下面介绍怎样在 Flash 中创建一个类。要创建一个类，必须事先定义一个特殊函数——构造函数（Constructor Function），所有 Flash 预定义的对象都有一个自己已经构建好的构造函数。

　　现在假设已经定义了一个叫做 car 的类，这个类有两个属性，一个是 distance，描述行走的距离；一个是 time，描述行走的时间。有一个 speed 方法用来计算 car 的速度。可以这样定义这个类：

```
function car(t,d){
    this.time=t;
    this.distance=d;
}
function cspeed()
{
    return(this.time/this.distance);
}
car.prototype.speed=cspeed;
```

然后可以给这个类创建两个对象：

```
car1=new car(10,2);
car2=new car(10,4);
```

这样 car1 和 car2 就有了 time、distance 的属性并且被赋值，同时也拥有了 speed 方法。

对象和方法之间可以相互传输信息，其实现的方法是借助函数参数。例如，上面的 car 这个类，可以给它创建一个名叫 collision 的函数用于设置 car1 和 car2 的距离。collision 有一个参数 who 和另一个参数 far，以下的例子表示设置 car1 和 car2 的距离为 100 像素。

```
car1.collision(car2、100)
```

在 Flash 面向对象的脚本程序中，对象是可以按一定顺序继承的。所谓继承，就是指一个类从另一个类中获得属性和方法。简单地说，就是在一个类的下级创建另一个类，这个类拥有与上一个类相同的属性和方法。传递属性和参数的类称为父类（superclass），继承的类称为子类（subclass），用这种特性可以扩充已定义好的类。

10.2 | Flash CS3 的编程环境

10.2.1 "动作"面板

使用"动作"面板可以选择拖曳、重新安排及删除动作，并且有普通模式和脚本助手模式两种模式供选择。在脚本助手模式下，通过填充参数文本框来撰写动作。在普通模式下，可以直接在脚本窗格中撰写和编辑动作，这和用文本编辑器撰写脚本很相似。

可通过从"动作"面板左侧的工具箱中选择项目创建脚本，把项目分为多个类别，针对网络动画编程，提供了 ActionScript 1.0 & 2.0（如图 10-1 所示）和最新的 ActionScript 3.0（如图 10-2 所示）。

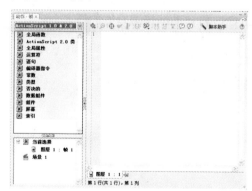

图 10-1　ActionScript 1.0 & 2.0

图 10-2　ActionScript 3.0

1. 动作工具箱

浏览 ActionScript 语言元素（函数、类、类型等）的分类列表，然后将其插入到脚本窗格中。要将脚本元素插入到脚本窗格中，可以双击该元素，或直接将它拖动到脚本窗格中。还可以使用"动作"面板工具栏中的 按钮来将语言元素添加到脚本中。

2. 脚本对象窗口

可显示包含脚本的 Flash 元素（影片剪辑、帧和按钮）的分层列表。使用脚本导航器可在 Flash 文档中的各个脚本之间快速移动。如果单击脚本导航器中的某一项目，则与该项目关联的脚本将显示在脚本窗格中，并且播放头将移到时间轴上的相应位置。如果双击脚本导航器中的某一项，则该脚本将被固定（就地锁定），如图 10-3 所示。可以单击每个选项卡，在脚本间移动。

图 10-3　固定脚本

3. 工具栏

关掉 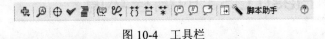 后，脚本窗格下方的工具栏如图 10-4 所示。

图 10-4　工具栏

- ：将新项目添加到脚本中。
- ：查找。单击该按钮后会弹出对话框，在其中的"查找内容"文本框中输入要查找的名称，再单击"查找下一个"按钮即可；在"替换"文本框中输入要"替换为"的内容，然后单击右侧的"替换"按钮即可。
- ：插入目标路径。动作的名称和地址被指定了以后，才能使用它来控制一个影片剪辑或者下载一个动画，这个名称和地址就被称为目标路径。在后边会提到在接收路径作为程序运行时如何控制其参数。
- ：语法检查工具。选中要检查的语句，单击该按钮，系统会自动检查其中的语法错误。
- ：自动套用格式。选中该工具，Flash CS3 将自动编排编写好的语言。
- ：显示代码提示。
- ：调试，根据命令的不同可以显示不同的出错信息。
- ：大括号间收缩。在大括号间的代码收缩。
- ：选择收缩。在选择的代码间收缩。
- ：展开所有收缩的代码。
- ：应用块注释。
- ：应用行注释。
- ：删除注释。
- ：显示隐藏工具箱。
- ：帮助。由于动作语言太多，不管是初学者还是资深的动画制作人员都会有忘记代码功能的时候，因此，Flash CS3 专门为此提供了帮助工具，帮助用户在开发过程中避免麻烦。

4. 动作脚本编辑窗口

在脚本窗格中输入代码。脚本窗格为在一个全功能编辑器（称做 ActionScript 编辑器）中创建脚本提供了必要的工具，该编辑器中包括代码的语法格式设置和检查、代码提示、代码着色、调试及其他一些简化脚本创建的功能。 **脚本助手** 将提示输入脚本的元素，有助于更轻松地向 Flash SWF 文件或应用程序中添加简单的交互性。对于不喜欢编写自己的脚本或者喜欢工具所提供的简便性的用户来说，脚本助手模式是理想的选择。

10.2.2 动作脚本

"动作"面板依据添加动作对象的不同，分为帧动作面板和对象动作面板。如果选中了帧，"动作"面板会变成帧动作面板，如图 10-5 所示。如果选中了按钮或影片剪辑，"动作"面板将如图 10-6 所示。

图 10-5 帧动作

图 10-6 按钮或影片剪辑动作

1. 向按钮添加脚本

给按钮实例指定动作可以使用户在单击或当鼠标在按钮上滑过、滑出、拖动时执行动作。给一个按钮实例指定动作不会影响其他按钮实例。

当给按钮指定动作时，应指定触发动作的鼠标事件，也可以指定一个触发动作的键盘中的某一键。

给按钮指定动作的具体步骤如下：

Step 01 选中一个按钮实例，右击这个按钮实例，从快捷菜单中选择"动作"命令。

Step 02 单击 ✛ 按钮，从弹出菜单中选择一个声明。

提 示 ● ● ●

当选择了一个声明后，Flash 将自动插入 On/End On 声明，并把默认按钮状态设为 Release（释放）。

Step 03 在参数列表中，当 On（Release）声明被突出显示时，选择一个激发事件的鼠标或键盘动作，如图 10-7 所示。

- "按"：当鼠标被按下，并且指针在按钮上方时发生。
- "释放"：当鼠标被释放，并且指针在按钮上方时发生，这是标准的单击动作。
- "外部释放"：当鼠标被释放，并且指针在按钮外部时发生。
- "滑过"：当鼠标指针在按钮上移动时发生。

- "滑离"：当鼠标指针滚出按钮时发生。
- "拖过"：在鼠标被按下，并且指针在按钮上方后，指针滚出按钮，然后指针又滚回按钮上方时发生。
- "拖离"：当鼠标在按钮上方按下，然后指针滚出按钮时发生。
- "按键"：当指定按下键盘中的某一键时发生。

Step 04 单击 ⊕ 按钮，从弹出菜单中选择一个声明。

图 10-7　按钮事件

Step 05 依据选择的动作，参数列表将提供附加的这一声明需要的参数。

Step 06 指定其他想加入的声明。

2. 向影片剪辑添加脚本

给电影剪辑指定动作的具体步骤如下：

Step 01 选中一个电影剪辑实例，右击这个电影剪辑实例，从快捷菜单中选择"动作"命令。

Step 02 单击 ⊕ 按钮，从弹出菜单中选择一个声明。

提 示

当选择了一个声明后，Flash 将自动插入 On ClipEvent/End On 声明，并把默认电影剪辑状态设为 load（加载）。

Step 03 在参数列表中，当 On ClipEvent（load）声明被突出显示时，选择一个激发的事件。如图 10-8 所示。

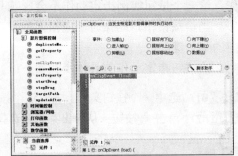

- "加载"：当前电影剪辑被装入并准备显示之前触发该事件。
- "卸载"：当前电影剪辑被卸载准备消失之前触发该事件。
- "进入帧"：当前电影剪辑每次计算帧上的内容时触发该事件。
- "鼠标移动"：当鼠标移动时触发该事件。

图 10-8　电影剪辑事件

- "鼠标向下"：当鼠标左键按下时触发该事件。
- "鼠标向上"：当鼠标左键抬起时触发该事件。
- "向下键"：当键盘按键被按下时触发该事件。
- "向上键"：当键盘按键被抬起时触发该事件。
- "数据"：当前电影剪辑接收到新数据时触发该事件。

Step 04 单击 ⊕ 按钮，从弹出菜单中选择一个声明。

Step 05 依据选择的动作，参数列表将提供附加的这一声明需要的参数。

Step 06 指定其他想加入的声明。

3. 向帧添加脚本

给关键帧指定一个帧动作，以使电影在到达那一帧时做某些事情。比如，为创建一个循环电影，可以在第 20 帧处加入一个帧动作，它的名称是"go to frame1 and play（回到第1帧并播放）"。

给关键帧指定动作的操作步骤如下：

Step 01 选中时间轴中的一个关键帧。

提 示 ● ● ●

如果关键帧没有被选择，动作将分配给前面的关键帧。

Step 02 右击，从快捷菜单中选择"动作"命令。

Step 03 单击 ⊕ 按钮，从弹出菜单中选择一个声明。依据选择的动作，参数列表将提供附加的这一声明需要的参数。如果用户熟悉基本的编程技巧，可以手动输入参数。

Step 04 指定其他的声明，这可以在帧显示时使多个事件发生。Flash 在当前选择的声明下插入一个新声明。Flash 将按照它们显示的顺序执行这些声明。通过上下按钮可以改变动作的顺序。

10.3 常用命令

10.3.1 媒体控制命令

Flash 把动作分成多个分类，媒体控制命令是最基本的动作，包括 goto、play、stop、stopAllSounds 等。

1. stop 和 play 命令

- （1）stop 命令

stop（停止）动作用于停止影片。如果没有说明，影片开始后将播放时间轴中的每一帧。可以通过这个动作按照特定的间隔停止影片，也可以借助按钮来停止影片的播放。

- （2）play 命令

play 是一个播放命令，用于控制时间轴上指针的播放。运行后，开始在当前时间轴上连续显示场景中每一帧的内容。该语句比较简单，无任何参数选择，一般与 stop 命令及 goto 命令配合使用。

下面的代码使用 if 语句检查用户输入的名称值。如果用户输入 123456，则调用 play 动作，而且播放头在时间轴中向前移动。如果用户输入 123456 以外的任何其他内容，则不播放影片，而显示带有变量名 alert 的文本字段。

```
stop();
if(password == "123456")
{
```

```
    play();
} else {
    alert="Your password is not right!";
}
```

2. goto 命令

goto 是一个跳转命令, 主要用于控制动画的跳转。根据跳转后的执行命令可以分为 gotoAndStop 和 gotoAndPlay 两种。Goto 语法参数主要包括以下各项, 如图 10-9 所示。

图 10-9 goto

- "场景": 用户可以设置跳转到某一场景, 有"当前场景"、"下一场景"和"前一场景"等选项, 默认情况下还有"场景 1"。但随着场景的增加, 可以直接准确地设定要跳转到的某一场景。

- "类型": 可以选择目标帧在时间轴上的位置或名称。
  - ➤ "帧编号": 目标帧在时间轴上的位置。
  - ➤ "帧标签": 目标帧的名称。
  - ➤ "表达式": 对于表达式进行帧的定位, 可以是动态的帧跳转。
  - ➤ "下一帧": 跳转到下一帧。
  - ➤ "前一帧": 跳转到上一帧。

提 示 ● ● ●

通常在设置 goto 动作的时候, 使用标签指定目标帧, 比使用跳转到编号的帧效果要好得多。因为使用标签帧作为目标帧, 当 goto 动作在时间轴中改变位置时仍然能正常工作。

---

3. stopAllSounds 命令

使用 stopAllSounds 动作来停止所有音轨的播放而不中断电影的播放。给按钮指定 stopAllSounds 动作可以让观众在电影播放时停止声音。

stopAllSounds 是一个非常简单而常用的控制命令, 执行该命令后, 会停止播放所有正在播放的声音文件。但 stopAllSounds 并不是永久禁止播放声音文件, 只是在不停止播放头的情况下停止影片中当前正在播放的所有声音文件。设置到流的声音在播放头移过它们所在的帧时将恢复播放。

下面的代码可以应用到一个按钮, 单击此按钮时, 将停止播放影片中所有的声音。

```
on(release)
{
    stopAllSounds();
}
```

10.3.2 外部文件交互命令

1. getURL 命令

使用 getURL 命令可以从指定的 URL 载入指定的文档到指定的窗口中，或者将定义的 URL 传输变量到另一个程序中。

getURL 用于建立 Web 页面链接，该命令不但可以完成超文本链接，而且还可以链接 FTTP 地址、CGI 脚本和其他 Flash 影片的内容。在 URL 中输入要链接的 URL 地址，可以是任意的，但是只有 URL 正确时，链接的内容才会正确显示出来，其书写方法与网页链接的书写方法类似，如 http://www.163.com。在设置 URL 链接时，可以选择相对路径或是绝对路径，建议用户选择绝对路径。getURL 的"动作"面板如图 10-10 所示。

图 10-10　getURL

- URL：可从该处获取文档的 URL。
- "窗口"：是一个可选参数，设置所要链接的资源在网页中的打开方式，可指定文档应加载到其中的窗口或 HTML 框架。可输入特定窗口的名称，或从下面的保留目标名称中选择。
  - "_self"：指定在当前窗口中的当前框架中打开链接。
  - "_blank"：指定在一个新窗口中打开链接。
  - "_parent"：指定在当前框架的父级窗口中打开链接。如果有多个嵌套框架，并且希望所链接的 URL 只替换影片所在的页面，可以选择该选项。
  - "_top"：指定在当前窗口中的顶级框架中打开链接。
- "变量"：用于发送变量的 GET 或 POST 方法。如果没有变量，则省略此参数。GET 方法将变量追加到 URL 的末尾，该方法用于发送少量变量。POST 方法在单独的 HTTP 标头中发送变量，该方法用于发送长的变量字符串，这些选项可以在"变量"下拉列表中进行选择。

2. loadMovie 和 unloadMovie 命令

使用 loadMovie 和 unloadMovie 动作来播放附加的电影而不关闭 Flash 播放器。通常情况下，Flash 播放器仅显示一个 Flash 电影（.swf）文件，loadMovie 让用户一次显示几个电影，或者不用载入其他的 HTML 文档就可在电影中随意切换。unloadMovie 可以移除前面在 loadMovie 中载入的电影。

loadMovie 语句用于载入电影，如图 10-11 所示。unloadMovie 命令用于卸载电影，载入电影和卸载电影语句的用法格式如下：

```
(un)loadMovie("url",level/target[, variables])
```

- URL：表示要加载或卸载的 SWF 文件或 JPEG 文件的绝对或相对 URL。相对路径必须相对于级别 0 处的 SWF 文件。该 URL 必须与影片当前驻留的 URL 在同一子域。为了在 Flash Player 中使用 SWF 文件或在 Flash 创作应用程序的测试模式下测试 SWF 文件，必须将所有的 SWF 文件存储在同一文件夹中，而且其文件名不能包含文件夹或磁盘驱动器说明。

- "位置"：选择"目标"选项，用于指向目标电影剪辑的路径。目标电影剪辑将替换为加载的影片或图像，它只能指定

图 10-11 loadMovie

target 电影剪辑或目标影片的 level 这两者之一，而不能同时指定两者。选择"级别"选项，是一个整数，用来指定 Flash Player 中影片将被加载到的级别。在将影片或图像加载到某级别时，标准模式下"动作"面板中的 loadMovie 动作将切换为 loadMovieNum。

- "变量"：为一个可选参数，用来指定发送变量所使用的 HTTP 方法。该参数须是字符串 GET 或 POST。如果没有要发送的变量，则省略此参数。GET 方法将变量追加到 URL 的末尾，该方法用于发送少量变量。POST 方法在单独的 HTTP 标头中发送变量，该方法用于发送长的变量字符串。

在播放原始影片的同时将 SWF 或 JPEG 文件加载到 Flash Player 中后，loadMovie 动作可以同时显示几个影片，并且无需加载另一个 HTML 文档就可在影片之间切换。如果不使用 loadMovie 动作，则 Flash Player 将显示单个影片（SWF 文件），然后关闭。

在使用 loadMovie 动作时，必须指定 Flash Player 中影片将加载到的级别或目标电影剪辑。如果指定级别，则该动作变成 loadMovieNum，如果影片加载到目标电影剪辑，则可使用该电影剪辑的目标路径来定位加载的影片。

加载到目标电影剪辑的影片或图像会继承目标电影剪辑的位置、旋转和缩放属性。加载的图像或影片的左上角与目标电影剪辑的注册点对齐。另一种情况是，如果目标为 _root 时间轴，则该图像或影片的左上角与舞台的左上角对齐。

3. loadVariables 命令

loadVariables 载入变量动作用于从外部文件（如文本文件，或由 CGI 脚本、Active Server Page（ASP）、PHP 或 Perl 脚本生成的文本）读取数据，并设置 Flash Player 级别中变量的值。此动作还可用于使用新值更新活动影片中的变量。例如，如果一个用户提交了一个订货表格，可能想看到一个屏幕，显示从远端服务器收集文件得来的订货号信息的确认信息，这时就可以使用 loadVariables 动作，如图 10-12 所示。

图 10-12 loadVariables

- URL：为载入的外部文件指定绝对或相对的 URL。为在 Flash 中使用或者测试，所有的外部文件必须被存储在同一个文件夹中。
- "位置"：选择"级别"选项，指定动作的级别。在 Flash 播放器中，外部文件通过

它们载入的顺序被指定号码。选择"目标"选项，定义已载入电影替换的外部变量。

- "变量"：允许指定是否为定位在 URL 域中已载入的电影发送一系列存在的变量。

10.3.3 影片剪辑相关命令

1．duplicateMovieClip 和 removeMovieClip 命令

可以在电影播放时使用 duplicateMovieClip 语句来动态地创建电影剪辑的对象。如果一个电影剪辑是在动画播放的过程中创建的，无论原电影剪辑处于哪一帧，新对象都从第一帧开始播放。duplicateMovieClip 的属性参数如图 10-13 所示。

图 10-13　duplicateMovieClip

- "目标"：指定要被复制的电影剪辑，需要注意的是，要先给被复制的电影剪辑实体起个名字。
- "新名称"：为新复制生成的电影剪辑实体起个名字。
- "深度"：确定创建的对象与其他对象重叠时的层次。

使用 removeMovieClip 语句可以删除 duplicateMovieClip 语句创建的电影剪辑对象。removeMovieClip 的属性区只有"目标"参数，可以在这里输入复制产生的电影剪辑对象的名字，如图 10-14 所示。

图 10-14　removeMovieClip

2．setProperty 命令

使用 setProperty 语句可以在播放电影时改变电影剪辑的位置、缩放比例、透明度、可见性、旋转角度等属性。setProperty 的属性参数如图 10-15 所示。

- "属性"：下拉列表中可以选择需要改变的属性类型，如图 10-16 所示。
  - "_alpha"：改变透明度属性，取值范围为 0～100。
  - "_visible"：设置电影剪辑是否可见，值为 0 时不可见。
  - "_rotation"：设置电影剪辑的旋转角度。
  - "_name"：给电影剪辑起名字。
  - "_x"、"_y"：分别设置电影剪辑相对于上一级电影剪辑坐标的水平位置和垂直位置。
  - "_xscale"、"_yscale"：分别设置电影剪辑的水平方向和垂直方向的缩放比例。比例设置是以百分比为单位的。
- "目标"：选择改变属性的目标。
- "值"：指定改变后的属性值。

图 10-15　setProperty

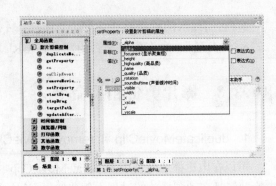

图 10-16　setProperty 属性

3. startDrag 和 stopDrag 命令

使用 startDrag 动作可以在电影播放时拖动电影剪辑。这个动作可以被设置为开始或停止拖动的操作。

startDrag 的属性参数如图 10-17 所示。

- "目标"：指定拖动的电影剪辑。
- "限制为矩形"：指定一个矩形区域，电影剪辑不能被拖动到这个区域的外面。左、右两个值是相对于电影剪辑的父坐标。
- "锁定鼠标到中央"：使电影剪辑的中心直接出现在用户移动鼠标的指针下。如果不选择该项，当拖动操作开始时，电影剪辑保持同指针的相对位置。

图 10-17　startDrag

一个电影剪辑在明确地被 stopDrag 停止前，或者在另一个电影剪辑成为可拖动前，一直保持着它本身的拖动动作。stopDrag 用于停止被 startDrag 拖动的影片剪辑，没有参数需要设置。

10.3.4　控制影片播放器命令

fscommand 是 Flash 用来与支持它的其他应用程序（指那些可以播放 Flash 电影的应用程序，如独立播放器或安装了插件的浏览器）互相传达命令的工具。当用户把包含有fscommand 动作的 Flash 输出成 HTML 时，必须与 JavaScript 配合使用。在网络中，fscommand将参数、命令直接传递到脚本语言，或者反过来，脚本语言通过 fscommand 传递命令到 Flash中，从而达到了交互的目的。

使用 fscommand 动作可将消息发送到承载 Flash Player 的那个程序。fscommand 动作包含两个参数，即命令和参量。要把消息发送到独立的 Flash Player，必须使用预定义的命令和参量（参数）。例如，下面的语句是设置独立播放器在按钮释放时将影片缩放至整个显示器屏幕大小。

```
on(release)
{
    fscommand("fullscreen", "true");
}
```

fscommand 语句主要是针对 Flash 独立播放器的命令，语句所包含的命令如图 10-18 所示。

- "quit（退出）"：将关闭播放器。
- "exec（执行程序）"：可以在放映机中运行程序，在"参数"文本框中输入应用程序路径。
- "fullscreen（全屏）"：在"参数"文本框中输入 true 选择全屏，输入 false 则选择普通视图。
- "allowscale（缩放）"：在"参数"文本框中，输入 true 允许缩放播放器和动画，输入 false 将不能缩放显示动画。
- "showmenu（显示菜单）"：控制弹出菜单条目，在"参数"文本框中输入 true，在播放器中右击，将会显示快捷菜单的所有条目；输入 false 则会隐藏菜单条目。

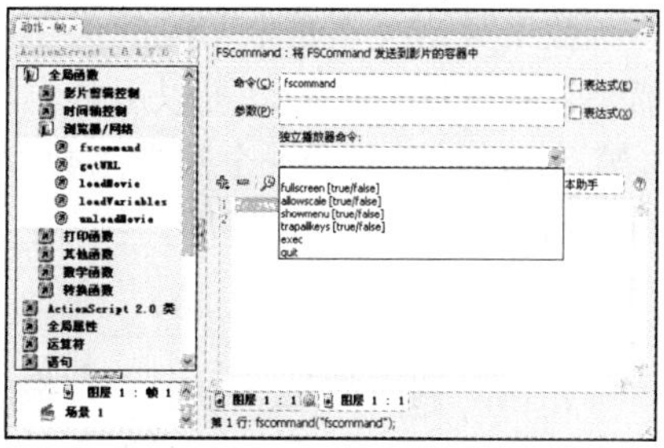

图 10-18　fscommand

10.4 数据类型

数据类型描述了一个变量或者元素能够存放何种类型的数据信息。Flash 的数据类型分为基本数据类型和指示数据类型，基本数据类型包括对象（Object）和电影剪辑（MC）。基本数据类型是实实在在地能够被赋予一个不变的数值，而指示数据类型则是一些指针的集合，由它们指向真正的变量。下面将介绍 Flash 中的数据类型。

10.4.1　字符串数据类型

字符串是诸如字母、数字和标点符号等字符的序列。将字符串放在单引号或双引号之间，可以在动作脚本语句中输入它们。字符串被当做字符，而不是当做变量进行处理。例如，在下面的语句中，L7 是一个字符串。

```
favoriteBand = "L7";
```

可以使用加法（+）运算符连接或合并两个字符串。动作脚本将字符串前面或后面的空格作为该字符串的文本部分。下面的表达式在逗号后包含一个空格。

```
greeting = "Welcome," + firstName;
```

虽然动作脚本在引用变量、实例名称和帧标签时不区分大小写，但是文本字符串是区分大小写的。例如，下面的两个语句会在指定的文本字段变量中放置不同的文本，这是因为 Hello 和 HELLO 是文本字符串。

```
invoice.display = "Hello";
invoice.display = "HELLO";
```

要在字符串中包含引号，可以在它前面放置一个反斜杠字符（\），此字符称为转义字符。在动作脚本中，还有一些必须用特殊的转义序列才能表示的字符。

10.4.2 数字数据类型

数字数据类型是很常见的类型，其中包含的都是数字。在 Flash 中，所有的数字类型都是双精度浮点类型，可以用数学运算来得到或者修改这种类型的变量，如＋、－、*、/、%等。Flash 提供了一个数学函数库，其中有很多有用的数学函数，这些函数都放在 Math 的 Object 中，可以被调用。例如：

```
result=Math.sqrt(100);
```

在这里调用的是一个求平方根的函数，先求出 100 的平方根，然后赋值给 result 这个变量，这样 result 就是一个数字变量了。

10.4.3 布尔值数据类型

布尔值是 true 或 false 中的一个。动作脚本也会在需要时将值 true 或 false 转换为 1 或 0。布尔值在进行比较来控制脚本流的动作脚本语句中经常与逻辑运算符一起使用。例如，在下面的脚本中，如果变量 password 为 true，则会播放影片。

```
onClipEvent(enterFrame)
{
        if(userName == true && password == true)
        {
            play();
        }
}
```

10.4.4 对象数据类型

对象是属性的集合。每个属性都有名称和值。属性的值可以是任何的 Flash 数据类型，甚至可以是对象数据类型。这使用户可以将对象相互包含，或"嵌套"它们。要指定对象和它们的属性，可以使用点（.）运算符。例如，在下面的代码中，hoursWorked 是 weeklyStats 的属性，而后者是 employee 的属性。

```
employee.weeklyStats.hoursWorked
```

可以使用内置动作脚本对象访问和处理特定种类的信息。例如，Math 对象具有一些方法，这些方法可以对传递给它们的数字执行数学运算。此示例使用 sqrt 方法。

```
squareRoot = Math.sqrt(100);
```

动作脚本 MovieClip 对象具有一些方法，可以使用这些方法控制舞台上的电影剪辑元件实例。此示例使用 play 和 nextFrame 方法。

```
mcInstanceName.play();
mcInstanceName.nextFrame();
```

也可以创建自己的对象来组织影片中的信息。要使用动作脚本向影片添加交互操作，需要许多不同的信息。例如，可能需要用户的姓名、球的速度、购物车中的项目名称、加载的帧的数量、用户的邮编或上次按下的键。创建对象可以将信息分组，简化脚本撰写过程，并且能重新使用脚本。

10.4.5 电影剪辑数据类型

实际上，电影剪辑数据类型是对象类型中的一种，但是因为它在 Flash 中处于极其重要的地位，而且使用频率很高，所以在这里特别加以介绍。在整个 Flash 中，只有 MC 是真正指向了场景中的一个电影剪辑。通过这个对象和它的方法及对其属性的操作，就可以控制动画的播放和 MC 状态，也就是说可以用脚本程序来书写和控制动画。例如：

```
onClipEvent(mouseUp)
{
        myMC.prevFrame();
}
//当释放鼠标左键时，电影片断myMC就会跳到前一帧
```

10.4.6 空值数据类型

空值数据类型只有一个值，即 null。此值意味着"没有值"，即缺少数据。null 值可以用在下列各种情况中：

- 表明变量还没有接收到值。
- 表明变量不再包含值。
- 作为函数的返回值，表明函数没有可以返回的值。
- 作为函数的一个参数，表明省略了一个参数。

10.5 变量

与其他编程语言一样，Flash 脚本中对变量也有一定的要求。不妨将变量看成是一个容器，可以在里面装各种各样的数据。在播放电影时，通过这些数据就可以进行判断、记录和存储信息等。

10.5.1 变量的命名

变量的命名主要遵循以下 3 条规则：

- 变量必须是以字母或者下划线开头，其中可以包括$、数字、字母或者下划线。如 _myMC、e3game、worl$dcup 都是有效的变量名，但是!go、2cup、$food 就不是有效的变量名。
- 变量不能与关键字同名(注意 Flash 是不区分大小写的)，并且不能是 true 或者 false。
- 变量在自己的有效区域中必须是唯一的。

10.5.2　变量的声明

全局变量的声明，可以使用set variables命令或赋值操作符，这两种方法可以达到同样的目的；局部变量的声明，则可以在函数体内部使用var语句来实现，局部变量的作用域被限定在所处的代码块中，并在块结束处终结。没有在块的内部被声明的局部变量将在它们的脚本结束处终结。

10.5.3　变量的赋值

在 Flash 中，不强迫定义变量的数据类型，也就是说当把一个数据赋给一个变量时，这个变量的数据类型已经确定下来。例如：

```
s=100;
```

将 100 赋给了 s 这个变量，那么 Flash 就认定 s 是 Number 类型的变量。如果在后面的程序中写了如下语句：

```
s="this is a string"
```

那么从现在开始，s 的变量类型就变成了 String 类型，这其中并不需要进行类型转换。而如果声明一个变量，又没有被赋值的话，这个变量不属于任何类型，在 Flash 中称它为未定义类型 Undefined。

在脚本编写过程中，Flash 会自动将一种类型的数据转换成另一种类型。如"this is the"+7+"day"。

上面这个语句中有一个"7"是属于 Number 类型的，但是前后用运算符号"+"连接的都是 String 类型，这时 Flash 应把"7"自动转换成字符，也就是说，这个语句的值是"this is the 7 day"。原因是使用了"+"操作符，而"+"操作符在用于字符串变量时，其左右两边的内容都是字符串类型，这时 Flash 就会自动做出转换。

这种自动转换在一定程度上可以省去程序编写时的很多麻烦，但是也会给程序带来不稳定因素。因为这种操作是自动执行的，有时可能会对一个变量在执行中的类型变化感到疑惑：这个时候那个变量到底是什么类型的变量呢？

Flash 提供了一个 trace()函数进行变量跟踪，可以使用这个语句得到变量的类型，使用形式如下：

```
Trace(typeof(variable Name));
```

这样就可以在输出窗口中看到需要确定的变量的类型。

同时读者也可以自己手动转换变量的类型，使用 number 和 string 两个函数就可以把一个变量的类型在 Number 和 String 之间切换，例如：

```
s="123";
number(s);
```

这样，就把 s 的值转换成了 Number 类型，它的值是 123。同理，String 也是一样的用法：

```
q=123;
string(q);
```

这样，就把 q 转换成为 String 型变量，它的值是 123。

10.5.4　变量的作用域

变量的"范围"是指一个区域，在该区域内变量是已知的并且是可以引用的。在动作脚本中有以下 3 种类型的变量范围。

- 本地变量：是在它们自己的代码块（由大括号界定）中可用的变量。
- 时间轴变量：是可以用于任何时间轴的变量，条件是使用目标路径。
- 全局变量：是可以用于任何时间轴的变量（即使不使用目标路径）。

可以使用 var 语句在脚本内声明一个本地变量。例如，变量 i 和 j 经常用做循环计数器。在下面的示例中，i 用做本地变量，它只存在于函数 makeDays 的内部。

```
function makeDays()
{
    var i;
      for( i = 0; i < monthArray[month]; i++ )
      {
          _root.Days.attachMovie( "DayDisplay", i, i + 2000 );
          _root.Days[i].num = i + 1;
          _root.Days[i]._x = column * _root.Days[i]._width;
          _root.Days[i]._y = row * _root.Days[i]._height;
          column = column + 1;
          if(column == 7 )
          {
              column = 0;
              row = row + 1;
          }
      }
}
```

本地变量也可防止出现名称冲突，名称冲突会导致影片出现错误。例如，如果使用 name 作为本地变量，可以用它在一个环境中存储用户名，而在其他环境中存储电影剪辑实例，因为这些变量是在不同的范围中运行的，它们不会有冲突。

在函数体中使用本地变量是一个很好的习惯，这样该函数可以充当独立的代码。本地变量只有在它自己的代码块中是可更改的。如果函数中的表达式使用全局变量，则在该函数以外也可以更改它的值，这样也更改了该函数。

10.5.5　变量的使用

若想在脚本中使用变量，首先必须在脚本中声明这个变量，如果使用了未作声明的变量，则将会出现错误。

另外，还可以在一个脚本中多次改变变量的值。变量包含的数据类型将对变量何时以及怎样改变产生影响。原始的数据类型，如字符串和数字等，将以值的方式进行传递，也就是说变量的实际内容将被传递给变量。

例如，变量 ting 包含一个基本数据类型的数字 4，因此这个实际的值数字 4 被传递给了函数 sqr，返回值为 16。

```
function sqr(x)
```

```
{
  return x*x;
}
var ting=4;
var out=sqr(ting);
```

其中，变量 ting 中的值仍然是 4，并没有改变。

又如，在下面的程序中，x 的值被设置为 1，然后这个值被赋给 y，随后 x 的值被重新改变为 10，但此时 y 仍然是 1，因为 y 并不跟踪 x 的值，它在此只是存储 x 曾经传递给它的值。

```
var x=1;
var y=x;
var x=10;
```

10.6 运算符

运算符实际上就是一个选定的字符，使用运算符可以连接、比较、修改已定义的变更。下面是一些常见的运算符。

10.6.1 数值运算符

数值运算符可以执行加法、减法、乘法、除法运算，也可以执行其他算术运算。增量运算符最常见的用法是 i++，而不是比较烦琐的 i = i+1，可以在操作数前面或后面使用增量运算符。在下面的示例中，age 首先递增，然后再与数字 30 进行比较。

```
if(++age >= 30)
```

下面的示例 age 在执行比较之后递增。

```
if(age++ >= 30)
```

表 10-1 列出了动作脚本的数值运算符。

表10-1   数值运算符

运算符	执行的运算	运算符	执行的运算
+	加法	-	减法
*	乘法	++	递增
/	除法	--	递减
%	求模（除后的余数）		

10.6.2 比较运算符

比较运算符用于比较表达式的值，然后返回一个布尔值（true 或 false）。这些运算符最常用于循环语句和条件语句中。在下面的示例中，如果变量 score 为 100，则载入 winner 影片，否则，载入 loser 影片。

```
if(score > 100)
{
    loadMovieNum("winner.swf", 5);
} else
{
        loadMovieNum("loser.swf", 5);
}
```

表 10-2 列出了动作脚本的比较运算符。

表10-2　比较运算符

运算符	执行的运算
<	小于
>	大于
<=	小于或等于
>=	大于或等于

10.6.3　逻辑运算符

逻辑运算符用于比较布尔值（true 和 false），然后返回第 3 个布尔值。例如，如果两个操作数都为 true，则逻辑"与"运算符（&&）将返回 true。如果其中一个或两个操作数为 true，则逻辑"或"运算符（||）将返回 true。逻辑运算符通常与比较运算符配合使用，以确定 if 动作的条件。例如，在下面的脚本中，如果两个表达式都为 true，则会执行 if 动作。

```
if(i > 10 && _framesloaded > 50)
{
    play();
}
```

表 10-3 列出了动作脚本的逻辑运算符。

表10-3　逻辑运算符

运算符	执行的运算
&&	逻辑"与"
||	逻辑"或"
!	逻辑"非"

10.6.4　赋值运算符

赋值运算符（=）用于给变量指定值，例如：

```
password = "Sk8tEr"
```

还可以使用赋值运算符在一个表达式中给多个参数赋值。在下面的语句中，a 的值会被赋予变量 b、c 和 d。

```
a = b = c = d
```

也可以使用复合赋值运算符联合多个运算。复合赋值运算符可以对两个操作数都进行运算，然后将新值赋予第一个操作数。例如，下面两条语句是等效的：

```
x += 15;
x = x + 15;
```

赋值运算符也可以用在表达式的中间，如下列语句所示：

```
// 如果flavor不等于vanilla,输出信息
if((flavor = getIceCreamFlavor())!= "vanilla")
{
        trace("Flavor was " + flavor + ", not vanilla.");
}
```

此代码与下面稍微烦琐的代码是等效的：

```
flavor = getIceCreamFlavor();
if(flavor != "vanilla")
{
        trace("Flavor was " + flavor + ", not vanilla.");
}
```

表 10-4 列出了动作脚本的赋值运算符。

表10-4　赋值运算符

运算符	执行的运算	运算符	执行的运算
=	赋值	<<=	按位左移位并赋值
+=	相加并赋值	>>=	按位右移位并赋值
–=	相减并赋值	>>>=	右移位填零并赋值
*=	相乘并赋值	^=	按位"异或"并赋值
%=	求模并赋值	|=	按位"或"并赋值
/=	相除并赋值	&=	按位"与"并赋值

10.6.5　运算符的优先级和结合性

当两个或两个以上的操作符在同一个表达式中被使用时，一些操作符与其他操作符相比具有更高的优先级。例如，带"*"的运算要在"+"运算之前执行，因为乘法运算优先级高于加法运算。ActionScript 就是严格遵循这个优先等级来决定先执行哪个操作，后执行哪个操作的。

例如，在下面的程序中，括号中的内容先执行，结果是 12。

```
number=(10-4)*2;
```

而在下面的程序中，先执行乘法运算，结果是 2。

```
number=10-4*2;
```

如果两个或两个以上的操作符拥有同样的优先级时，此时决定它们执行顺序的就是操作符的结合性了，结合性可以是从左到右，也可以是从右到左。

例如，乘法操作符的结合性是从左向右，所以下面的两条语句是等价的：

```
number=3*4*5;
number=(3*4)*5;
```

10.7 ActionScript 的语法

ActionScript 的语法是 ActionScript 编程的重要一环，对语法有了充分的了解才能在编程中游刃有余，不至于出现一些莫名其妙的错误。ActionScript 的语法相对于其他的一些专业程序语言来说较为简单，下面进行详细介绍。

10.7.1 点语法

如果读者有 C 语言的编程经历，可能对 "." 不会陌生，它指向了一个对象的某一个属性或方法，在 Flash 中同样也沿用了这种使用惯例，只不过在这里其具体对象大多数情况下是 Flash 中的 MC，也就是说这个点指向了每个 MC 所拥有的属性和方法。

例如，有一个 MC 的 Instance Name 是 desk，_x 和 _y 表示这个 MC 在主场景中的 x 坐标和 y 坐标。可以用如下语句得到它的 x 位置和 y 位置。

```
trace(desk._x);
trace(desk._y);
```

提 示 ● ● ●

> trace 语句的功能是将后面括号中的参数值转变为字符串变量后，发送到 Flash 的输出窗口中。这个语句多用于跟踪一些重要的数据，以便可以随时掌握变量的变化情况。

这样，就可以在输出窗口中看到这个 MC 的位置了，也就是说，desk._x、desk._y 就指明了 desk 这个 MC 在主场景中的 x 位置和 y 位置。

再来看一个例子，假设有一个 MC 的实例名为 cup，在 cup 这个 MC 中定义了一个变量 height，那么可以通过如下的代码访问 height 这个变量并对它赋值。

```
cup.height=100;
```

如果这个叫 cup 的 MC 又是放在一个叫做 tools 的 MC 中，那么，可以使用如下代码对 cup 的 height 变量进行访问：

```
tools.cup.height=100;
```

对于方法（Method）的调用也是一样的，下面的代码调用了 cup 这个 MC 的一个内置函数 play：

```
cup.play();
```

这里有两个特殊的表达方式，一个是_root.，一个是_parent.。

- _root.：表示主场景的绝对路径，也就是说_root.play()表示开始播放主场景，_root.count 表示在主场景中的变量 count。
- _parent.：表示父场景，也就是上一级的 MC，就如前面那个 cup 的例子，如果在 cup 这个 MC 中写入 parent.stop()，表示停止播放 tool 这个 MC。

10.7.2 斜杠语法

在 Flash 的早期版本中，"/"被用来表示路径，通常与":"搭配用来表示一个 MC 的属性和方法。Flash 仍然支持这种表达，但是它已经不是标准的语法了，如下的代码完全可以用"."来表达，而且"."更符合习惯，也更科学。所以建议用户在今后的编程中尽量少用或不用"/"表达方式。例如：

```
myMovieClip/childMovieClip:myVariable
```

可以替换为如下代码：

```
myMovieClip.childMovieClip.myVariable
```

10.7.3 界定符

在 Flash 中，很多语法规则都沿用了 C 语言的规范，很典型的就是"{}"语法。在 Flash 和 C 语言中，都是用"{}"把程序分成一块一块的模块，可以把括号中的代码看作一句表达。而"()"则多用来放置参数，如果括号中是空的就表示没有任何参数传递。

1. 大括号

ActionScript 的程序语句被一对大括号"{}"结合在一起，形成一个语句块，如下面的语句：

```
onClipEvent(load)
{
    top=_y;
    left=_x;
    right=_x;
    bottom=_y+100;
}
```

2. 括号

括号用于定义函数中的相关参数，例如：

```
function Line(x1,y1,x2,y2){…}
```

另外，还可以通过使用括号来改变 ActionScript 操作符的优先级顺序，对一个表达式求值，以及提高脚本程序的可读性。

3. 分号

在 ActionScript 中，任何一条语句都是以分号作为结束的，但是即使省略了作为语句结束标志的分号，Flash 同样可以成功地编译这个脚本。

例如，下列两条语句有一条采用分号作为结束标记，另一条则没有，但它们都可以由 Flash CS3 编译。

```
html=true;
html=true
```

10.7.4 关键字

ActionScript 中的关键字是在 ActionScript 程序语言中有特殊含义的保留字符，下面列出了所有关键字，关键字不能作为函数名、变量名或标号名来使用。

break	continue	delete	else
for	function	if	in
new	return	this	typeof
var	void	while	with

10.7.5 注释

可以使用注释语句对程序添加注释信息，这有利于帮助设计者或程序阅读者理解这些程序代码的意义，例如：

```
function Line(x1,y1,x2,y2){…}
//定义Line函数
```

在动作编辑区，注释在窗口中以灰色显示，如图 10-19 所示。

图 10-19 注释语句

10.8 基本语句

10.8.1 条件语句

与其他高级语言相似，ActionScript 的语句也可以分为条件语句和循环语句两类。条件语句，即一个以 if 开始的语句，用于检查一个条件的值是 true 还是 false。如果条件值为 true，则 ActionScript 按顺序执行后面的语句；如果条件值为 false，则 ActionScript 将跳过这个代码段，执行下面的语句。if 经常与 else 结合使用，用于多重条件的判断和跳转执行。

1. if 语句

作为控制语句之一的条件语句，通常用来判断所给定的条件是否满足，根据判断结果（真或假）决定执行所给出两种操作的其中一条语句。其中的条件一般是以关系表达式或逻辑表达式的形式进行描述的。

单独使用 if 语句的语法如下：

```
if(condition)
{
     statement(s);
}
```

当 ActionScript 执行至此处时，将会先判断给定的条件是否为真，若条件式（condition）的值为真，则执行 if 语句的内容（statement(s)），然后再继续后面的流程。若条件（condition）为假，则跳过 if 语句，直接执行后面的流程语句，如下列语句：

```
input="film"
if(input==Flash&&password==123)
{
  gotoAndPlay(play);
}
  gotoAndPlay(wrong);
```

在这个简单的示例中，ActionScript 执行到 if 语句时先进行判断，若括号内的逻辑表达式的值为真，则先执行 gotoAndPlay(play)，然后再执行后面的 gotoAndPlay(wrong)，若为假则跳过 if 语句，直接执行后面的 gotoAndPlay(wrong)。

2. if 与 else 语句联用

if 和 else 的联用语法如下：

```
if(condition){ statement(a); }
else{ statement(b); }
```

当 if 语句的条件式（condition）的值为真时，执行 if 语句的内容，跳过 else 语句。反之，将跳过 if 语句，直接执行 else 语句的内容。例如：

```
input="film"
if(input==Flash&&password==123){ gotoAndPlay(play);}
    else{gotoAndPlay(wrong);}
```

这个例子看起来和上一个例子很相似，只是多了一个 else，但第 1 种 if 语句和第 2 种 if 语句（if…else）在控制程序流程上是有区别的。在第 1 个例子中，若条件式值为真，将执行 gotoAndPlay(play)，然后再执行 gotoAndPlay(wrong)。而在第 2 个例子中，若条件式的值为真，将只执行 gotoAndPlay(play)，而不执行 gotoAndPlay(wrong)语句。

3. if 与 else if 语句联用

if 和 else if 联用的语法格式如下：

```
if(condition1){ statement(a); }
    else if(condition2){ statement(b); }
else if(condition3){ statement(c); }
…
```

这种形式 if 语句的原理是：当 if 语句的条件式 condition1 的值为假时，接着判断下一个 else if 的条件式，若仍为假则继续判断下一个 else if 的条件式，直到某一个语句的条件式值为真，则跳过紧接着的一系列 else if 语句。else if 语句的控制流程和 if 语句大体一样，这里不再赘述。

使用 if 条件语句，需注意以下几点。

- else 语句和 else if 语句均不能单独使用，只能在 if 语句之后伴随存在。
- if 语句中的条件式不一定只是关系式和逻辑表达式，作为判断的条件式也可以是任何类型的数值。下面的语句也是正确的：

```
if(8){
  fscommand("fullscreen","true");
}
```

如果上式中的 8 是第 8 帧的标签，则当影片播放到第 8 帧时将全屏播放，这样就可以随意控制影片的显示模式。

4．switch、continue、break 语句

break 语句通常出现在一个循环（for、for...in、do...while 或 while 循环）中，或者出现在与 switch 语句内特定 case 语句相关联的语句块中。break 语句可命令 Flash 跳过循环体的其余部分，停止循环动作，并执行循环语句之后的语句。当使用 break 语句时，Flash 解释程序会跳过该 case 块中的其余语句，转到包含其 switch 语句后的第 1 个语句。使用 break 语句可跳出一系列嵌套的循环。例如：

```
switch(number)
{
    case 1：
        trace("A");
    case 2：
        trace("B");
        break;
    default
        trace("D")
}
```

因为第 1 个 case 组中没有 break，并且若 number 为 1，则 A 和 B 都被发送到输出窗口。如果 number 为 2，则只输出 B。

continue 语句主要出现在以下几种类型的循环语句中，它在每种类型的循环中的行为方式各不相同。

如果 continue 语句在 while 循环中，可使 Flash 解释程序跳过循环体的其余部分，并转到循环的顶端（在该处进行条件测试）。

如果 continue 语句在 do...while 循环中，可使 Flash 解释程序跳过循环体的其余部分，并转到循环的底端（在该处进行条件测试）。

如果 continue 语句在 for 循环中，可使 Flash 解释程序跳过循环体的其余部分，并转而计算 for 循环后的表达式（post-expression）。

如果 continue 语句在 for...in 循环中，可以使 Flash 解释程序跳过循环体的其余部分，并跳回循环的顶端（在该处处理下一个枚举值）。例如：

```
i=4;
while(i>0)
```

```
    {
        if(i==3)
        {
            i--;
            //跳过i==3的情况
            continue;
        }
        i--;
        trace(i);
    }
    i++;
    trace(i);
```

10.8.2 循环语句

在 ActionScript 中，可以按照一个指定的次数重复执行一系列的动作，或者是在一个特定的条件下，执行某些动作。在使用 ActionScript 编程时，可以使用 while、do…while、for 以及 for…in 动作来创建一个循环语句。

1. for 循环语句

for 循环语句是 Flash 中运用相对灵活的循环语句，用 while 语句或 do…while 语句写的 ActionScript 脚本，完全可以用 for 语句替代，而且 for 循环语句的运行效率更高。for 循环语句的语法形式如下。

```
for(init; condition; next)
{
        statement(s);
}
```

- 参数 init 是一个在开始循环序列前要计算的表达式，通常为赋值表达式。此参数还允许使用 var 语句。
- 条件 condition 是计算结果为 true 或 false 时的表达式。在每次循环迭代前计算该条件，当条件的计算结果为 false 时退出循环。
- 参数 next 是一个在每次循环迭代后要计算的表达式，通常为使用++（递增）或--（递减）运算符的赋值表达式。
- 语句 statement(s)表示在循环体内要执行的指令。

在执行 for 循环语句时，首先计算 init（已初始化）表达式一次，只要条件 condition 的计算结果为 true，则按照顺序开始循环序列，并执行 statement，然后计算 next 表达式。

要注意的是，一些属性无法用 for 或 for…in 循环进行枚举。例如，Array 对象的内置方法（Array.sort 和 Array.reverse）就不包括在 Array 对象的枚举中，另外，电影剪辑属性，如_x 和_y 也不能枚举。

2. while 循环语句

while 语句用来实现"当"循环，表示当条件满足时就执行循环，否则跳出循环体，其语法如下：

```
while(condition){statement(s);}
```

当 ActionScript 脚本执行到循环语句时，都会先判断 condition 表达式的值，如果该语句的计算结果为 true，则运行 statement(s)。statement(s)条件的计算结果为 true 时要执行代码。每次执行 while 动作时都要重新计算 condition 表达式。例如：

```
i=10;
while(i>=0)
{
  duplicateMovieClip("pictures",pictures&i,i);
  //复制对象pictures
 setProperty("pictures",_alpha,i*10);
  //动态改变pictures的透明度值
  i=i-1;}
  //循环变量减1
}
```

在该示例中变量 i 相当于一个计数器。while 语句先判断开始循环的条件 "i>=0"，如果为真，则执行其中的语句块。可以看到循环体中有语句 "i=i-1;"，这是用来动态地为 i 赋新值，直到 i<0 为止。

3．do...while 循环语句

与 while 语句不同，do...while 语句用来实现"直到"循环，其语法形式如下：

```
do {statement(s)}
while(condition)
```

在执行 do...while 语句时，程序首先执行 do...while 语句中的循环体，然后再判断 while 条件表达式 condition 的值是否为真，若为真则执行循环体，如此反复直到条件表达式的值为假，才跳出循环。

例如：

```
i=10;
do{duplicateMovieClip("pictures",pictures&i,i);
//复制对象pictures
setProperty("pictures",_alpha,i*10);
//动态改变pictures的透明度值
i=i-1; }
while(i>=0);
```

此例和前面 while 语句中的例子所实现的功能是一样的，这两种语句几乎可以相互替代，但它们却存在着内在的区别。while 语句是在每一次执行循环体之前要先判断条件表达式的值，而 do...while 语句在第 1 次执行循环体之前不必判断条件表达式的值。如果上两例的循环条件均为 while(i=10)，则 while 语句不执行循环体，而 do...while 语句要执行一次循环体，这点值得重视。

4．for...in 循环语句

for...in 循环语句是一个非常特殊的循环语句，因为 for...in 循环语句是通过判断某一对象的属性或某一数组的元素来进行循环的，它可以实现对对象属性或数组元素的引用，通常 for...in 循环语句的内嵌语句主要对所引用的属性或元素进行操作。for...in 循环语句的语法形式如下：

```
for(variableIterant in object)
{
    statement(s);
}
```

其中，variableIterant 作为迭代变量的变量名，会引用数组中对象或元素的每个属性。object 是要重复的对象名。statement(s)为循环体，表示每次要迭代执行的指令。循环的次数是由所定义的对象的属性个数或数组元素的个数决定的，因为它是对对象或数组的枚举。

如下面的示例使用 for...in 循环迭代某对象的属性：

```
myObject = { name: 'Flash', age: 23, city: 'San Francisco' };
for(name in myObject)
{
        trace("myObject." + name + " = " + myObject[name]);
}
```

10.9 上机实训——制作交互式动画

👊 **实例说明**

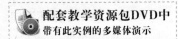
配套教学资源包DVD中
带有此实例的多媒体演示

本例制作一个图像浏览器，并利用动作语句使跳转按钮跟随鼠标光标移动，如果用户单击相应的缩略图就可以调出较大的图像，效果如图 10-20 所示。

图 10-20　图像浏览器效果

📖 **学习目标**

通过对本例的学习使读者掌握如何添加跳转按钮并设置跳转语句，再添加按钮移动语句的脚本编辑。具体操作步骤如下：

Step 01 运行 Flash CS3 软件新建文档，在"属性"面板中单击 `550 × 400 像素` 按钮，在弹出的对话框中设置"尺寸"为850 像素×567 像素，设置"背景颜色"为浅蓝色，如图 10-21 所示。

Step 02 按 Ctrl+F8 组合键，在弹出的对话框中设置"名称"为 zhu，选择"类型"为"影片剪辑"，单击"确定"按钮，如图 10-22 所示。

Step 03 按 Ctrl+R 组合键，在弹出的对话框中选择素材\Cha10\海底的精灵 001.jpg 文件，单击"打开"按钮，如图 10-23 所示。

Step 04 在弹出的对话框中选择"是"按钮，如图 10-24 所示。

Step 05 导入素材后，在"时间轴"中单击 ⬛ 按钮插入"图层 2"；选择 T 工具，在场景舞台中创建文本"海底精灵 1"，选择文本，设置字体为"方正行楷简体"，设置文本的大小为 30，设置颜色为白色，如图 10-25 所示。

图 10-21 设置文档的大小　　　图 10-22 插入元件　　　图 10-23 选择图像素材

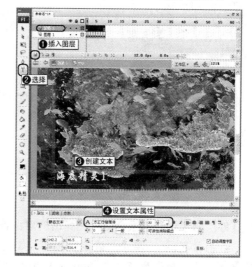

图 10-24 插入图像序列对话框　　　图 10-25 创建文本

Step 06 在"时间轴"面板中选择"图层 2"的空白帧,并单击鼠标右键,在弹出的快捷菜单中选择"转换为关键帧"命令,如图 10-26 所示。

Step 07 修改文本在各个关键帧的数字 1~8,如图 10-27 所示。

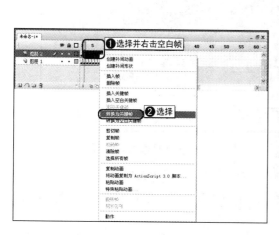

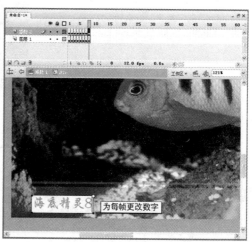

图 10-26 转换空白帧为关键帧　　　图 10-27 修改数字

Step 08 在"时间轴"面板中单击 🖅 按钮,插入"图层 3",选择"图层 3"并按 F9 键,打开

"动作"面板，并输入动作语句"stop();"，如图 10-28 所示。

提 示

在每一帧设置停止语句，使其在载入时不能自动播放，等待指令进行跳转。

Step 09 复制编写动作后的关键帧，粘贴至其他帧，如图 10-29 所示。

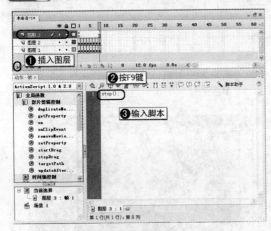

图 10-28　输入脚本　　　　　　　　　图 10-29　复制粘贴关键帧

Step 10 按 Ctrl+F8 组合键，在弹出的对话框中设置"名称"为 guodu，设置"类型"为"影片剪辑"，单击"确定"按钮，如图 10-30 所示。

Step 11 在"库"面板中将 zhu 元件拖曳到元件舞台，使用 工具选择实例，在"属性"面板中命名为 photo，如图 10-31 所示。

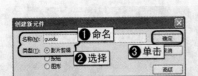

图 10-30　插入元件　　　　　　　　　图 10-31　为元件添加实例

Step 12 在"时间轴"面板中单击 按钮插入"图层 2"，选择 工具，设置描边为无，设置填充为浅橘红色，在场景中绘制矩形，大小与实例相同，并覆盖实例，如图 10-32 所示。

Step 13 在"时间轴"面板中按住 Shift 键选择"图层 1"和"图层 2"的第 15 帧，按 F5 键插入帧，如图 10-33 所示。

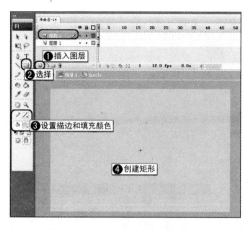

图 10-32　创建矩形

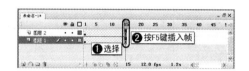

图 10-33　在第 15 帧处创建插入帧

Step 14 在舞台中选择矩形，按 F8 键，在弹出的对话框中设置"名称"为 bai，选择"类型"为"图形"，单击"确定"按钮，如图 10-34 所示。

Step 15 选择"图层 2"的第 15 帧，按 F6 键插入关键帧，在舞台中选择矩形，在"属性"面板中设置"颜色"为 Alpha，设置 Alpha 为 0%，如图 10-35 所示。

图 10-34　将形状转换为元件

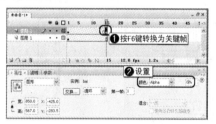

图 10-35　设置形状的 Alpha

Step 16 选择第 1 帧并右击，在弹出的快捷菜单中选择"创建补间动画"命令，创建形状的补间动画，如图 10-36 所示。

Step 17 在"时间轴"面板中单击 按钮，插入"图层 3"，在第 15 帧按 F6 键，插入关键帧，如图 10-37 所示。

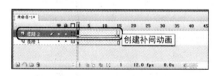

图 10-36　创建补间动画

图 10-37　插入图层

Step 18 选择"图层 3"，按 F9 键在弹出的"动作"面板中输入脚本"stop()"，如图 10-38 所示。

Step 19 按 Ctrl+F8 组合键，在弹出的对话框中设置"名称"为 e1，设置"类型"为"按钮"，单击"确定"按钮，如图 10-39 所示。

Step 20 在"库"中将"海底的精灵 001.jpg"拖曳至舞台，打开"变形"面板，设置大小为 18%，在"对齐"面板中单击"居中"按钮，以将其进行居中对齐，如图 10-40 所示。

Step 21 使用同样的方法创建其他的按钮，按钮依照顺序添加素材图片，如图 10-41 所示。

Step 22 按 Ctrl+F8 组合键，在弹出的对话框中设置"名称"为 mc，设置"类型"为"影片剪辑"，单击"确定"按钮，如图 10-42 所示。

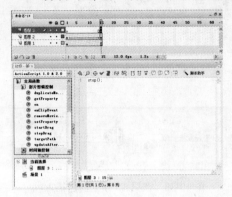

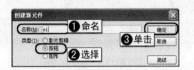

图 10-38　插入脚本　　　　　　　　　　　　图 10-39　新建元件

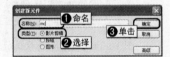

图 10-40　为按钮添加素材图像　　　　图 10-41　添加按钮　　　　图 10-42　新建元件

Step 23 选择▢工具，设置描边为灰色，设置填充颜色为白色，并设置描边为 3，并在舞台中创建矩形，如图 10-43 所示。

Step 24 使用▶工具，在场景中选择矩形在"颜色"面板中设置填充的 Alpha 为 15%，如图 10-44 所示。

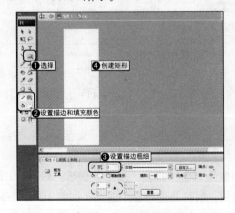

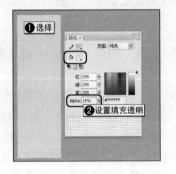

图 10-43　创建矩形　　　　　　　　　　　図 10-44　设置矩形的填充

Step 25 再设置描边的 Alpha 为 40%，如图 10-45 所示。

Step 26 插入新图层"图层 2"，将按钮拖曳到舞台中，并对齐按顺序进行排列，如图 10-46 所示。

Step 27 选中矩形，将其进行组合，根据按钮调整矩形的大小，如图 10-47 所示。

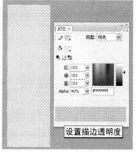

图 10-45　设置矩形的描边　　　图 10-46　为舞台添加按钮　　　图 10-47　调整矩形

Step 28 选择按钮，设置它们的"颜色"为 Alpha，设置 Alpha 为 80%，如图 10-48 所示。

Step 29 选择"场景 1"，在"库"中选择并拖曳 guodu 元件至场景，为场景添加 guodu 实例，如图 10-49 所示。

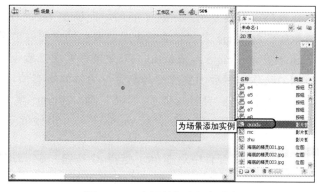

图 10-48　设置按钮的 Alpha　　　　　图 10-49　为场景舞台添加实例

Step 30 在场景舞台中选择 guodu 实例，在"属性"面板中为其命名为 screen，如图 10-50 所示。

Step 31 插入图层，在"库"面板中选择并拖曳 mc 至场景舞台，并在"属性"面板为其命名为 mc，如图 10-51 所示。

Step 32 插入新图层，按 F9 键，在"动作"面板中输入以下脚本，如图 10-52 所示。

```
stop();
mc.onEnterFrame = function() {
    if (_xmouse<100) {
        this._x = this._x-(this._x-100)*0.2;
    } else if (_xmouse>500) {
        this._x = this._x-(this._x-500)*0.2;
    } else {
        this._x = this._x-(this._x-_xmouse)*0.2;
    }
};
```

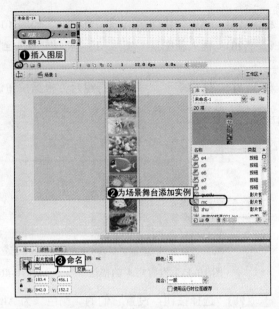

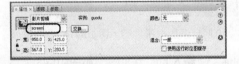

图 10-50　命名实例　　　　　　　　图 10-51　为场景舞台添加实例

提　示　　　　　　　　　　　　　　　　　　　● ● ●

此处代码可直接复制 Scene\Cha10\代码 01.txt 文件。

该代码可以使 mc 实例在画面中跟随鼠标的变化左右移动，形成动态效果。

"mc.onEnterFrame = function()" 是事件处理函数，首先处理与 enterFrame 剪辑事件相关联的动作，然后才处理附加到受影响帧的所有帧动作。添加一个 "if" 动作，如果返回鼠标位置的 x 坐标值小于 "100" 时，为 mc 实例的 x 坐标值赋予新值 "this._x = this._x-(this._x-100)*0.2;"，使 mc 实例的 x 坐标值不小于 20。

Step 33　在场景元件中双击 mc，选择 e1 按钮，在"动作"面板中输入以下脚本，如图 10-53 所示。

```
on (release) {
    _parent.screen.gotoAndPlay(2);
    _parent.screen.photo.gotoAndStop(1);
}
```

提　示　　　　　　　　　　　　　　　　　　　● ● ●

此处代码可直接复制 Scene\Cha10\代码 02.txt 文件。

在设置动作时，注意使用 _parent 可以指定一个相对路径，该路径指向当前影片剪辑或对象之上的影片剪辑对象。

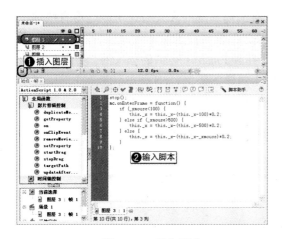

图 10-52　输入脚本

图 10-53　为按钮输入脚本

Step 34 　再选择 e2 按钮，在"动作"面板中将 e1 的脚本复制到 e2 的"动作"面板中，在图 10-54 中，修改❷处的数字为 2。依照顺序选择 e3，复制粘贴脚本并修改❷处为 3。依此类推，为各个按钮设置连接。

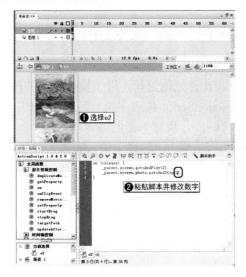

图 10-54　设置脚本

Step 35 　在空白处双击，回到"场景 1"，按 Ctrl+Enter 组合键测试影片，将场景进行存储，并将影片输出。

10.10 │ 小结

Flash 中的 ActionScript 具有和 JavaScript 相似的结构，同样是采用面向对象编程的思想，采用 Flash 中的事件对程序进行驱动，以动画中的关键帧、按钮或电影片段作为对象来对 ActionScript 进行定义和编写。

本章的内容相对前面几章比较抽象，对于没有编程基础的人来说，可能显得有些难于理解，但是这种困难一定要克服。对于初学者来说，只要掌握了基本的动作脚本，基本上就可以完成比较完备的交互性 Flash 动画设计了，并且 Flash 所提供的强大的"动作"面板，也已经大大地简化了设计者编写脚本的工作。由于篇幅的限制，本章并不能全面地阐述动作脚本编程的全部内容与技巧，读者还需要参考一些其他相关专业书籍。

10.11 课后练习

1. 选择题

（1）在 Flash 中，很多语法规则都沿用了 C 语言的规范。在 Flash 和 C 语言中，都是用"_____"把程序分成一块一块的模块，可以把括号中的代码看作一句表达。

A. ()   B. ;   C. {}

（2）if 经常与_____结合使用，用于多重条件的判断和跳转执行。

A. while   B. in   C. else

2. 填空题

（1）条件语句，即一个以 if 开始的语句，用于检查一个条件的值是 true 还是 false。如果条件值为_____，则 ActionScript 按顺序执行后面的语句；如果条件值为_____，则 ActionScript 将跳过这个代码段，执行下面的语句。

（2）"动作"面板中_____将提示输入脚本的元素，有助于更轻松地向 Flash SWF 文件或应用程序中添加简单的交互性。

3. 上机操作题

参照实例设计一个个人收藏图像浏览器。

第 **11** 章

组件的应用

本章学习组件的应用，一个组件就是一段影片剪辑，其中所带的预定义参数由用户在创建时进行设置，是用来简化交互式动画开发的一门技术，一次性制作，可以多人反复使用，每个组件还有一组独特的动作脚本方法、属性和事件等。

- ◎ 组件概述
- ◎ UI 组件
- ◎ 媒体组件
- ◎ Video 组件

11.1 组件概述

Flash 组件是带参数的影片剪辑，可以修改它们的外观和行为。组件既可以是简单的用户界面控件（如单选按钮或复选框），也可以包含内容（如滚动窗格）；组件还可以是不可视的（如 FocusManager，它允许用户控制应用程序中接收焦点的对象）。

即使用户对 ActionScript 没有深入的了解，也可以使用组件构建复杂的 Flash 应用程序。用户不必创建自定义按钮、组合框和列表，将这些组件从如图 11-1 所示的"组件"面板拖到应用程序中即可为应用程序添加功能。还可以方便地自定义组件的外观，从而满足自己的设计需求。

图 11-1　组件面板

每个组件都有预定义参数，可以在使用 Flash 进行创作时设置这些参数。每个组件还有一组独特的 ActionScript 方法、属性和事件，它们也称为 API（应用程序编程接口），使用户可以在运行时设置参数和其他选项。

向 Flash 影片中添加组件有多种方法。对于初学者，可以使用"组件"面板将组件添加到影片中，接着使用"属性"面板或组件"参数"面板指定基本参数，最后使用"动作"面板编写动作脚本来控制该组件。中级用户可以使用"组件"面板将组件添加到 Flash 影片中，然后使用"属性"面板、动作脚本方法，或两者的组合来指定参数。高级用户可以将"组件"面板和动作脚本结合在一起使用，通过在影片运行时执行相应的动作脚本来添加并设置组件。

使用"组件"面板向 Flash 影片中添加组件只需打开"组件"面板，双击或向舞台上拖曳该组件即可。

要从 Flash 影片中删除已添加的组件实例，可通过删除库中的组件类型图标或者直接选中舞台上的实例按 Backspace 键或 Delete 键。

11.2 UI 组件

Flash 中内嵌了标准的 Flash UI 组件：CheckBox、ComboBox、ListBox、PushButton、RadioButton、ScrollBar 和 ScrollPane 等。用户既可以单独使用这些组件在 Flash 影片中创建简单的用户交互功能，也可以通过组合使用这些组件为 Web 表单或应用程序创建一个完整的用户界面。

11.2.1　CheckBox

复选框是表单中最常见的成员，其主要目的是判断是否选取方块后对应的选项内容，而一个表单中可以有许多不同的复选框，所以复选框大多数用在有许多选择且可以多项选择的情况下。CheckBox（复选框）组件效果如图 11-2 所示。可以使用"参数"面板为 Flash

影片中的每个复选框实例设置下列参数，如图 11-3 所示。

图 11-2　CheckBox 组件效果　　　　图 11-3　CheckBox 组件参数

- Label：设置的字符串代表复选框旁边的文字说明，通常位于复选框的右面。
- LabelPlacement：指定复选框说明标签的位置，默认情况下，标签将显示在复选框的右侧，这样也比较符合广大读者的习惯。
- selected：设置默认是否选中。

11.2.2　ComboBox

ComboBox（下拉列表框）是将所有的选择放置在同一个列表中，而且除非单击它，否则都是收起来的，如图 11-4 所示。在"参数"面板中可以对它的参数进行设置，如图 11-5 所示。

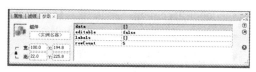

图 11-4　ComboBox 组件效果　　　　图 11-5　ComboBox 组件参数

- data：需要的数据在 data 中。
- editable：设置使用者是否可以修改菜单的内容，默认的是 false。
- labels：它的设置同 data 的设置是相匹配的。
- rowCount：列表打开之后显示的行数。如果选项超过行数，就会出现滚动条。

11.2.3　RadioButton

RadioButton（单选按钮）通常用在选项不多的情况下，它与复选框的差异在于它必须设定群组（Group），同一群组的单选按钮不能复选，如图 11-6 所示。在"参数"面板中可以对它的参数进行设置，如图 11-7 所示。

图 11-6　RadioButton 组件效果　　　　图 11-7　RadioButton 组件参数

- data：该单选按钮被选择后，会返回给 Flash 的值，ActionScript 也可以用这一点来判断用户选择了哪一个按钮。
- GroupName：用来判断是否被复选的依据，同一群组内的单选按钮只能选择其一。

- label：是单选按钮旁的文字，主要是显示给用户看的。
- labelPlacement：指标签放置的地方，是按钮的左边或是右边。
- selected：默认情况下选择 false。被选中的单选按钮中会显示一个圆点。一个组内只有一个单选按钮的 selected 值可以为 true。如果组内有多个单选按钮的 selected 被设置为 true，则会选中最后实例化的单选按钮。

11.2.4　Button

Button（按钮）组件效果如图 11-8 所示，在"参数"面板中设置参数，如图 11-9 所示。

图 11-8　Button 组件效果

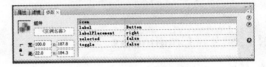

图 11-9　Button 组件参数

- icon：设置按钮上的图标。
- label：设置按钮上的文字。
- labelPlacement：指按钮上标签放置的位置。
- selected：设置默认是否选中。
- toggle：设置为 true，则在鼠标按下、弹起、经过时会改变按钮外观。

11.2.5　List

List（列表框）与下拉列表框非常相似，只是下拉列表框一开始就显示一行，而列表框则是显示多行，如图 11-10 所示。在"参数"面板中可以对它的参数进行设置，如图 11-11 所示。

图 11-10　List 组件效果

图 11-11　List 组件参数

- data：使用方法和下拉列表框相同。
- labels：这是列表的内容，与 data 相对应。
- multipleSelection：如果选择 true，可以让使用者复选，不过要配合 Ctrl 键。
- rowHeight：设置列表的行高，如果超出就会出现滚动条。

11.2.6　其他组件

1．Alert（警告）组件

Alert（警告）组件能够显示一个窗口，该窗口向用户呈现一条消息和响应按钮。该窗

口包含一个可填充文本的标题栏、一个可自定义的消息和若干可更改标签的按钮。Alert 窗口可以包含"是"、"否"、"确定"和"取消"按钮的任意组合，如图 11-12 所示。

Alert（警告）组件没有创作参数。必须调用 ActionScript 的 Alert.show() 方法来显示 Alert 窗口。可以使用其他 ActionScript 属性来修改应用程序中的 Alert 窗口。

图 11-12　Alert（警告）组件

2．DataGrid（数据网格）组件

DataGrid（数据网格）组件能够创建强大的数据驱动的显示和应用程序。可以使用 DataGrid 组件来实例化使用 Flash Remoting 的记录集，然后将其显示在列表框中，如图 11-13 所示。在"参数"面板中可以对它的参数进行设置，如图 11-14 所示。

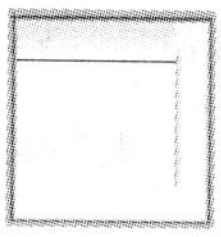

图 11-13　DataGrid 组件效果

图 11-14　DataGrid 组件参数

- editable：是一个布尔值，它指示网格是（true）否（false）可编辑。默认值为 false。
- multipleSelection：是一个布尔值，它指示是（true）否（false）可以选择多项。默认值为 false。
- rowHcight：指示每行的高度（以像素为单位）。更改字体大小不会更改行高度。默认值为 20。

3．DateChooser（日期选择）组件

DateChooser（日期选择）组件是一个允许用户选择日期的日历。它包含一些按钮，这些按钮允许用户在月份之间来回滚动并单击某个日期将其选中。可以设置指示月份和日名称、星期的第一天和任何禁用日期及加亮显示当前日期的参数，如图 11-15 所示。在"参数"面板中可以对它的参数进行设置，如图 11-16 所示。

图 11-15　DataChooser 组件效果

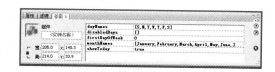

图 11-16　DataChooser 组件参数

- dayNames：设置一星期中各天的名称。该值是一个数组，其默认值为 ["S", "M", "T", "W", "T", "F", "S"]。
- disabledDays：指示一星期中禁用的各天。该参数是一个数组，并且最多具有 7 个值。默认值为 []（空数组）。
- firstDayOfWeek：指示一星期中的哪一天（其值为 0~6，0 是 dayNames 数组的第一个元素）显示在日期选择器的第一列中。此属性更改"日"列的显示顺序。
- monthNames：设置在日历的标题行中显示的月份名称。该值是一个数组，其默认

值 为 ["January", "February", "March", "April", "May", "June", "July", "August", "September", "October","November", "December"]。

- showToday：指示是否要加亮显示今天的日期。默认值为 true。

4．Label（文本标签）组件

一个 Label（文本标签）组件就是一行文本。可以指定一个标签采用 HTML 格式，也可以控制标签的对齐和大小。Label 组件没有边框，不能具有焦点，并且不广播任何事件，如图 11-17 所示。在"参数"面板中可以对它的参数进行设置，如图 11-18 所示。

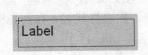

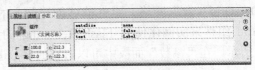

图 11-17　Label 组件效果　　　　　　图 11-18　Label 组件参数

- autoSize：指示如何调整标签的大小并对齐标签以适合文本。默认值为 none。
- html：指示标签是（true）否（false）采用 HTML 格式。如果此参数设置为 true，则不能使用样式来设置标签的格式，但可以使用 font 标记将文本格式设置为 HTML。默认值为 false。
- text：指示标签的文本，默认值是 Label。

5．Menu（菜单）组件

Menu（菜单）组件使用户可以从弹出菜单中选择一个项目，这与大多数软件应用程序的"文件"或"编辑"菜单很相似，如图 11-19 所示。在"参数"面板中可以对它的参数进行设置，如图 11-20 所示。

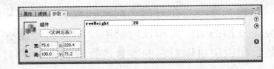

图 11-19　Menu 组件效果　　　　　　图 11-20　Menu 组件参数

- rowHeight：指示每行的高度（以像素为单位）。更改字体大小不会更改行高度。默认值为 20。

6．DataField（数据域）组件

DateField（数据域）组件是一个不可选择的文本字段，它显示右边带有日历图标的日期。如果未选定日期，则该文本字段为空白，并且当前日期的月份显示在日期选择器中。当用户在日期字段边框内的任意位置单击时，将会弹出一个日期选择器，并显示选定日期所在月份内的日期。当日期选择器打开时，用户可以使用月份滚动按钮在月份和年份之间来回滚动，并选择一个日期。如果选定某个日期，则会关闭日期选择器，并会将所选日期输入到日期字段中，如图 11-21 所示。在"参数"面板中可以对它的参数进行设置，如图 11-22 所示。

图 11-21　DataField 组件效果　　　　　图 11-22　DataField 组件参数

- dayNames：设置一星期中各天的名称。该值是一个数组，其默认值为 ["S", "M", "T", "W", "T", "F", "S"]。

- disabledDays：指示一星期中禁用的各天。该参数是一个数组，并且最多具有 7 个值，默认值为 []（空数组）。

- firstDayOfWeek：指示一星期中的哪一天（其值为 0～6，0 是 dayNames 数组的第一个元素）显示在日期选择器的第一列中。此属性更改"日"列的显示顺序。默认值为 0，即代表星期日的"S"。

- monthNames：设置在日历的标题行中显示的月份名称。该值是一个数组，其默认值为 ["January", "February", "March", "April", "May", "June", "July", "August", "September", "October","November", "December"]。

- showToday：指示是否要加亮显示今天的日期。默认值为 true。

7. MenuBar（菜单栏）组件

使用 MenuBar（菜单栏）组件可以创建带有弹出菜单和命令的水平菜单栏，就像常见的软件应用程序中所包含"文件"菜单和"编辑"菜单的菜单栏一样，如图 11-23 所示。在"参数"面板中可以对它的参数进行设置，如图 11-24 所示。

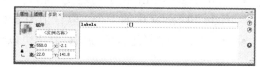

图 11-23　MenuBar 组件效果　　　　　图 11-24　MenuBar 组件"参数"面板

- Labels：一个数组，它将带有指定标签的菜单激活器添加到 MenuBar 组件。默认值为 []（空数组）。

8. NumericStepper（数字微调）组件

NumericStepper（数字微调）组件允许用户逐个选择一组经过排序的数字。该组件由上、下三角按钮及显示在旁边文本框中的数字组成。用户按下按钮时，数字将根据 stepSize 参数中指定的单位递增或递减，直到用户释放按钮或达到最大或最小值为止。NumericStepper（数字微调）组件文本框中的文本也是可编辑的，如图 11-25 所示。在"参数"面板中可以对它的参数进行设置，如图 11-26 所示。

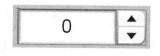

图 11-25　NumericStepper 组件效果　　　图 11-26　NumericStepper 组件"参数"面板

- maximum：设置可在步进器中显示的最大值。默认值为 10。

- minimum：设置可在步进器中显示的最小值。
- stepSize：设置每次单击时步进器增大或减小的单位。默认值为 1。
- value：设置在步进器的文本区域中显示的值。默认值为 0。

9．ProgressBar（进度栏）组件

ProgressBar（进度栏）组件显示加载内容的进度。ProgressBar 可用于显示加载图像和部分应用程序的状态。加载进程可以是确定的也可以是不确定的，如图 11-27 所示。在"参数"面板中可以对它的参数进行设置，如图 11-28 所示。

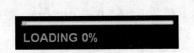

图 11-27　ProgressBar 组件效果　　　　图 11-28　ProgressBar 组件"参数"面板

- conversion：是一个数字，在显示标签字符串中的%1 和%2 的值之前，用这些值除以该数字。默认值为 1。
- direction：指示进度栏填充的方向。该值可以是 right 或 left，默认值为 right。
- label：指示加载进度的文本。此参数是一个字符串，其格式是"已加载 %1，共 %2 (%3%%)"。在此字符串中，%1 是当前已加载字节数的占位符，%2 是总共要加载的字节数的占位符，%3 是已加载内容的百分比的占位符。字符"%%"是字符"%"的占位符。
- labelPlacement：指示与进度栏相关的标签的位置。此参数可以是 top、bottom、left、right 和 center 中的一个。默认值为 bottom。
- mode：进度栏运行的模式。此值可以是 event、polled 或 manual 中的一个。默认值为 event。
- source：是一个要转换为对象的字符串，它表示源的实例名称。

10．Tree（树）组件

Tree（树）组件允许用户查看分层数据。树显示在类似 List（列表框）组件的框中，但树中的每一项称为节点，并且可以是叶或分支。默认情况下，用旁边带有文件图标的文本标签表示叶，用旁边带有文件夹图标的文本标签表示分支，并且文件夹图标带有展开箭头（展示三角形），用户可以打开它以显示子节点。分支的子项可以是叶或分支，如图 11-29 所示。在"参数"面板中可以对它的参数进行设置，如图 11-30 所示。

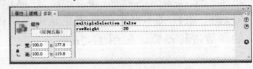

图 11-29　Tree 组件效果　　　　　　图 11-30　Tree 组件"参数"面板

- multipleSelection：是一个布尔值，它指示用户是（true）否（false）可以选择多个项。默认值为 false。
- rowHeight：指示每行的高度（以像素为单位）。默认值为 20。

11．TextArea（文本区域）组件

TextArea（文本区域）组件的效果等于将 ActionScript 的 TextField 对象进行换行。可以使用样式自定义 TextArea（文本区域）组件；当实例被禁用时，其内容以 disabledColor 样式所指示的颜色显示。TextArea（文本区域）组件也可以采用 HTML 格式，或者作为掩饰文本的密码字段，如图 11-31 所示。在"参数"面板中可以对它的参数进行设置，如图 11-32 所示。

图 11-31　TextArea 组件效果　　　　　　图 11-32　TextArea 组件"参数"面板

- editable：指示 TextArea 组件是（true）否（false）可编辑。默认值为 true。
- html：指示文本是（true）否（false）采用 HTML 格式。如果 HTML 设置为 true，则可以使用字体标签来设置文本格式。默认值为 false。
- text：指示 TextArea 组件的内容。
- wordWrap：指示文本是（true）否（false）自动换行。默认值为 true。

12．ScrollPane（滚动窗格）组件

ScrollPane（滚动窗格）组件在一个可滚动区域中显示影片剪辑、JPEG 文件和 SWF 文件。通过使用滚动窗格，可以限制这些媒体类型所占用的屏幕区域的大小。ScrollPane（滚动窗格）可以显示从本地磁盘或 Internet 加载的内容，如图 11-33 所示。在"参数"面板中可以对它的参数进行设置，如图 11-34 所示。

图 11-33　ScrollPane 组件效果　　　　　图 11-34　ScrollPane 组件"参数"面板

- contentPath：指示要加载到滚动窗格中的内容。该值可以是本地 SWF 或 JPEG 文件的相对路径，或 Internet 上文件的相对或绝对路径。
- hLineScrollSize：指示每次单击滚动按钮时水平滚动条移动多少个单位。默认值为 5。
- hPageScrollSize：指示每次单击轨道时水平滚动条移动多少个单位。默认值为 20。
- hScrollPolicy：显示水平滚动条。该值可以是 on、off 或 auto。默认值为 auto。
- scrollDrag：是一个布尔值，它确定当用户在滚动窗格中拖动内容时是（true）否（false）发生滚动。默认值为 false。
- vLineScrollSize：指示每次单击滚动按钮时垂直滚动条移动多少个单位。默认值为 5。
- vPageScrollSize：指示每次单击滚动条轨道时，垂直滚动条移动多少个单位，默认值为 20。
- vScrollPolicy：显示垂直滚动条。该值可以是 on、off 或 auto。默认值为 auto。

13．TextInput（输入文本框）组件

TextInput（输入文本框）组件是单行文本组件，该组件是本机 ActionScript TextField 对象的包装。可以使用样式自定义 TextInput（输入文本框）组件；当实例被禁用时，它的内容会显示为 disabledColor 样式表示的颜色。TextInput（输入文本框）组件也可以采用 HTML 格式，或作为掩饰文本的密码字段，如图 11-35 所示。在"参数"面板中可以对它的参数进行设置，如图 11-36 所示。

图 11-35　TextInput 组件效果　　　　图 11-36　TextInput 组件"参数"面板

- editable：指示 TextInput 组件是（true）否（false）可编辑。默认值为 true。
- password：指示字段是（true）否（false）为密码字段。默认值为 false。
- text：指定 TextInput（输入文本框）组件的内容。

14．Window（窗口）组件

Window（窗口）组件在一个具有标题栏、边框和"关闭"按钮（可选）的窗口内显示影片剪辑的内容，如图 11-37 所示。在"参数"面板中可以对它的参数进行设置，如图 11-38 所示。

图 11-37　Window 组件效果　　　　图 11-38　Window 组件"参数"面板

- closeButton：指示是（true）否（false）显示"关闭"按钮。
- contentPath：指定窗口的内容。可以是电影剪辑的链接标识符，或者是屏幕、表单或包含窗口内容的幻灯片元件的名称，也可以是要加载到窗口的 SWF 或 JPEG 文件的绝对或相对 URL。
- title：指示窗口的标题。

15．Loader（加载）组件

Loader（加载）组件是一个容器，可以显示 SWF 或 JPEG 文件。可以缩放加载器的内容，或者调整加载器自身的大小来匹配内容的大小。默认情况下，会调整内容的大小以适应加载器，如图 11-39 所示。在"参数"面板中可以对它的参数进行设置，如图 11-40 所示。

- autoLoad：指示内容是应该自动加载（true），还是应该等到调用 Loader.load() 方法时再进行加载（false）。默认值为 true。
- contentPath：是一个绝对或相对的 URL，它指示要加载到加载器的文件。相对路径必须是相对于加载内容的 SWF 文件的路径。
- scaleContent：指示内容进行缩放以适合加载器（true），还是加载器进行缩放以适合内容（false）。默认值为 true。

图 11-39　Loader 组件效果　　　　　　　　图 11-40　Loader 组件"参数"面板

16．UIScrollBar（UI 滚动条）组件

UIScrollBar（UI 滚动条）组件允许将滚动条添加至文本字段。可以在创作时将滚动条添加至文本字段，或使用 ActionScript 在运行时添加，如图 11-41 所示。在"参数"面板中可以对它的参数进行设置，如图 11-42 所示。

图 11-41　UIScrollBar 组件效果　　　　　　图 11-42　UIScrollBar 组件"参数"面板

- _targetInstanceName：指示 UIScrollBar 组件所附加到的文本字段实例的名称。
- horizontal：指示滚动条是水平方向（true）还是垂直方向（false）。默认值为 false。

11.3 媒体组件

Media（媒体）组件包括 MediaController（媒体控制）、MediaDisplay（媒体显示）、MediaPlayback（媒体回放）等内容。

11.3.1　MediaController

MediaController 组件为媒体回放提供标准的用户界面控件（播放、暂停等），如图 11-43 所示。在"参数"面板中可以对其参数进行设置，如图 11-44 所示。

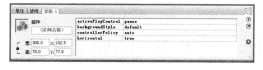

图 11-43　MediaController 组件效果　　　　图 11-44　MediaController 组件"参数"面板

- activePlayControl：确定播放栏在实例化时是处于播放模式还是暂停模式。此模式确定在"播放"/"暂停"按钮上显示的图像，与控制器实际所处的播放/暂停状态相反。
- backgroundStyle：确定是否为 MediaController 实例绘制铬印染背景。
- controllerPolicy：确定控制器是根据鼠标位置打开或关闭，还是锁定在打开或关闭状态。

- horizontal：确定实例的控制器部分为垂直方向还是水平方向。true 值将指示组件为水平方向。

11.3.2　MediaDisplay

MediaDisplay 组件使媒体可以流入到 Flash 内容中。此组件可用于处理视频和音频数据。单独使用此组件时，用户将无法控制媒体，如图 11-45 所示。这个组件的参数设置要通过组件检查器完成，如图 11-46 所示。

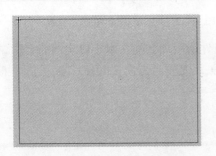 

图 11-45　MediaDisplay 组件效果　　　　图 11-46　MediaDisplay 组件"参数"面板

- FLV 或 MP3：指定要播放的媒体类型。
- Video Length：播放 FLV 媒体所需的总时间。此设置是确保播放栏正常工作所必需的。
- Milliseconds：确定播放栏是使用帧还是毫秒，以及提示点是使用秒还是帧。
- FPS：指示每秒的帧数。
- URL：一个字符串，保存要播放的媒体路径和文件名。
- Automatically Play：确定是否在加载媒体后立刻播放该媒体。
- Use Preferred Media Size：确定与 MediaDisplay 实例关联的媒体是符合组件大小，还是仅使用其默认的大小。

11.3.3　MediaPlayback

MediaPlayback 组件是 MediaController 和 MediaDisplay 组件的结合；它提供对媒体内容进行流式处理的方法，如图 11-47 所示。这个组件的参数设置要通过组件检视器完成，如图 11-48 所示。

- FLV 或 MP3：指定要播放的媒体类型。
- Video Length：播放 FLV 媒体所需的总时间。此设置是确保播放栏正常工作所必需的。
- Milliseconds：确定播放栏是使用帧还是毫秒，以及提示点是使用秒还是帧。

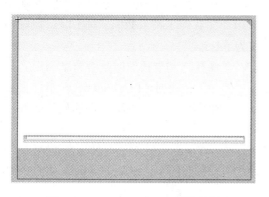

图 11-47　MediaPlayback 组件效果　　　　图 11-48　MediaPlayback 组件"参数"面板

- FPS：指示每秒的帧数。
- URL：一个字符串，保存要播放的媒体的路径和文件名。
- Automatically Play：确定是否在加载媒体后立刻播放该媒体。
- Use Preferred Media Size：确定与 MediaController 实例关联的媒体是符合组件大小，还是仅使用其默认的大小。
- Control Placement：控制器的位置。
- Control Visibility：确定控制器是否根据鼠标的位置打开或关闭。

11.4 Video 组件

Video（视频）组件主要包括 FLV Playback（FLV 回放）组件和一系列视频控制按键的组件。

通过 FLV Playback 组件，可以轻松地将视频播放器包括在 Flash 应用程序中，以便播放通过 HTTP 渐进式下载的 Flash 视频（FLV）文件，如图 11-49 所示。

FLV Playback（FLV 回放）组件包括 FLV Playback 自定义用户界面组件。FLV Playback 组件是显示区域（或视频播放器）的组合，从中可以查看 FLV 文件及允许对该文件进行操作的控件。FLV Playback 自定义用户界面组件提供控制按钮和机制，可用于播放、停止、暂停 FLV

图 11-49　FLV Playback 组件效果

文件及对该文件进行其他控制。这些控件包括 BackButton、BufferingBar、ForwardButton、MuteButton、PauseButton、PlayButton、PlayPauseButton、SeekBar、StopButton 和 VolumeBar。在"参数"面板中可以对它的参数进行设置，如图 11-50 所示。

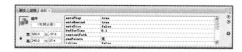

图 11-50　FLV Playback 组件"参数"面板

- autoPlay：确定 FLV 文件的播放方式的布尔值。如果为 true，则该组件将在加载 FLV 文件后立即播放。如果为 false，则该组件加载第 1 帧后暂停。对于默认视频播放器（0），默认值是 true，对于其他项则为 false。

- autoRewind：一个布尔值，用于确定 FLV 文件在它完成播放时是否自动后退。如果为 true，则播放头达到末端或用户单击"停止"按钮时，FLV Playback 组件会自动使 FLV 文件后退到开始处。如果为 false，则组件在播放 FLV 文件的最后一帧后会停止，并且不自动后退。默认值为 true。

- autoSize：一个布尔值，如果为 true，则在运行时调整组件大小以使用源 FLV 文件尺寸。这些尺寸是在 FLV 文件中进行编码的，并且不同于 FLV Playback 组件的默认尺寸。默认值为 false。

- bufferTime：在开始回放前，内存中缓冲 FLV 文件的秒数。此参数影响 FLV 文件流，这些文件在内存中缓冲，但不下载。

- contentPath：一个字符串，指定 FLV 文件的 URL，或者指定描述如何播放一个或多个 FLV 文件的 XML 文件。可以指定本地计算机上的路径、HTTP 路径或实时消息传输协议（RTMP）路径。

- cuePoints：描述 FLV 文件的提示点的字符串。提示点允许同步包含 Flash 动画、图形或文本的 FLV 文件中的特定点。默认值为一个空字符串。

- isLive：一个布尔值，如果为 true，则指定 FLV 文件正从 Flash Communication Server 实时加载流。实时流的一个示例就是在发生新闻事件的同时显示这些事件的视频。默认值为 false。

- maintainAspectRatio：一个布尔值，如果为 true，则调整 FLV Playback 组件中视频播放器的大小，以保持源 FLV 文件的高宽比；FLV 文件根据舞台上 FLV Playback 组件的尺寸进行缩放。autoSize 参数优先于此参数。默认值为 true。

- skin：一个参数，用于打开"选择外观"对话框，从该对话框中可以选择组件的外观。默认值最初是预先设计的外观，但它在以后将成为上次选择的外观。如果选择 none，则 FLV Playback 实例并不具有用于操作 FLV 文件的控制元素。如果 autoPlay 参数设置为 true，则会自动播放 FLV 文件。

- skinAutoHide：一个布尔值，如果为 true，则当鼠标不在 FLV 文件或外观区域（如果外观是不在 FLV 文件查看区域上的外部外观）上时隐藏外观。默认值为 false。

- totalTime：源 FLV 文件中的总秒数，精确到毫秒。默认值为 0。

- volume：一个 0～100 的数字，用于表示相对于最大音量（100）的百分比。

11.5 上机实训——制作情人卡

 实例说明

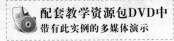
配套教学资源包DVD中
带有此实例的多媒体演示

本例综合利用 Alert 组件和 Window 组件制作一个情人节信息卡，使其具备简单的交互功能，用户可根据自己的需求有选择地浏览信息。完成后的效果如图 11-51 所示。

图 11-51 情人卡的效果

📖 学习目标

通过对本例的学习，读者可以掌握如何使用 Alert 和 Window 组件。

具体的操作步骤如下：

Step 01 运行 Flash CS3 软件，新建文档，在"属性"面板中单击 550 x 400 像素 按钮，在弹出的对话框中设置"尺寸"为"260×340"，并设置"背景颜色"为浅橘红色，单击"确定"按钮，如图 11-52 所示。

Step 02 按 Ctrl+R 组合键，在弹出的对话框中选择素材\Cha11\主图.jpg 文件，单击"打开"按钮，如图 11-53 所示。

Step 03 将打开的素材放置在舞台中间，如图 11-54 所示。

图 11-52 设置文档属性

图 11-53 导入主图

图 11-54 调整图像的位置

Step 04 按 Ctrl+F8 组合键，在弹出的对话框中设置"名称"为"透明"，选择"类型"为"按钮"，单击"确定"按钮，如图 11-55 所示。

Step 05 在"时间轴"面板中在"点击"处按 F6 键插入关键帧，选择 ▢ 工具，设置描边为无，填充颜色为白色，在舞台中创建矩形，如图 11-56 所示。

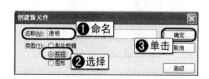

图 11-55 插入按钮

图 11-56 创建矩形

Step 06 选择"场景 1",单击"时间轴"中的 ▣ 按钮,插入"图层 2",在"库"中将"透明"按钮元件拖曳到场景舞台中,并将其放置到关闭按钮上,如图 11-57 所示。

Step 07 打开"组件"面板,将 Alert 拖曳到场景舞台中,如图 11-58 所示,并按 Delete 键删除组件,此操作是为了将组件添加到库中。

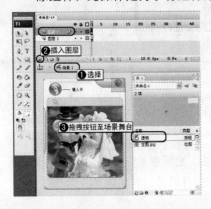

图 11-57 拖曳按钮至舞台

图 11-58 为库添加 Alert

Step 08 选择"透明"实例,按 F9 键,在面板中输入以下代码,如图 11-59 所示(该脚本位于 Scene\Cha11\01.txt 文件)。

```
on (press) {
    import mx.controls.Alert;
    Alert.okLabel = "退出";
    Alert.cancelLabel = "返回";
    var listenerObj:Object = new Object();
    listenerObj.click = function(evt) {
        switch (evt.detail) {
        case Alert.OK :
            fscommand("quit", true);
            break;
        case Alert.CANCEL :
            break;
        }
    };
    Alert.show("不想再回味了吗?", "真情提示", Alert.OK / Alert.CANCEL, this,
listenerObj);
}
```

Step 09 按 Ctrl+Enter 组合键测试场景,如图 11-60 所示。

图 11-59 输入代码

图 11-60 测试场景

Step **10** 按 Ctrl+F8 组合键，在弹出的对话框中将"名称"设置为"信息"，设置"类型"为"影片剪辑"，单击"确定"按钮，如图 11-61 所示。

图 11-61　添加元件

Step **11** 在添加的元件中选择 ▣ 工具，给矩形设置一种填充颜色，在舞台中创建矩形，使用 ▶ 工具，在舞台中选择矩形，并设置"宽"为 240、"高"为 240，设置 X 为 0、Y 为 0，如图 11-62 所示。

Step **12** 插入"图层 2"，按 Ctrl+R 组合键，在弹出的对话框中选择素材\Cha11\花.png 文件，单击"打开"按钮，如图 11-63 所示。

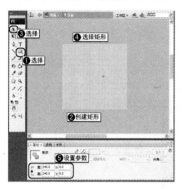

图 11-62　创建矩形

图 11-63　导入素材

Step **13** 调整素材的位置，如图 11-64 所示。

Step **14** 插入图层，选择 T 工具，设置一种文本颜色，在舞台中创建文本，设置合适的大小和字体即可，如图 11-65 所示。

Step **15** 选择"场景 1"，插入"图层 3"，从"组件"面板中拖曳 Button 至场景舞台，并调整按钮的位置，如图 11-66 所示。

图 11-64　调整素材的位置

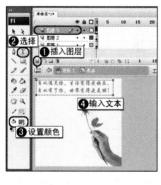

图 11-65　输入文本

图 11-66　为场景添加按钮

Step **16** 在场景中选择 Button 按钮，在"参数"面板中将其命名为 btn，修改按钮显示 label 为"爱情宣言"，如图 11-67 所示。

Step **17** 选择"图层 3"，按 F9 键，在面板中输入如下脚本，如图 11-68 所示（该脚本位于\Scene\Cha11 \ 02.txt 文件）。

```
btnListener = new Object();
btnListener.click = function() {
    myWindow=mx.managers.PopUpManager.createPopUp(_root,mx.containers.Window,
true, {title:"情人节快乐", contentPath:"xinxi", closeButton:true});
    myWindow.setSize(240, 240);
    myWindow._x = 10;
    myWindow._y = 65;
    clListener = new Object();
    clListener.click = function() {
        myWindow.deletePopUp();
    };
    myWindow.addEventListener("click", clListener);
};
btn.addEventListener("click", btnListener);
```

图 11-67 为场景舞台添加按钮

图 11-68 输入脚本

Step 18　在"库"面板中用鼠标右键单击"信息"元件，在弹出的快捷菜单中选择"链接"命令，在弹出的对话框中选择"为 ActionScript 导出"复选框，设置"标识符"为 xinxi，单击"确定"按钮，如图 11-69 所示。

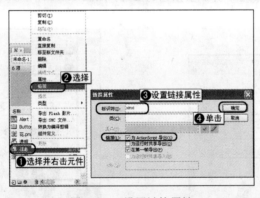

图 11-69 设置链接属性

Step 19　在"组件"中选择 Window，并将其拖曳至场景舞台中，如图 11-70 所示，再将其删除。

Step 20　按 Ctrl+Enter 组合键测试场景，如图 11-71 所示。保存场景，并输出影片。

图 11-70　为舞台插入窗口

图 11-71　测试场景

11.6　小结

使用组件能提高 Flash 制作的效率，组件中提供的数据和网络服务类的组件使得 Flash 页面的数据与后台数据的交换更加简单。由于 Flash 的组件太多，本章不能一一介绍每种组件的使用方法及其功能，还需要读者自己摸索。如果使用这些组件制作 Flash，还可以通过网络下载及自己制作新组件来扩充组件资源。

11.7　课后练习

1. 选择题

（1）在 Checkbox 的参数中，_____设置的字符串代表复选框旁边的文字说明。

A. LabelPlacement　　　　B. Label　　　　C. selected

（2）direction 指示进度栏填充的方向。值可以是_____或_____。

A. right　　　　　　B. left　　　　C. false　　　　D. true

2. 填空题

（1）Alert（警告）组件能够显示一个窗口，该窗口向用户呈现一条消息和响应按钮。该窗口包含一个_____的标题栏、一个可自定义的消息和若干_____的按钮。

（2）Alert（警告）组件没有创作参数，必须调用_____的_____方法来显示 Alert 窗口。

3. 问答题

说明列表框与下拉列表框的不同点。

第 **12** 章

动画作品的输出和发布

　　完成动画的设计和制作后，需要将动画进行输出和发布，按Ctrl+Enter键可以测试动画，并生成了SWF格式的动画。但是，Flash动画还有多种输出格式，可以使得Flash动画应用在更加广泛的领域中。

　　本章将介绍动画作品的输出和发布，介绍如何对影片进行优化，减少影片的容量，以及提升影片的速度等。

测试并优化Flash作品
导出Flash作品
Flash发布格式

12.1 测试并优化 Flash 作品

12.1.1 测试 Flash 作品

由于 Flash 可以以流媒体的方式边下载边播放影片的内容，因此如果影片播放到某一帧时，所需要的数据还没有下载完全，影片就会停止播放并等待数据下载。所以在影片正式发布前，需要测试影片在各帧的下载速度，找出在播放过程中有可能因为数据容量太大而造成影片播放停顿的地方。

打开准备发布的 Flash 影片的源文件，选择菜单"控制"|"测试影片"命令进行影片的测试。

在"带宽"监视面板中可以看到，柱状图代表每一帧的数据容量，数据容量大的帧所要消耗的读取时间也会较多。如果某一帧的柱状图在红线以上，则表示该帧的影片下载速度会慢于影片的播放速度，就需要适当地调整该帧内的数据容量。如图 12-1 所示。

图 12-1　测试影片

12.1.2 优化 Flash 作品

完成 Flash 影片的制作工作后，就可以将其发布为可播放的文件格式。发布影片是整个 Flash 影片制作中最后的也是最关键的一步，由于 Flash 是为网络而生的，因此一定要充分考虑最终生成影片的大小、播放速度等一系列重要的问题。如果不能平衡好这些问题，即使 Flash 作品设计得再优秀与精彩，也不能使它在网页中流畅地播放，影片的价值就会大打折扣。

1. 元件的灵活使用

如果一个对象在影片中将会被多次应用，那么一定要将其用图形元件的方式添加到库中，因为添加到库中的文件不会因为调用次数的增加而使影片文件的容量增大。

2. 减少特殊绘图效果的应用

在使用线条绘制图像时要格外注意，如果不是十分必要，应尽量使用实线，因为实线相对其他特殊线条所占用的存储容量最小。

在填充色方面，应用渐变颜色的影片容量要比应用单色填充的影片容量大，因此应该尽可能使用单色填充，并且是网络安全色。

对于由外部导入的矢量图形，在将其导入后应该选择菜单"修改"|"分离"命令将其打散，再选择菜单"修改"|"形状"|"优化"命令优化图形中多余的曲线，使矢量图的文件容量减少。

3. 注意字体的使用

在字体的使用上，应尽量使用系统的默认字体。而且在使用"分离"命令打散字体时也应该多加注意，有时打散字体未必就能使文件容量减少。

4. 优化位图的图像

对于影片中所使用的位图图像，应该尽可能地对其进行压缩优化，或者在库中对其图像属性进行重新设置，如图 12-2 所示。

5. 优化声音文件

导入声音文件应使用经过压缩的音频格式，如 MP3。而对于 WAV 这种未经过压缩的声音格式文件应该尽量避免使用。可以用鼠标右键单击库中的声音文件，在弹出的快捷菜单中选择"属性"命令，在"声音属性"对话框中选择适合的压缩方式，如图 12-3 所示。

图 12-2　"位图属性"对话框　　　　　图 12-3　"声音属性"对话框

12.2　导出 Flash 作品

Flash 影片制作完毕后，就可将其导出成影片。选择菜单"文件"|"导出"|"导出影片"命令，打开"导出影片"对话框，在对话框中选择影片导出路径及导出影片的名称和所导出的影片格式，如图 12-4 所示。

12.2.1　导出动画文件

.swf 是 Flash 影片的后缀文件名，凡是制作好的 Flash 作品都需要在导出时经过在"导出 Flash Player"对话框

图 12-4　"导出影片"对话框

中的设置，才能够最终导出成为 Flash 影片，如图 12-5 所示。

- "版本"：当前播放器的版本，默认的 Flash 播放器版本为 9.0。
- "加载顺序"：从下拉列表中选择影片加载的顺序。
- "ActionScript 版本"：默认的为 Flash 的 Action-Script 2.0。
- "生成大小报告"：产生一份详细的记载帧、场景、元件和声音压缩情况的报告。
- "防止导入"：防止其他人将影片导入到另外一部作品当中。
- "省略 trace 动作"：取消跟踪命令。
- "允许调试"：允许修改影片的内容。

图 12-5 "导出 Flash Player" 对话框

- "压缩影片"：压缩影片文件的尺寸。
- "针对 Flash Player 6 r65 优化"：运用于 Flash Player 6 或更早的版本。
- "导出隐藏的图层"：将动画中的隐藏层导出。
- "导出 SWC"：导出 SWC 文件。
- "密码"：当选中了"防止导入"复选框后，可以为影片设置导入密码。
- "脚本时间限制"：设置脚本的运行时间限制。
- "JPEG 品质"：Flash 动画中的位图都是使用 JPEG 格式来进行压缩的，所以通过移动滑块的位置，可以设置位图在最终影片中的品质。
- "音频流/音频事件"：单击"设置"按钮可以对声音的压缩属性进行设置。
- "覆盖声音设置"：选择该选项后，影片中所有的声音压缩设置都将统一遵循音频流/音频事件的设置方案。
- "导出设备声音"：将设备声音导出。
- "本地回放安全性"：选择要使用的 Flash 安全模型。

12.2.2　导出动画图像

目前在网页中的动态图像除了 Flash 外还有 GIF 动画。GIF 动画是由一个个连续的图形文件所组成的动画，不过相对于 Flash 动画，它缺乏了声音和交互性的支持，而且颜色数量也不如 Flash，但是，制作完毕的 Flash 影片源文件是可以导出成 GIF 格式的动画的。

当选择导出的文件格式为 GIF 动画时，可以在弹出的 GIF 动画输出对话框中设置导出文件的相关属性，如图 12-6 所示。

- "尺寸"：设置动画文件的宽和高。
- "分辨率"：与动画尺寸相应的屏幕分辨率。
- "匹配屏幕"：恢复电影中设置的尺寸。

图 12-6　导出 GIF 文件对话框

- "包含"：设置导出 GIF 包含的影片范围。
- "颜色"：选择动画颜色的种类。
- "交错"：使 GIF 动画以由模糊到清晰的方式进行显示。
- "透明"：去掉背景。
- "平滑"：消除位图的锯齿。
- "抖动纯色"：将颜色进行抖动处理。

12.3 Flash 发布格式

Flash 影片可以导出成为多种文件格式，为了方便设置每种可以导出的文件格式的属性，Flash 提供了一个"发布设置"对话框，在这个对话框中可以选择将要导出的文件类型及其导出路径，并且还可以一次性地同时导出多个格式的文件。

12.3.1 发布格式设置

选择菜单"文件"|"发布设置"命令，打开"发布设置"对话框，如图 12-7 所示。

在"格式"选项卡中，勾选要导出的文件类型，并且在该类型的后面可以输入文件名及导出路径，然后单击"发布"按钮，进行文件的导出。

1．发布 Flash

在"发布设置"对话框（格式）中单击 Flash 标签，这时会转到 Flash 影片文件的设置界面。由于此界面和前面所讲的 Flash 导出对话框相似，所以不再做详细的讲解，如图 12-8 所示。

图 12-7 "发布设置"对话框

图 12-8 打开"Flash"选项卡

2．发布 HTML

单击 HTML 标签，将界面转换为 HTML 的发布文件设置界面，如图 12-9 所示。

- "模板"：生成 HTML 文件所需的模板，单击"信息"按钮可以查看模板的信息，如图 12-10 所示。

图 12-9　打开"HTML"选项卡

图 12-10　HTML 模板信息

- "检测 Flash 版本"：自动检测 Flash 的版本。选中该复选框后，可以单击"设置"按钮，进行版本检测的设置。
- "尺寸"：设置 Flash 影片在 HTML 文件中的尺寸。
- "开始时暂停"：影片在第 1 帧暂停。
- "显示菜单"：在生成的影片页面中右击，会弹出控制影片播放的菜单。
- "循环"：循环播放影片。
- "设备字体"：使用默认字体替换系统中没有的字体。
- "品质"：选择影片的图像质量。
- "窗口模式"：选择影片的窗口模式。
  - "窗口"：Flash 影片在网页中的矩形窗口内播放。
  - "不透明无窗口"：使 Flash 影片的区域不露出背景元素。
  - "透明无窗口"：使网页的背景可以透过 Flash 影片的透明部分。
- "HTML 对齐"：设置 Flash 影片在网页中的位置。
- "缩放"：设置动画的缩放方式。
  - "默认"：等比例大小显示 Flash 影片。
  - "无边框"：使用原有比例显示影片，但是去除超出网页的部分。
  - "精确匹配"：使影片大小按照网页的大小进行显示。
  - "无缩放"：不缩放影片。
- "Flash 对齐"：设置影片在网页上的排列位置。
- "显示警告信息"：选中该复选框后，如果影片出现错误，则会弹出警告信息。

3. 发布 GIF

单击 GIF 标签，将界面转换为 GIF 的发布文件设置界面，如图 12-11 所示。

- "尺寸"：设置 GIF 动画的宽和高。
- "匹配影片"：选中后可以使发布的 GIF 动画大小和原 Flash 影片大小相同。
- "静态"：发布的 GIF 为静态图像。

- "动画"：发布的 GIF 为动态图像，选择该项后可以设置动画的循环播放次数。
- "优化颜色"：删除 GIF 动画颜色表中用不到的颜色。
- "抖动纯色"：使用相近的颜色来替代调色板中没有的颜色。
- "交错"：使 GIF 动画以由模糊到清晰的方式进行显示。
- "删除渐变"：删除影片中出现的渐变颜色，将其转化为渐变色的第一个颜色。
- "平滑"：消除位图的锯齿。
- "透明"：设置 GIF 动画的透明效果。
  - ➢ "不透明"：发布的 GIF 动画不透明。
  - ➢ "透明"：发布的 GIF 动画透明。
  - ➢ Alpha：可自由设置透明度的数值，数值的范围是 0～255。
- "抖动"：设置 GIF 动画抖动的方式。
  - ➢ "无"：没有抖动处理。
  - ➢ "有序"：在增加文件大小控制在最小范围之内的前提下提供良好的图像质量。
  - ➢ "扩散"：提供最好的图像质量。
- "调色板类型"：用于定义 GIF 动画的调色板。
  - ➢ "Web 216 色"：标准的网络安全色。
  - ➢ "最合适"：为 GIF 动画创建最精确颜色的调色板。
  - ➢ "接近 Web 最适色"：网络最佳色，将优化过的颜色转换为 Web 216 色的调色板。
  - ➢ "自定义"：自定义添加颜色创建调色板。
- "最多颜色"：设置 GIF 动画中所使用的最大颜色数，数值范围为 2～255。
- "调色板"：选择"自定义"调色板后可以激活此选项，单击右边的文件夹按钮可以读取自定义的调色板文件。

4. 发布 JPEG

在"格式"选项卡中，设置为发布 JPEG 格式的文件后，单击 JPEG 标签，将界面转换为 JPEG 的发布设置界面，如图 12-12 所示。

图 12-11　打开 GIF 选项卡　　　　图 12-12　JPEG 的发布设置界面

- "尺寸"：设置要发布位图的尺寸。
- "品质"：移动滑块来调节发布位图的图像品质。

- "渐进": 在低速网络环境中, 逐渐显示位图。

此外, 还可以选择和设置几种发布格式的文件, 但是, 由于它们的使用概率比较低, 因此不再一一详细说明。

12.3.2 发布预览

使用发布预览功能可以从"发布预览"菜单中选择一种文件输出格式, 并且在"发布预览"菜单中可以选择的文件格式都是在"发布设置"对话框中指定的输出格式。首先使用发布设置, 指定可以导出的文件类型, 然后选择菜单"文件"|"发布预览"命令, 在其子菜单中选择预览的文件格式。这样 Flash 便可以创建一个指定的文件类型, 并将它放在 Flash 影片文件所在的文件夹之中。

12.4 上机实训——发布 Flash 作品

实例说明

本例将以实例的形式为大家介绍如何发布 Flash 作品。

学习目标

通过对本例的学习, 读者可以掌握发布 Flash 的基本操作。

具体的操作步骤如下:

Step 01 打开一个需要发布的 Flash 动画文件, 如图 12-13 所示。

Step 02 选择菜单"文件"|"发布设置"命令, 在"发布设置"对话框中, 选中"Windows 放映文件 (.exe)"复选框, 依次单击"发布"和"确定"按钮, 如图 12-14 所示。

图 12-13　打开的 Flash 文件

图 12-14　"发布设置"对话框

Step 03 这时发布的文件就在原影片文件保存的位置或文件夹中生成, 如图 12-15 所示。

Step 04 不需要任何其他附件, 也不需要计算机上安装 Flash 播放器, 双击文件就可以直接观看此动画文件，如图 12-16 所示。

图 12-15　发布的文件

图 12-16　浏览影片

12.5　小结

通过本章的学习，相信读者已经了解了 Flash 影片在制作完成后，应该如何对影片优化，以减少影片的容量、提升影片的速度，并经过一些相关的设置，导出理想的文件格式。在本章的后半部分，详细介绍了 Flash 动画的发布设置。通过对不同格式的相应参数进行设置，可将 Flash 影片发布为不同的格式，在发布前还可进行预览。通过本章的学习，用户可以将制作完毕的 Flash 影片按照需要进行优化设置及发布，最终制作出符合要求的作品。

12.6　课后练习

1. 选择题

（1）如果一个对象在影片中将会被多次应用，那么一定要将其用图形元件的方式添加到_____中，因为添加到_____中的文件不会因为调用次数的增加而使影片文件的容量增大。

A. 库　　　　　　　　　B. 组件　　　　　　　　　C. 舞台

（2）GIF 动画是由一个个连续的图形文件所组成的动画，不过相对于 Flash 动画，它缺乏了_____的支持，而且颜色数也不如 Flash，但是，制作完毕的 Flash 影片源文件也可以导出成 GIF 格式的动画。

A. 交互性　　　　　　　B. 声音和交互性　　　　　C. 视频和声音

2. 填空题

（1）对于由外部导入的矢量图形，在将其导入后应该使用菜单栏的_____命令将其打散，再使用_____命令优化图形中多余的曲线，使矢量图的文件容量减少。

（2）当完成了 Flash 影片的制作工作后，就可将其发布为可播放的文件格式。_____是整个 Flash 影片制作中最后的也是最关键的一步。

3. 上机操作题

将自己制作比较满意的作品进行发布。

第 **13** 章

项目实训——片头动画

　　本章介绍一个简单的片头动画制作的实例，在制作中将结合前面介绍过的命令，使所学的知识应用到实例中。

 知 识 点

- ◎ 文档和背景的设置
- ◎ 动画元件的制作
- ◎ 动画的制作
- ◎ 添加背景音乐

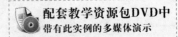
配套教学资源包DVD中
带有此实例的多媒体演示

✊ **实例说明**

目前，很多公司都喜欢制作一个宣传公司形象的 Flash 片头动画作为公司网站的首页，通过这个片头动画可以使第一次登录公司网站的用户对公司形象和经营的内容有一个大体的认识和了解。

片头是整个网站内容的高度集中与体现，代表或象征着网站的整体形象。片头能够引领浏览者直接了解和透析网站，读者可以尽情地发挥自己的创意，制作出精彩的片头。如要将片头用于自己的个人网站，可以充分地利用片头展现自己，如果是为公司、企业制作片头，则可以将新产品、新技术用短暂的几秒进行展示。

需要注意的是，片头不要冗长，若占时过多，很容易分散和削弱浏览者的注意力，给人拖沓的感觉。

接下来通过制作一个服饰公司的首页片头，使大家对 Flash 片头动画的制作步骤有一个完整的了解。动画的最终效果如图 13-1 所示。

图 13-1　新潮服饰片头广告

📖 **学习目标**

通过对本例的学习读者可以掌握如何搭配使用元件，并学会为动画添加背景音乐。

13.1 | 文档和背景的设置

首先创建动画的播放平台，然后为动画制作背景，具体的操作步骤如下：

Step 01　运行 Flash CS3 软件，新建文档，单击 `550 × 400 像素` 按钮，在弹出的对话框中设置"尺寸"为 778 像素×450 像素，设置背景颜色为黑色，单击"确定"按钮，如图 13-2 所示。

Step 02　在舞台中创建如图 13-3 所示的形状作为背景。

图 13-2　文档属性

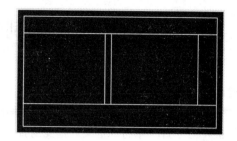

图 13-3　创建背景

Step 03　设置场景中背景的填充颜色的 Alpha 值为 40%，如图 13-4 所示。

Step 04　在舞台中选择背景形状，按 F8 键，在弹出的"转换为元件"对话框中，将"名称"命名为"框架"，选择"类型"为"图形"，单击"确定"按钮，如图 13-5 所示。

图 13-4　设置背景的 Alpha 值

图 13-5　"转换为元件"对话框

Step 05　选择背景形状，在第 5 帧处按 F6 键，插入关键帧，如图 13-6 所示。

Step 06　选择第 1 帧，在舞台中选择背景，打开"变形"面板，设置角度为"70 度"，如图 13-7 所示。

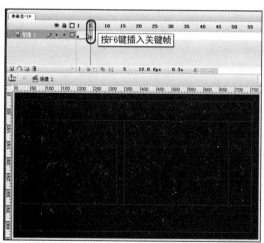

图 13-6　插入关键帧

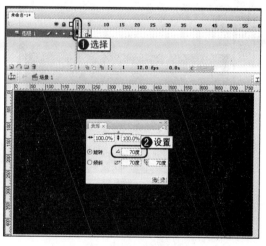

图 13-7　调整背景的角度

Step 07　选择第 1 帧并单击鼠标右键，在弹出的快捷菜单中选择"创建补间动画"命令，如图 13-8 所示。

图 13-8　创建补间动画

13.2 | 动画元件的制作

Step 01 按 Ctrl+F8 组合键，在弹出的"创建新元件"对话框中将"名称"设置为"非常"，选择"类型"为"影片剪辑"，单击"确定"按钮，如图 13-9 所示。

Step 02 在"库"中将"框架"拖曳到舞台中作为参考，如图 13-10 所示。

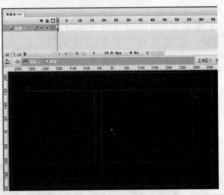

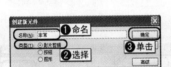

图 13-9 "创建新元件"对话框   图 13-10 拖曳元件至舞台

Step 03 单击"时间轴"面板中的 🖽 按钮插入图层，选择 Ｔ 工具，在舞台中创建文本"非常设计"，设置字体为"华文中宋"，将"非常"文本的字体大小设置为 20，将"设计"文本的字体大小设置为 30，设置字体颜色为白色，如图 13-11 所示。

Step 04 选择文本，按两次 Ctrl+B 组合键，将文本分离为形状，如图 13-12 所示。

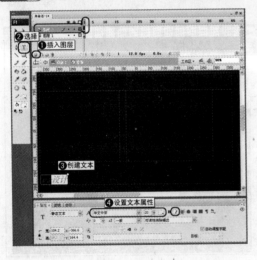

图 13-11 创建文本   图 13-12 分离文本为形状

Step 05 在第 10 帧处按 F6 键插入关键帧，在场景中选择文本形状，扩展"图层 1"的时间至 50 帧，选择菜单"修改"|"变形"|"垂直翻转"命令，并在舞台中调整文本形状的位置，如图 13-13 所示。

Step 06 在第 5 帧处按 F6 键插入关键帧，如图 13-14 所示。

图 13-13　调整形状文本的位置

图 13-14　插入关键帧

Step 07 在第 5 帧~第 10 帧之间创建补间形状动画，如图 13-15 所示。

Step 08 选择第 10 帧，在场景中创建文本"非常时尚"，与"非常设计"文本的设置一样，再按两次 Ctrl+B 组合键将"非常时尚"分离为形状，如图 13-16 所示。

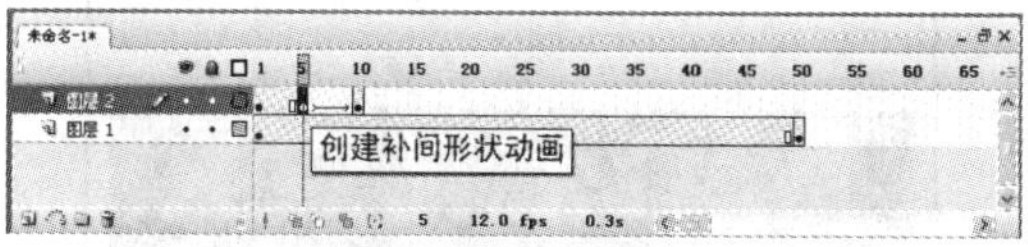

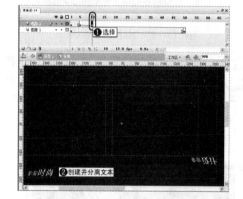

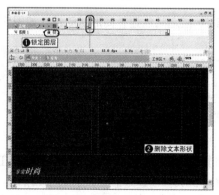

图 13-15　创建补间形状动画

图 13-16　分离文本为形状

Step 09 在"时间轴"面板中锁定"图层 1"，在第 15 帧的位置删除"非常时尚"形状，如图 13-17 所示。

Step 10 在第 20 帧处按 F6 键插入关键帧，在舞台中调整形状的位置，并垂直翻转文本形状，如图 13-18 所示。

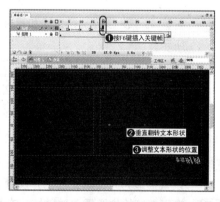

图 13-17　删除文本形状

图 13-18　调整文本形状的位置和角度

Step 11 在第 15 帧~第 20 帧之间创建补间形状动画，并选择第 20 帧，在舞台中创建文本"非常自我"，同样分离文本为形状，如图 13-19 所示。

Step 12 使用同样的方法创建文本形状的翻转动画，使用同样的方法创建"非常服饰"的翻转动画，在第 43 帧处按 F6 键插入关键帧，在舞台中选择设置翻转形状动画的"非常服饰"，并翻转文本，如图 13-20 所示。

图 13-19　创建文本形状

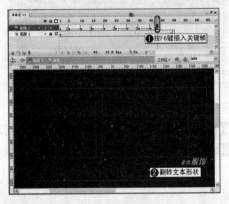

图 13-20　翻转文本形状

Step 13 在第 45 帧的位置插入关键帧，在舞台中调整文本形状的位置，如图 13-21 所示。

Step 14 在第 50 帧的位置插入关键帧，在舞台中调整文本形状的位置，如图 13-22 所示。

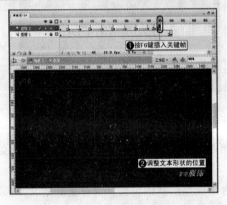

图 13-21　在第 45 帧的位置调整文本形状

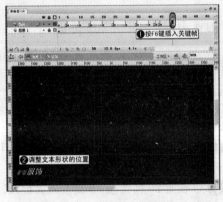

图 13-22　在第 50 帧的位置调整文本形状

Step 15 在第 43 帧~第 45 帧之间和第 45 帧~第 50 帧之间创建补间形状动画，如图 13-23 所示。

图 13-23　创建补间形状动画

Step 16 在"时间轴"面板中插入"图层 3"，并将其拖曳至"图层 2"的下方；选择□工具，设置描边为无，填充红色并设置 Alpha 值为 50%，创建矩形，如图 13-24 所示。

Step 17 在第 5 帧的位置插入关键帧，在舞台中复制并调整矩形的位置，如图 13-25 所示。

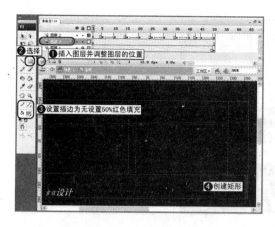
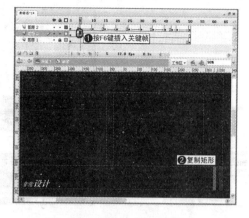

图 13-24 创建矩形 | 图 13-25 复制出第 5 帧的矩形

Step 18 使用同样的方法每隔 5 帧复制并调整一个矩形，在第 25 帧的位置调整矩形的颜色为黄绿色，如图 13-26 所示，在第 25 帧以后的每 5 帧都要删除一个最左侧的矩形，完成元件动画后删除参考框架的图层。

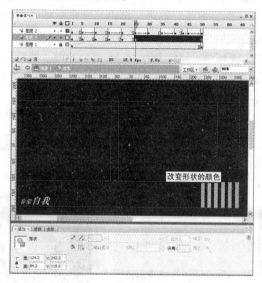

图 13-26 改变矩形的颜色

Step 19 按 Ctrl+F8 组合键，在弹出的"创建新元件"对话框中设置"名称"为"2008 新潮服饰"，选择"类型"为"图形"，单击"确定"按钮，如图 13-27 所示。

Step 20 拖曳"框架"元件至舞台作为参考，选择▣工具，插入图层后绘制白色的底纹，并在底纹上创建文本"2008 新潮服饰"，设置一个合适的字体和大小，将其设置为斜体，并设置文本的颜色为灰色，按两次 Ctrl+B 组合键分离文本为形状，再按 Ctrl+G 组合键，组合文本形状，如图 13-28 所示，删除框架所在的图层。

Step 21 按 Ctrl+F8 组合键，在弹出的"创建新元件"对话框中将"名称"设置为"方块"，设置"类型"为"影片剪辑"，单击"确定"按钮，如图 13-29 所示。

图 13-27　创建新元件　　　图 13-28　在舞台中创建形状和文本　　　图 13-29　插入新元件

Step 22 选择▢工具，并设置描边为无，填充颜色为蓝色，在舞台中创建矩形，如图 13-30 所示。

Step 23 按 Ctrl+F8 组合键，在弹出的"创建新元件"对话框中将"名称"设置为"方框动画"，选择"类型"为"影片剪辑"选项，单击"确定"按钮，如图 13-31 所示。

Step 24 将"框架"元件拖至舞台中作为参考，在第 1 帧的位置将"方框"元件拖曳到舞台中，并调整其"属性"面板中"颜色"的 Alpha 值为 50%。然后复制三个方框实例，在"时间轴"面板中第 5 帧的位置按 F6 键插入关键帧，并在场景中向右复制出一列矩形，并调整第一列矩形的 Alpha 值为 100%，如图 13-32 所示。

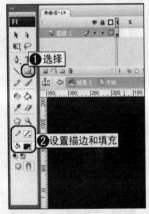

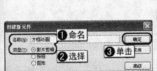

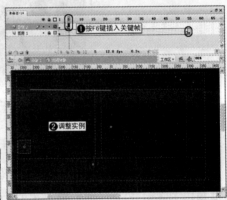

图 13-30　创建新元件　　　图 13-31　创建矩形　　　图 13-32　复制并调整实例

Step 25 在第 10 帧位置处添加一处关键帧，然后向右复制实例，如图 13-33 所示，使用同样的方法创建向右移动的关键帧动画。

Step 26 复制到第 20 帧后，在第 25 帧中矩形方框的动画就应该往回收缩，如图 13-34～图 13-37 所示，直到第 45 帧处将所有的矩形删除，如图 13-38 所示，使用同样的方法制作一组单个垂直的方块动画。

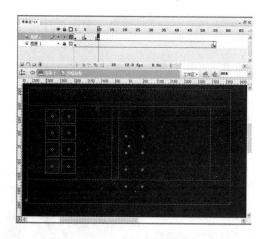

图 13-33　创建移动矩形的动画 1

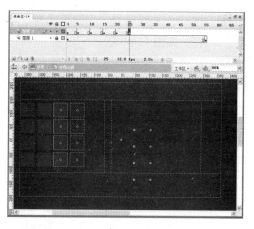

图 13-34　创建移动矩形的动画 2

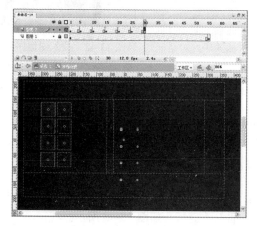

图 13-35　创建移动矩形的动画 3

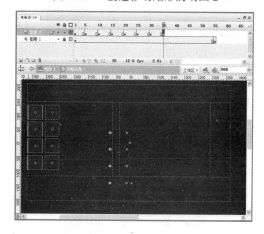

图 13-36　创建移动矩形的动画 4

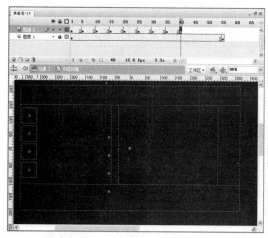

图 13-37　创建移动矩形的动画 5

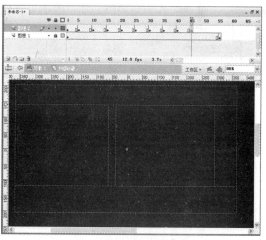

图 13-38　创建移动矩形的动画 6

Step ㉗　按 Ctrl+F8 组合键，在弹出的"创建新元件"对话框中将"名称"设置为"图片"，选择"类型"为"影片剪辑"，单击"确定"按钮，如图 13-39 所示。

图 13-39　"创建新元件"对话框

Step 28 按 Ctrl+R 组合键，在弹出的对话框中选择素材\Cha13\m1.jpg 文件，单击"打开"按钮，如图 13-40 所示。

Step 29 在弹出的警告对话框中选择"是"按钮，如图 13-41 所示。

Step 30 导入舞台中的图像序列，如图 13-42 所示。

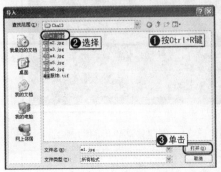

图 13-40　导入图片　　　　　图 13-41　插入序列对话框　　　　图 13-42　插入图像序列

13.3 动画的制作

完成动画的前期素材元件的制作后，下面来制作动画，具体的操作步骤如下：

Step 01 在"时间轴"中选择"场景 1"，切换到场景舞台，插入新图层，按住 Shift 键选择"图层 1"和"图层 2"的第 55 帧，按 F6 键插入关键帧，如图 13-43 所示。

Step 02 在"图层 2"的第 5 帧位置插入关键帧，并在"库"中为舞台添加如图 13-44 所示的实例，在为场景添加实例时调整实例的大小是非常必要的。

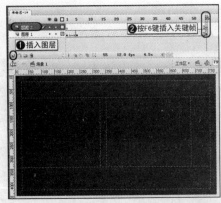
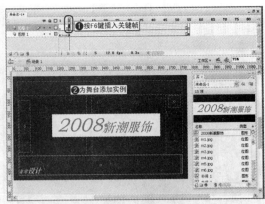

图 13-43　创建关键帧　　　　　　　　图 13-44　在第 5 帧的位置显示的实例

Step 03 在"图层 2"第 10 帧的位置插入关键帧，并在场景舞台中显示如图 13-45 所示的实例。

图 13-45　在第 10 帧的位置显示的实例

Step 04　在"时间轴"中插入"图层 3"，为场景舞台添加的实例如图 13-46 所示，并调整位置。

图 13-46　为场景舞台中添加实例

Step 05　在"时间轴"中插入"图层 4"，并将其放置到"图层 3"的下方，并导入素材\cha13\
服饰.jpg，如图 13-47 所示。

Step 06　添加素材到场景舞台后，调整素材的大小和位置，如图 13-48 所示。

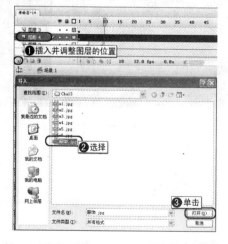

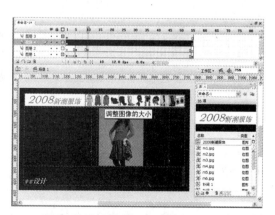

图 13-47　为舞台添加素材　　　　　　　　图 13-48　调整图像的大小和位置

Step 07 选择"图层 3"和"图层 4"在第 1 帧处的关键帧，并将其拖曳到第 5 帧的位置，如图 13-49 所示。

Step 08 在舞台中选择插入到场景舞台的图像素材，按 F8 键，在弹出的"转换为元件"对话框中将"名称"设置为"图像小"，选择"类型"为"图形"，单击"确定"按钮，如图 13-50 所示。

图 13-49 调整图层的关键帧　　　　　图 13-50 "转换为元件"对话框

Step 09 调整转换为元件后的图像实例，为其设置一个每隔 10 帧就变为透明的效果，设置其"颜色"为 Alpha 值即可，这里不再介绍，如图 13-51 所示。

Step 10 按 Ctrl+Enter 组合键测试影片，如图 13-52 所示。

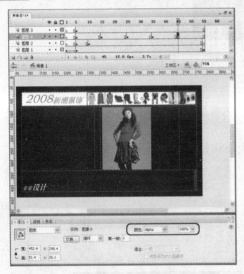

图 13-51 创建动画　　　　　　　　图 13-52 测试影片

13.4 背景音效

Step 01 按 Ctrl+R 组合键，在弹出的对话框中选择素材\Cha13\ music.mp3，单击"打开"按钮，如图 13-53 所示。

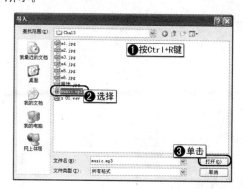

图 13-53　导入音乐

Step 02 导入音乐后，在"时间轴"中插入新图层并更改图层名称为"声音01"，在第5帧的
位置创建关键帧，并在"库"中将导入的音乐拖曳到舞台中，如图 13-54 所示，这样
背景音乐就会在第5帧开始播放。

Step 03 使用同样的方法导入另一个音频，其关键帧在第2帧，如图 13-55 所示。

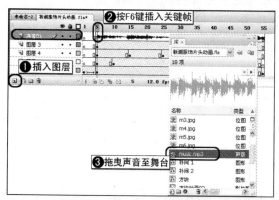

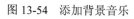

图 13-54　添加背景音乐

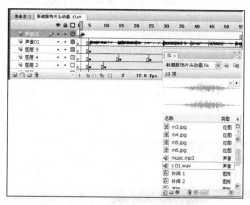

图 13-55　添加另一个音频

第 14 章

项目实训——广告动画

本章介绍广告动画的制作，制作动画之前首先要有一个清晰的
思路，在脑海中构思动画的大体流程。

文档和元件的制作
组合动画
发布动画

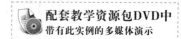

 实例说明

　　Flash用做商业宣传，可以通过目的性极强的传递，将产品信息随Flash不知不觉地传递给消费群体，对消费群体的影响潜移默化，不容易产生反感。比起传统的广告和公关宣传，通过Flash进行产品宣传有着信息传递效率高、消费群体接受度高、宣传效果好的显著优势。

　　现在网络上传播的优秀作品多以原创为主，成功的商业作品并不是很多。可能很多优秀的Flash作者觉得原创作品可以表达出自己天马行空的想象力，而商业动画对于其内容和表现形式的需求则会极大地限制自己的思维。其实不然，商业推广的Flash产品同样可以做到艺术性和商业性充分地结合，同样可以融入创作者的出色创意。要想将这种结合做好，首先要详尽了解该客户的企业背景及要进行推广的产品特性，特别要关注产品最重要的优势，还要了解企业的VI规范，这样，制作Flash的前期准备工作就做好了。

　　之后就是创意。如何将客户需求和Flash结合得恰到好处非常考验人的创造力和耐心，在此提供几点建议，仅供读者参考。第一，深刻了解客户的意图和此项目要达成的最终目标；第二，抓住一个正确的创意点，由此延展开来，充分发挥想象，从多个角度考虑；第三，仔细审视最终的创意是否能正确地突出体现产品或客户的意图。

　　创意确定，就开始进入真正的实施阶段，建议多用一些不同的表现形式来考虑画面的效果。可以不只使用 Flash 笔刷和线条工具，试着用其他软件做一些效果，然后置入 Flash 中，也会得到不同的质感和视觉感受。

　　动画的最终效果如图 14-1 所示。

图 14-1　广告动画效果

📗 学习目标

　　通过对本例的学习，读者可以学会使用 Flash 制作广告动画的效果。
　　具体操作步骤如下：

14.1 文档和元件的制作

制作动画首先要为动画制作一个合适的大小和舞台，并在该舞台中创建构思好的动画，在制作时一定要有一个明确的思路，避免重复调试动画，以节省时间，具体的操作步骤如下：

Step 01 首先为动画设置合适的舞台大小。运行 Flash CS3 软件，选择一个文件类型，在"属性"面板中设置"大小"为 260 像素 × 400 像素，背景使用默认的白色即可，如图 14-2 所示。

Step 02 按 Ctrl+F8 组合键，在弹出的"创建新元件"对话框中将"名称"设置为"动画"，选择"类型"为"影片剪辑"，单击"确定"按钮，如图 14-3 所示，进入元件舞台。

Step 03 在图 14-4 中，在❶处选择▢工具，在❷处设置描边为无，设置填充颜色为红色，在舞台中创建矩形，在❹处选择"选取"工具，在舞台中选择矩形，在❺处设置"宽"为 260 像素，"高"为 400 像素，并将矩形组合。

提示

●●●

设置形状尺寸时，其"属性"面板中的"宽"和"高"是锁定的，需要分别设置"宽"和"高"时，只需单击┊按钮使其变为🔒按钮即可调整形状的参数。

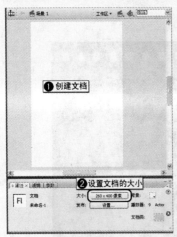

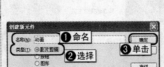

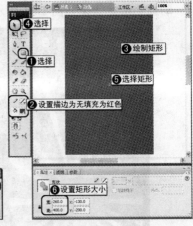

图 14-2　设置舞台大小　　　图 14-3　插入新元件　　　图 14-4　创建舞台大小的矩形

下面在该矩形的基础上创建发光效果。

Step 04 插入图层"光"，选择 工具，在舞台中创建如图 14-5 所示的形状作为发光的光束。

Step 05 在"颜色"面板中选择填充，设置"类型"为"放射状"，设置渐变的两色色块均为白色，并设置最右侧色块的 Alpha 值为 0%，调整色块的位置，选择 工具，在形状上单击填充透明渐变，如图 14-6 所示。

如果对填充的渐变效果不满意，可以使用 🔲 工具调整渐变透明的位置和范围。

图 14-5　创建光束的形状

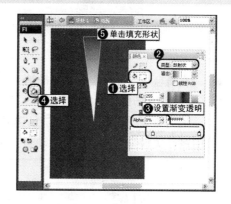

图 14-6　填充渐变光束

Step 06 在"时间轴"中使用 🔲 工具，在舞台中将描边删除，并对光束进行复制，形成如图 14-7 所示的效果。

复制形状光束时，首先选择形状，然后按 Ctrl+G 组合键将其组合，并按 Ctrl+T 组合键打开"变形"面板，调整角度。按 🔲 按钮可以复制出旋转角度的形状，还可以按 Ctrl+D 组合键复制形状，然后再使用 🔲 工具调整形状的角度。在复制的过程中使用 🔲 工具可以调整光束的大小。

Step 07 为了制作光束闪光的效果，我们将光束转换为元件，在舞台中选择所有的光束，按 F8 键，在弹出的"转换为元件"对话框中将"名称"设置为"光"，选择"类型"为"图形"，单击"确定"按钮，如图 14-8 所示。

图 14-7　复制出的光束效果

图 14-8　将光束转换为元件

Step 08 在"时间轴"面板中按住 Shift 键选择"光"和"图层 1"的第 75 帧，按 F6 键插入关键帧，如图 14-9 所示，将两个图层的时间扩展到 75 帧。

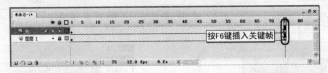

图 14-9　延迟时间

Step 09 在舞台中选择光实例，选择第 1 帧，在"属性"面板设置"颜色"的 Alpha 值为 0%，在第 10 帧的位置插入关键帧，设置光实例的 Alpha 值为 100%，设置第 11 帧 Alpha 值为 0%，使用同样的方法创建光实例的闪动效果，其结束在 62 帧左右即可，并在各个关键帧之间创建补间动画，如图 14-10 所示。

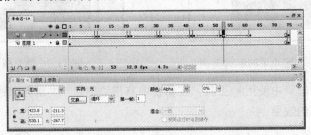

图 14-10　设置闪光效果

Step 10 单击"时间轴"面板中的 按钮，插入新图层，并更改图层名称为"光晕"，选择 工具，在舞台中创建与红色背景相同大小的矩形，在"颜色"面板中设置一个渐变透明颜色，并使用 工具在场景中调整光晕的大小，如图 14-11 所示。

Step 11 使用 工具制作出光晕大小变化的效果，并在变化关键帧之间创建补间动画，如图 14-12 所示。

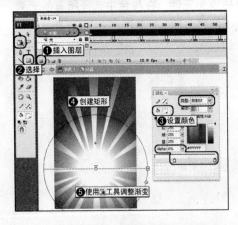

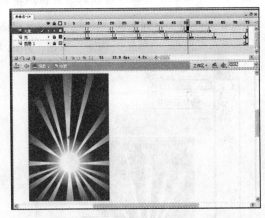

图 14-11　创建并填充矩形渐变透明　　　图 14-12　创建光晕的大小变化效果

提 示

光晕效果的发挥余地很大，读者可以根据自己的想象为其设置动画。

Step 12 单击"时间轴"面板中的 按钮，新建图层，并命名图层为 pig，按 Ctrl+R 组合键，在弹出的"导入"对话框中选择随书附带光盘中的\素材\Cha14\pig.png 文件,单击"打开"按钮,如图 14-13 所示。

Step 13 选择 工具,在舞台中调整素材的大小和位置,如图 14-14 所示。

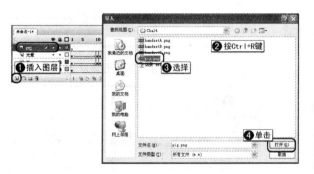

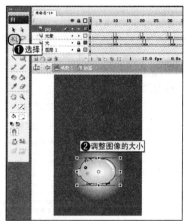

图 14-13　导入素材文件　　　　　图 14-14　调整素材文件的大小

Step 14 选择第 0 帧～第 10 帧之间的空白帧,并单击鼠标右键,在弹出的快捷菜单中选择"转换为关键帧"命令,并选择第 1 帧,在场景中调整图像的大小,如图 14-15 所示。

Step 15 分别在第 1 帧、第 3 帧、第 5 帧、第 7 帧、第 9 帧调整图像的大小,使图像产生震动的效果,如图 14-16 所示。

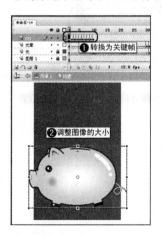

图 14-15　调整图像的大小　　　　　图 14-16　制作震动效果

Step 16 单击"时间轴"面板中的 按钮,插入新图层,更改图层名称为"手机 01",选择在该图层的第 10 帧后按 F6 键插入关键帧,如图 14-17 所示。

Step 17 插入关键帧后按 Ctrl+R 组合键,在弹出的"导入"对话框中选择素材\Cha14\handsetA.png 文件,如图 14-18 所示,单击"打开"按钮。

Step 18 在舞台中调整手机素材的位置,如图 14-19 所示。

Step 19 在"手机 01"图层的第 20 帧的位置按 F6 键,插入关键帧,并在舞台中调整图像的位置,然后在关键帧之间创建补间动画,如图 14-20 所示。

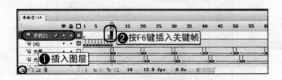

图 14-17　新建图层并插入关键帧

图 14-18　导入素材至舞台

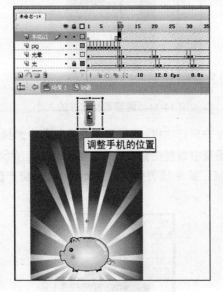

图 14-19　调整手机素材的位置

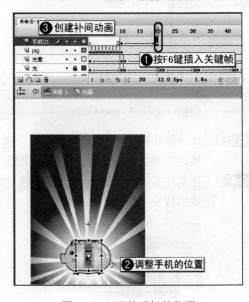

图 14-20　调整手机的位置

Step 20 调整"手机 01"图层的位置，将其置于 pig 图层的下方。使用同样的方法为舞台导入其他手机素材，并调整手机下落的动画，如图 14-21 所示。

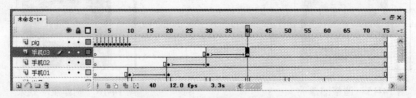

图 14-21　创建其他手机下落的动画

Step 21 单击"时间轴"面板中的 按钮，插入新图层，更改图层名称为"文本"，在第 40帧的位置按 F6 键，插入关键帧，单击 T 工具，在舞台相应位置创建文本"最大优惠送给您!"，选择文本，调整文本的大小和字体适合场景即可，设置字体的颜色为黄色，如图 14-22 所示。

Step 22 在第 50 帧的位置按 F6 键插入关键帧，并在舞台中调整文本的位置，可以先将文本分离为形状再将文本形状组合，这里不再介绍，如图 14-23 所示。

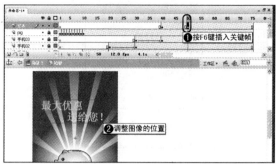

图 14-22　创建文本　　　　　　　　　图 14-23　插入关键帧并调整文本位置

Step 23 创建补间动画，转换出如图 14-24 所示的关键帧，调整文本由上到下倾斜角度的动画。

Step 24 选择"场景 1"，并在"库"面板中将"动画"元件拖曳到场景舞台中，在舞台中使元件充满整个文档，如图 14-25 所示。

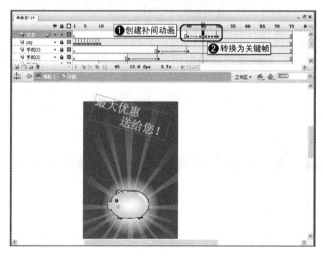

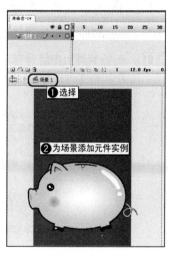

图 14-24　调整文本动画　　　　　　　图 14-25　为场景舞台添加动画

Step 25 按 Ctrl+F8 组合键，在弹出的"创建新元件"对话框中将"名称"设置为"透明"，选择"类型"为"按钮"，单击"确定"按钮，如图 14-26 所示。

图 14-26　插入新元件

Step 26 在"点击"处按 F6 键，选择□工具，设置矩形无描边，使用▶工具在舞台中选择矩形，在"属性"面板中设置"宽"为 260 像素，"高"为 400 像素，如图 14-27 所示。

Step 27 在"时间轴"面板中选择"场景 1"，并单击□按钮，新建图层，将"透明"按钮拖曳到场景舞台中，如图 14-28 所示。

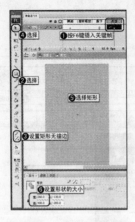

图 14-27　设置矩形参数

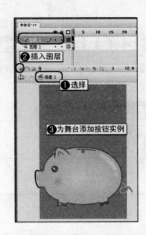

图 14-28　为舞台添加按钮

14.2 组合动画

下面将制作完成的元件组合，为动画制作一个透明的按钮元件，然后为其编辑脚本，使其在播放动画时单击动画画面可弹出对话框，具体的操作步骤如下：

Step 01　在场景舞台中选择按钮，按 F9 键，在弹出的对话框中编辑脚本，如图 14-29 所示（该代码位于 Scene\Cha14\脚本.txt 文件）。

```
on (press) {
    import mx.controls.Alert;
    Alert.okLabel = "退出";
    Alert.cancelLabel = "返回";
    var listenerObj:Object = new Object();
    listenerObj.click = function(evt) {
        switch (evt.detail) {
        case Alert.OK :
            fscommand("quit", true);
            break;
        case Alert.CANCEL :
            break;
        }
    };
    Alert.show("预存话费赠手机", "真情提示", Alert.OK / Alert.CANCEL, this,
listenerObj);
}
```

图 14-29　编辑脚本

Step 02 在"组件"面板中拖曳 Alert 至场景舞台中，再将拖曳到舞台中的 Alert 删除，如图 14-30 所示。

Step 03 按 Ctrl+Enter 组合键测试场景动画，如图 14-31 所示。保存场景文件，并将影片输出。

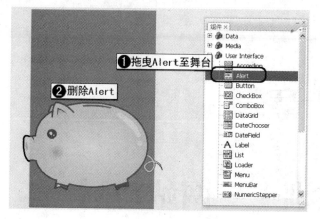

图 14-30　为动画添加 Alert　　　　图 14-31　测试场景动画

14.3 发布动画

将完成的动画发布是制作 Flash 动画的最终目的，下面将介绍动画的发布。

选择菜单"文件"|"发布设置"命令，在弹出的对话框中选中"Windows 放映文件（.exe）"复选框，依次单击"发布"和"确定"按钮，如图 14-32 所示。

图 14-32　发布设置

第 15 章

项目实训——网站动画

本章的项目实训是制作一个时装品牌的网站片头，影片以黑、白、灰为基本色调，配合主题文字的动画效果，使浏览者能从黑白影片中了解这个时装品牌的风格定位。

本项目相对其他章节有些复杂，在制作的过程中复制关键帧的次数比较多，实际上，看起来较复杂的动画其实多半都是在制作好的实例中通过加以修饰和不断的重复使用制作出来的。

设置文档

编辑闪光动画

显示界面

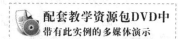

配套教学资源包DVD中
带有此实例的多媒体演示

✊ **实例说明**

本例中将对基本动画方式加以应用，编辑出线条、文字以及图形的动画效果，通过闪光图形的变化和线条的移动动画，在影片开始位置突出网站主题的显示。动画的最终效果如图 15-1 所示。

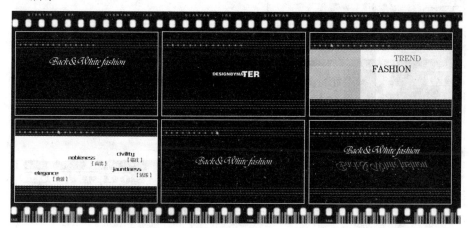

图 15-1　网站动画

📖 **学习目标**

通过对本例的学习，读者可以掌握商业片头的制作方法。

15.1 | 设置文档

首先为构思的动画设置一个合适的舞台。

运行 Flash CS3 软件，新建文档，在"属性"面板中单击 `550 x 400 像素` 按钮，在弹出的对话框中设置"尺寸"为"700 像素×400 像素"，设置"背景颜色"为黑色，单击"确定"按钮，如图 15-2 所示。

图 15-2　文档属性

15.2 | 编辑闪光动画

下面介绍闪光动画的制作，使用闪光动画引出显示界面。首先在舞台的中央创建一个柔化边缘的圆形，将其转换为图形元件，并创建补间动画，通过设置 Alpha 的值来表现闪光效果，具体操作步骤如下：

Step 01 在"时间轴"面板中插入"图层 1"，并更改图层名称为"光"，选择 🔍 工具，设置描边为无，并设置填充颜色为白色，在舞台中创建圆；再选择 ▶ 工具，在舞台中选择圆，在"对齐"面板中单击 呂 和 ▯▯ 两个按钮，如图 15-3 所示。

Step 02 在舞台中选择圆，选择菜单"修改"|"形状"|"柔化填充边缘"命令，在弹出的对话框中设置"距离"为"50 像素"，设置"步骤数"为 15，单击"确定"按钮，如图 15-4 所示。

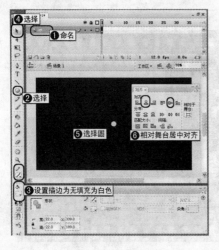

图 15-3 创建圆　　　　　　　　　　　图 15-4 设置圆的柔化效果

Step 03 选择柔化边缘后的圆按 F8 键，在弹出的对话框中将"名称"命名为"光 01"，选择"类型"为"图形"，单击"确定"按钮，如图 15-5 所示。

Step 04 选择圆实例，在"时间轴"第 5 帧处按 F6 键插入关键帧，选择第 1 帧并创建补间动画，在舞台中选择圆实例，设置"颜色"的 Alpha 值为 0%，如图 15-6 所示，编辑闪光图形淡入的效果。

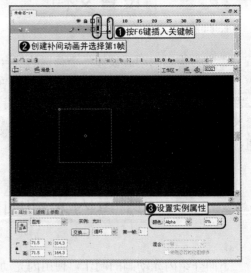

图 15-5 将圆转换为元件　　　　　　　图 15-6 创建淡入效果

Step 05 在第 10 帧处插入关键帧，选择 ▨ 工具，在舞台中调整实例的形状，并设置"颜色"的 Alpha 值为 80%，选择第 5 帧并创建补间动画，如图 15-7 所示，创建闪光图形的变化效果。

Step 06 单击"时间轴"面板中的 按钮插入图层，并更改图层的名称为"线 01"，在第 5 帧
处插入关键帧，选择 工具，在舞台居中的位置绘制一条直线，长度比舞台的宽度
略大，选择 工具，在舞台中选择线，然后设置形状的属性，设置颜色为浅灰色，
粗细为"极细"，如图 15-8 所示。

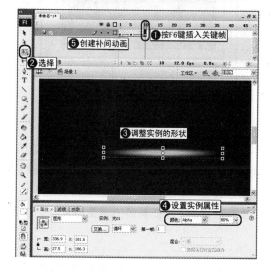

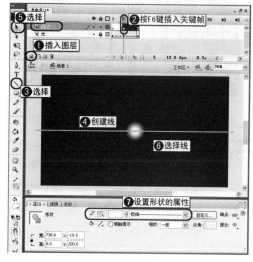

图 15-7　制作闪光图形的变化动画　　　　　　　　　图 15-8　创建线

Step 07 在"时间轴"面板中调整图层的位置，在"线 01"层的第 10 帧插入关键帧，并选择第
5 帧，在舞台中选择线，在"变形"面板中设置纵向缩放为 0.1%，如图 15-9 所示。

Step 08 在第 5 帧～第 10 帧之间创建补间动画，如图 15-10 所示，编辑线条随闪动图形的变
化拉长的动画。

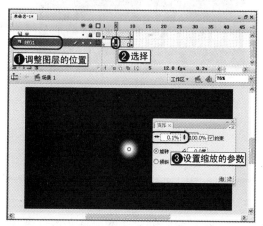

图 15-9　编辑线条的纵向大小　　　　　　　图 15-10　编辑线条拉长动画

Step 09 在"光"图层的第 25 帧处插入关键帧，在舞台中调整图形的大小，并在第 10 帧～第
25 帧之间创建补间动画，如图 15-11 所示。

Step 10 选择第 25 帧，在舞台中选择实例，设置"颜色"的 Alpha 值为 0%，如图 15-12 所示，
设置出闪光图形的扩大并淡出的动画。

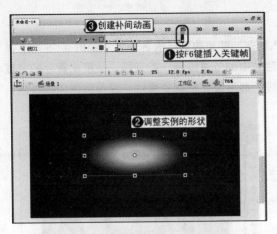

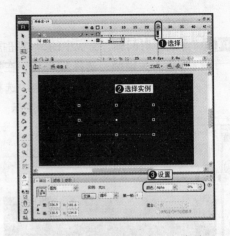

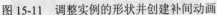

图 15-11　调整实例的形状并创建补间动画　　　　图 15-12　设置圆的扩大淡出动画

Step 11 在"时间轴"中插入新图层，并更改图层名称为"线 02"，调整图层的位置，在第 10 帧处插入关键帧。选择"线 01"图层的第 10 帧，在舞台中选择线，按 Ctrl+C 组合键复制线，选择"线 02"图层，按 Ctrl+Shift+V 组合键粘贴到原位置，如图 15-13 所示。

Step 12 在"线 01"和"线 02"图层的第 25 帧处插入关键帧，并在舞台中调整两条线的位置，如图 15-14 所示。

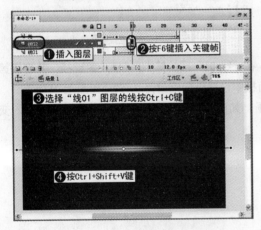

图 15-13　将线粘贴到新的图层中　　　　　　　图 15-14　调整线的动画

15.3 显示界面

下面介绍由闪光动画引出的显示界面动画。首先在舞台中创建文本，将文本分离并转换为图形元件，然后通过设置 Alpha 的值来调整淡入淡出效果，最后在图层面板中对关键帧进行调整，具体操作步骤如下：

Step 01 重新将线的补间转换为形状补间动画，如果补间出现虚线，选择线并按 Ctrl+B 组合键直至线被分离，在"时间轴"中插入新图层"标题"并调整图层的位置，选择 T 工具，在舞台中创建文本"Black&White fashion"，选择文本，设置字体为 Tiranti Solid

LET，设置文本大小为 55，颜色为白色，单击 I 按钮，如图 15-15 所示。

Step 02 在舞台中选择文本，按两次 Ctrl+B 组合键分离文本为形状，选择文本形状，按 F8 键，在弹出的对话框中将"名称"设置为"标题"，选择"类型"为"图形"，单击"确定"按钮，如图 15-16 所示。

图 15-15　创建标题　　　　　　　　　　图 15-16　将标题转换为元件

Step 03 在第 55 帧处插入关键帧，并将第 1 帧的关键帧拖曳到第 25 帧，设置文本实例"颜色"的 Alpha 值为 0%，创建第 25 帧～第 55 帧之间的补间动画，如图 15-17 所示。

Step 04 在"时间轴"面板中插入新图层"线-动画 01"，调整图层的位置，在其第 26 帧处插入关键帧，将"线 01"和"线 02"图层中的第 25 帧的线粘贴到"线-动画 01"图层中，如图 15-18 所示。

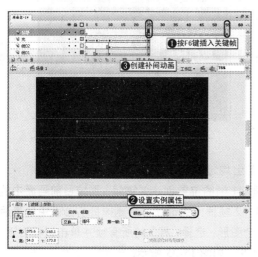

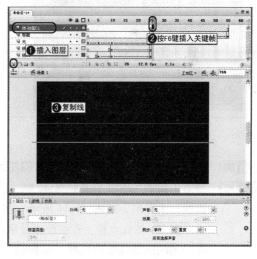

图 15-17　创建标题淡出的效果　　　　　图 15-18　将线粘贴到"线-动画 01"中

Step 05 在第 35 帧的位置插入关键帧，将两条线转换为元件，使用 工具拉长线之间的距离，在第 26 帧～第 35 帧的位置创建补间动画，如图 15-19 所示。

Step 06 选择第 26 帧，在"属性"面板中设置"缓动"为 100，并在舞台中选择线，按 Ctrl+C 组合键复制两条线，如图 15-20 所示。

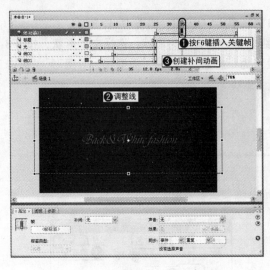

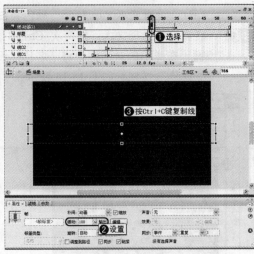

图 15-19　调整线的距离　　　　　　　　图 15-20　创建线的"缓动"动画

Step 07　插入新图层"线-动画 02"，在第 30 帧的位置插入关键帧，并按 Ctrl+Shift+V 组合键，将线粘贴到舞台中，在第 40 帧的位置插入关键帧，调整线的距离，使用同样的方法创建另外两个线动画，如图 15-21 所示。

Step 08　在"时间轴"面板中插入图层"标"，在舞台中绘制出如图 15-22 所示的形状。

图 15-21　创建线条动画　　　　　　　　图 15-22　创建"标"

Step 09　复制出 14 个"标"图形，使它们在线条上均匀排列，如图 15-23 所示。

Step 10　将第 1 帧的关键帧拖曳到第 40 帧，在第 41 帧的位置创建关键帧，删掉目前画面中的最后一个图形，如图 15-24 所示，在第 42 帧插入关键帧，再删掉目前画面中的最后一个图形，依此类推，直到删掉最后一个图形，选择"标"的所有帧并单击鼠标右键，在弹出的快捷菜单中选择"翻转帧"命令，如图 15-25 所示。

Step 11　插入一个新图层"闪光标"，在第 40 帧的位置插入关键帧，在舞台中绘制如图 15-26 所示的闪光图形。

Step 12　参照"标"的内容利用逐帧动画的编辑方式，制作出闪光动画图形随光圈球形的出现而移动的动画，如图 15-27 和图 15-28 所示。

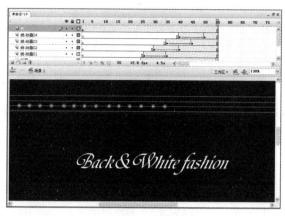

图 15-23　复制图形

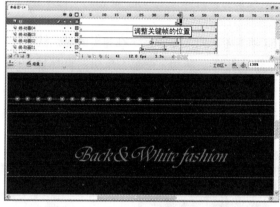

图 15-24　创建关键帧并删除最后图形

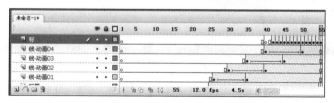

图 15-25　编辑逐帧动画

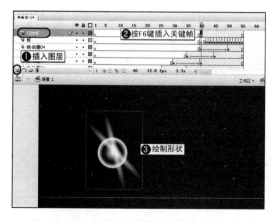

图 15-26　创建闪光形状

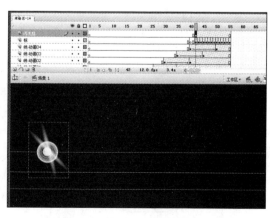

图 15-27　编辑闪光图形漂移动画

图 15-28　创建逐帧动画

Step 13 在第 65 帧的位置插入关键帧，选择第 40 帧的"闪光标"，并将其复制到第 65 帧的相同位置，如图 15-29 所示。

Step 14 选择粘贴到 65 帧的闪光标，按 F8 键，在弹出的对话框中将"名称"设置为"光 02"，选择"类型"为"图形"，单击"确定"按钮，如图 15-30 所示。

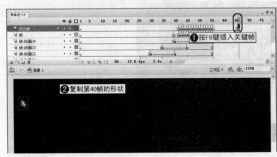

图 15-29　复制粘贴闪光标　　　　　　　　　　图 15-30　将闪光标转换为元件

Step 15 再选择舞台中的"光 02"实例，按 F8 键，在弹出的对话框中将"名称"设置为"光 03"，选择"类型"为"影片剪辑"，单击"确定"按钮，如图 15-31 所示。

Step 16 在"库"中双击"光 03"进入其编辑元件舞台，在第 20 帧的位置插入关键帧，在舞台中选择实例，设置"颜色"的 Alpha 值为 10%，并在关键帧之间创建补间动画，如图 15-32 所示。

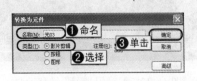

图 15-31　再将实例转换为元件　　　　　　　　图 15-32　绘制元件

Step 17 选择"场景 1",在"时间轴"面板中将线动画和标的时间扩展到 325 帧,在"闪光标"图层中每隔 20 帧插入一个关键帧,并使"光 03"实例依次在 14 个标上闪光,如图 15-33 所示。

Step 18 选择"标题",在第 60 帧处插入关键帧,设置其标题的 Alpha 值为 100%,然后在第 70 帧的位置插入关键帧,并为其设置一个向上漂移并消失的动画,为关键帧之间创建补间动画,如图 15-34 所示。

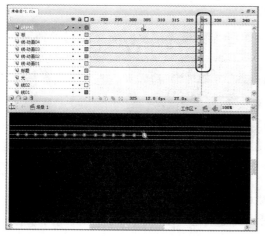

图 15-33　创建闪光标的动画

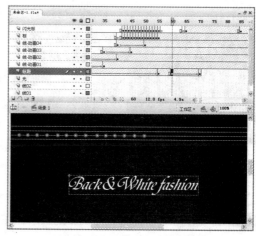

图 15-34　创建标题上升并消失的动画

Step 19 插入图层"文本",在第 70 帧的位置插入关键帧,选择 T 工具,在舞台中创建文本,设置文本字体为"方正超粗黑简体",设置大小为 20,颜色为白色,复制一个文本,选择菜单"修改"|"变形"|"垂直翻转"命令,并将其设置为灰色作为倒影,如图 15-35 所示。

Step 20 在舞台中将文本分离为形状,然后分别将字母进行组合,在"时间轴"中为其转换一些关键帧,如图 15-36 所示。

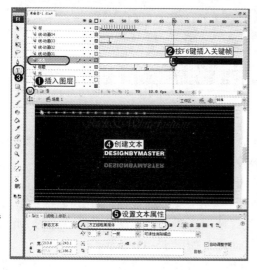

图 15-35　创建文本

图 15-36　创建关键帧

Step 21 在第 72 帧、第 74 帧、第 76 帧处设置文本的大小为 102%，如图 15-37 所示。

Step 22 在第 78 帧、第 80 帧的位置设置文本的大小为 105%，如图 15-38 所示。

图 15-37　设置文本变大的动画 1　　　　　图 15-38　设置文本变大的动画 2

Step 23 在第 89 帧、第 86 帧、第 83 帧设置文本的大小为 110%，如图 15-39 所示。

Step 24 在第 90 帧删除作为倒影的文本，在舞台中选择除 "D" 外的其他字母，并将其放大为 200%，如图 15-40 所示。

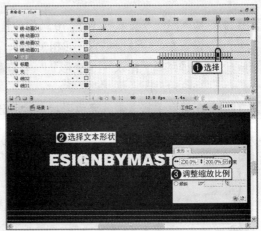

图 15-39　设置文本变大的动画 3　　　　　图 15-40　放大文本

Step 25 在第 91 帧的位置设置除 "DE" 字母外的其他字母大小为 200%，使用同样的方法依次设置其他的关键帧动画，直至文本恢复原始大小，如图 15-41 所示。

Step 26 在舞台中选择恢复原始大小后的所有字母，按 F8 键，在弹出的对话框中将 "名称" 设置为 "文本"，选择 "类型" 为 "图形"，单击 "确定" 按钮，如图 15-42 所示。

Step 27 在 "文本" 图层的第 107 帧处插入关键帧，选择实例，设置 "颜色" 的 Alpha 值为 10%，并创建关键帧之间的补间动画，如图 15-43 所示。

Step 28 在 "文本" 图层的第 115 帧处插入关键帧，选择实例，设置 "颜色" 的 Alpha 值为 100%，然后创建关键帧之间的补间动画，如图 15-44 所示。

图 15-41　设置逐帧动画

图 15-42　转换为元件

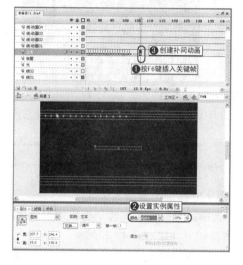

图 15-43　设置文本透明

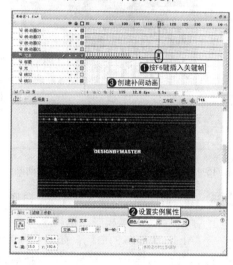

图 15-44　设置文本显示

Step 29 插入图层"白底 01"，并调整图层的位置，在第 107 帧处插入关键帧，选择▢工具，设置描边为无，并设置填充颜色为灰色，在舞台中创建一个矩形，如图 15-45 所示。

Step 30 选择第 107 帧，在舞台中将矩形调整到舞台的右侧，按 F8 键，在弹出的对话框中将"名称"设置为"白底 01"，选择"类型"为"图形"，单击"确定"按钮，如图 15-46 所示。

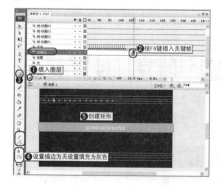

图 15-45　创建矩形

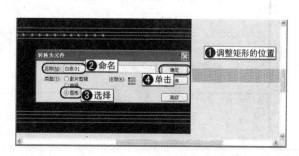

图 15-46　转换为元件

Step 31 在"白底01"的第120帧处插入关键帧,并在舞台中调整实例至舞台的左侧,设置实例"颜色"的Alpha值为50%,创建补间动画,如图15-47所示。

Step 32 在"文本"图层的第120帧处插入关键帧,在舞台中选择文本实例,设置"颜色"的Alpha值为0%,创建补间动画,如图15-48所示。

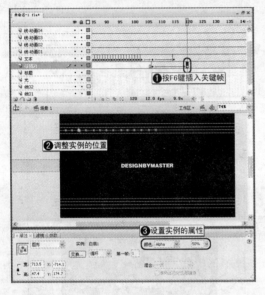

图15-47 设置"白底01"穿过舞台的动画

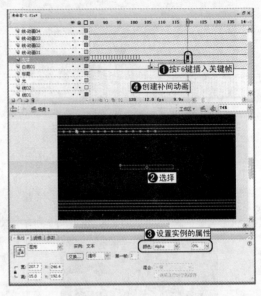

图15-48 设置文本的透明

Step 33 在"时间轴"中插入新图层"白底02",在第120帧的位置插入关键帧,选择□工具,在舞台中创建矩形,使用▷工具在舞台中选择矩形,在"属性"面板中设置填充的Alpha为80%的白色,如图15-49所示,选择矩形,按Ctrl+C组合键。

Step 34 新建"白底03",在第120帧处插入关键帧,按Ctrl+Shift+V组合键粘贴矩形至舞台,并将其调整至舞台的右侧,如图15-50所示,使用同样的方法创建"白底04"。

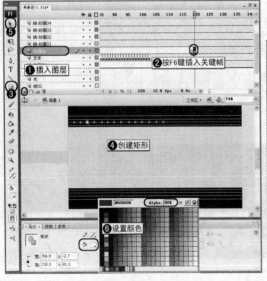

图15-49 设置矩形的颜色

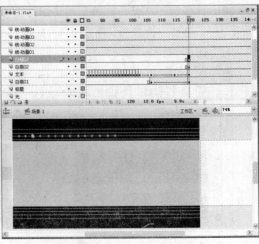

图15-50 插入新图层

Step 35 在"白底 02"的第 140 帧的位置插入关键帧，在舞台中调整矩形至舞台的左侧，并创建补间动画，如图 15-51 所示。

Step 36 再创建"白底 03"和"白底 04"穿过舞台的动画，如图 15-52 所示。

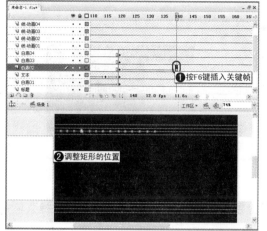 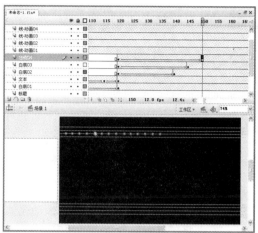

图 15-51　创建矩形撤离舞台动画　　　　　　图 15-52　创建矩形穿过舞台的动画

Step 37 在"时间轴"面板中插入新图层 trend，调整图层的位置，在舞台中创建文本 TREND，设置合适的字体和大小，设置文本为灰色，分离文本为形状后将其组合，在第 115 帧~第 120 帧之间创建补间，文本形状从舞台的右侧进入舞台的动画，如图 15-53 所示。

Step 38 在第 125 帧~第 140 帧之间创建文本形状离开舞台的动画，并在关键帧之间创建补间动画，如图 15-54 所示。

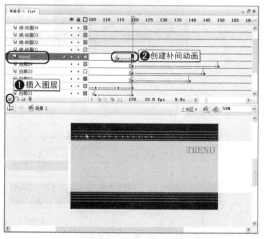 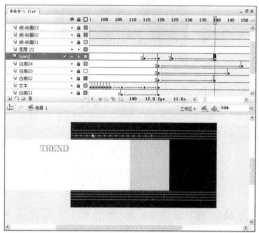

图 15-53　创建文本进入舞台的动画　　　　　图 15-54　创建文本退出舞台的动画

Step 39 在"时间轴"面板中插入新图层 fashion，在舞台中创建 FASHION 文本，将文本分离并组合，在第 120 帧~第 125 帧之间创建文本从舞台的右侧进入舞台的动画，如图 15-55 所示。

Step 40 再在第 130 帧~第 145 帧之间创建文本形状退出舞台的动画，如图 15-56 所示。

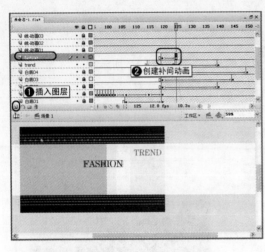

图 15-55　创建文本进入舞台的动画　　　图 15-56　创建文本退出舞台的动画

Step 41 选择"线-动画 04"图层扩大动画的关键帧，并单击鼠标右键，在弹出的快捷菜单中选择"复制帧"命令，如图 15-57 所示。

Step 42 将其复制到第 165 帧处，使用同样的方法复制其他的线动画，如图 15-58 所示。

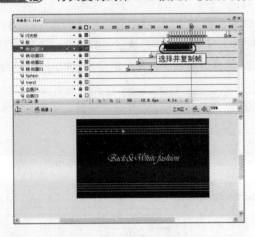

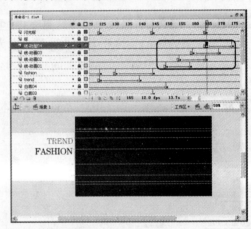

图 15-57　复制关键帧　　　　　　　　　图 15-58　复制线动画的关键帧

Step 43 在"时间轴"中的第 175 帧处，为"白底 02~04"图层插入关键帧，并在舞台中将 3 个矩形放置到舞台的右侧，如图 15-59 所示。

Step 44 在"白底 04"图层的第 185 帧处插入关键帧，在舞台中调整矩形至舞台中，并创建补间动画，如图 15-60 所示，使用同样的方法将白底以不同的速度进入舞台，如图 15-61 所示。

Step 45 再创建出白底退出舞台的动画，如图 15-62 所示。

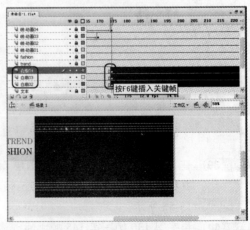

图 15-59　插入白底的关键帧

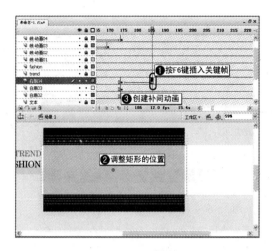

图 15-60　调整矩形至舞台　　　　　　　　图 15-61　创建矩形到舞台的动画

Step 46 在"时间轴"中插入新图层"古典"，调整图层的位置，在第 185 帧处插入关键帧，在舞台的右侧创建文本，分离文本为形状，并将文本形状组合，如图 15-63 所示。

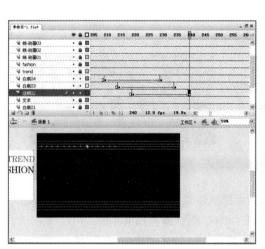

图 15-62　创建矩形退出舞台的动画　　　　　　图 15-63　创建文本

Step 47 在不同的图层创建如图 15-64 所示的文本。

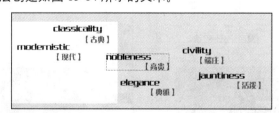

图 15-64　创建文本

Step 48 分别为创建的文本形状设置进入舞台的动画，如图 15-65 所示。

Step 49 接下来为文本形状设置退出舞台的动画，如 15-66 所示。

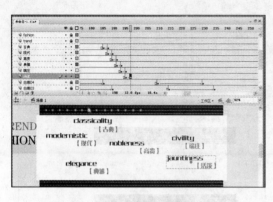

图 15-65　创建文本进入舞台的动画　　　图 15-66　创建文本形状退出舞台的效果

Step 50 再次复制线动画至如图 15-67 所示的时间段。

Step 51 在"标题"的第 265 帧处插入关键帧并复制，如图 15-68 所示，同时设置文本效果 Alpha 为 0%，在第 275 帧处插入关键帧，并设置其 Alpha 为 100%，在关键帧之间创建补间动画，如图 15-68 所示。

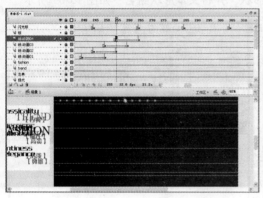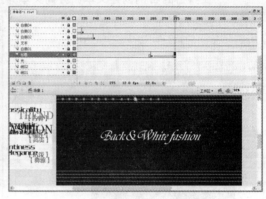

图 15-67　复制线动画　　　　　　　　　图 15-68　创建淡入文本动画

Step 52 在第 280 帧处插入关键帧，在舞台中调整标题的位置，并在关键帧之间创建补间动画，如图 15-69 所示，在舞台中选择文本，按 Ctrl+C 组合键复制文本。

Step 53 在"时间轴"面板中插入新图层"标题上"，在第 280 帧处创建关键帧，按 Ctrl+Shift+V 组合键将文本形状粘贴到舞台中，如图 15-70 所示。

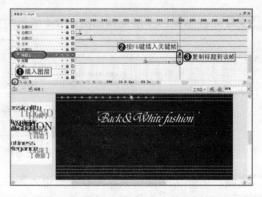

图 15-69　创建上升文本动画　　　　　　图 15-70　粘贴文本形状至舞台

Step 54 在"标题"图层的第 281 帧的位置插入关键帧，并调整其大小为 120%，如图 15-71 所示。在"属性"面板中设置"颜色"的 Alpha 值为 50%，如图 15-72 所示。

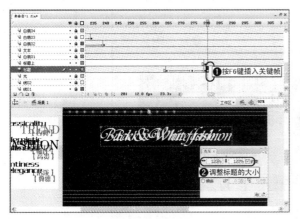 

图 15-71　创建放大文本　　　　　　　　　图 15-72　设置文本的透明度

Step 55 复制第 281 帧至如图 15-73 所示的帧位置，在第 300 帧的位置插入关键帧，选择文本并选择菜单"修改"｜"变形"｜"垂直翻转"命令，在舞台中调整文本形状的位置，如图 15-73 所示。

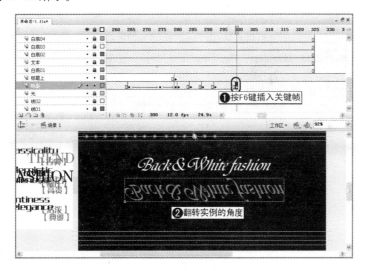

图 15-73　创建倒影

Step 56 在第 325 帧处插入关键帧，并设置垂直后的文本"颜色"的 Alpha 值为 15%，然后创建补间动画，如图 15-74 所示。

Step 57 复制第 280 帧至每个放大文本关键帧的后面，如图 15-75 所示。最后删除 325 帧以外的帧，保存场景，并将影片输出。

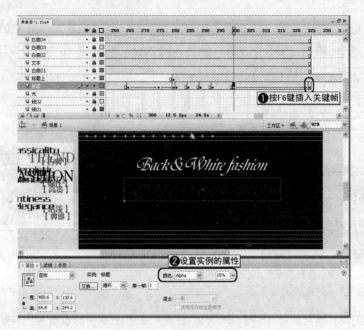

图 15-74 创建淡出的倒影

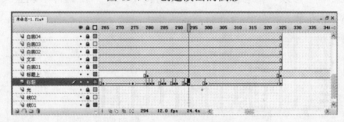

图 15-75 复制关键帧

第  章

课程设计

　　本章提供了 3 个课程设计，并针对这 3 个课程设计，为读者提供了相应的操作提示，从而指导读者完成课程设计，巩固所学知识。

知 识 点

- ◎ 手写书法文字
- ◎ 视频播放器
- ◎ 鼠标跟随效果

16.1 手写书法文字

在 Flash CS3 中，制作如图 16-1 所示的手写书法文字的
效果。

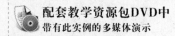

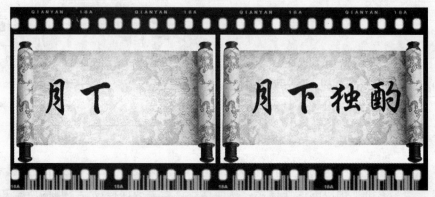

图 16-1　手写书法文字效果

原始素材	素材 \ Cha16 \ 卷轴.jpg
最终效果	Scene \ Cha16 \ 书法.swf

操作提示:

在制作手写书法效果时，找到一幅背景图片。然后添加一个文本，将文本分离到图层，
并将文本分离为图形，使用遮罩图层为其设置手写动画，主要操作步骤如下:

Step 01 新建一个文档，导入素材，调整好素材的大小。

Step 02 新建"影片剪辑"元件，在元件舞台中创建并调整文本。

Step 03 将文本分散到图层，并分离为图形。

Step 04 创建空白层，将其设置为遮罩层。

Step 05 在遮罩层上按照文字的书写顺序，使用画笔工具进行涂抹。每隔一帧添加关键帧，
并在舞台中涂抹出笔画的一部分区域，直至完成全部文字的涂抹。

Step 06 将遮罩层锁定，按 Enter 键测试，最后将该元件拖曳至"场景 1"中，并在场景舞台
中调整实例的位置，这样，手写书法效果就制作完成了。

16.2 视频播放器

在 Flash CS3 中，制作如图 16-2 所示的视频播放器效果。

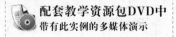

图 16-2　视频播放器效果

原始素材	Scene \ Cha16 \ Sport.flv
最终效果	Scene \ Cha16 \ 视频播放器.swf

操作提示：

　　本例主要用到的是媒体组件中的 Media Playback 组件，通过在"组件检查器"面板中对其进行参数设置，调用存放于同一目录下的 FLV 视频文件，对该视频进行播放/暂停，进度、音量的控制。主要操作步骤如下：

Step 01 　新建文档，调整文档大小。

Step 02 　将 Media Playback 组件从"组件"面板中拖入场景中，并调整尺寸大小。

Step 03 　使用"矩形"工具绘制边框，并进行调整。

Step 04 　在"组件检查器"面板中调整组件参数，并调用同一目录下的视频文件。

Step 05 　按 Ctrl+Enter 键测试影片。

16.3 鼠标跟随效果

　　在 Flash CS3 中，制作如图 16-3 所示鼠标跟随效果。

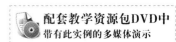
配套教学资源包DVD中
带有此实例的多媒体演示

图 16-3　鼠标跟随效果

原始素材	素材 \ Cha16 \ 鼠标跟随背景.jpg
最终效果	Scene \ Cha16 \ 鼠标跟随.swf

操作提示：

本例主要使用元件和脚本制作鼠标跟随的效果，主要操作步骤如下：

Step 01 新建一个 614×490 的文档，将素材导入到舞台中，并调整图像的位置和大小。

Step 02 新建一个 hua 图形元件，绘制一种花的形状。

Step 03 新建一个 star 图形元件，将 hua 元件拖曳至舞台，在"时间轴"中单击 按钮为实例所在的图层创建引导层，为其创建一个围绕圆形旋转并产生不透明为30%的效果。

Step 04 新建一个 star1 图形元件，将 star 元件拖曳至舞台中，在"图层 1"的 15 帧按 F5 键，然后新建 4 个图层，粘贴实例到其他 4 个图层，调整"图层 2"中实例的大小为 80%、"图层 3"中实例的大小为 60%、"图层 4"中实例的大小为 40%、"图层 5"中实例的大小为 20%，分别选择各层中的所有帧，使每一层依次后移一帧。

Step 05 新建一个 stars 影片剪辑元件，将 star1 元件拖曳至舞台中，在"变形"面板中设置"旋转"为 60，单击 5 次 按钮，复制元件，在"时间轴"中选择 19 帧，按 F5 键，这样鼠标动画就制作完成。

Step 06 切换到"场景 1"中，在"时间轴"中新建"图层 2"，将 stars 元件拖曳到舞台中，在"属性"面板中命名该实例为 stars，选择"图层 2"的第 1 帧，在"动作"面板中输入代码（该代码所在的位置为 Scene\Cha16\鼠标跟随代码 1.txt）。

Step 07 新建一个 anniu 按钮元件，在元件的舞台中创建一个红色的圆。将该元件拖曳至"场景 1"舞台中，在舞台中选择该实例，在"动作"面板中输入代码（该代码所在的位置为 Scene\Cha16\鼠标跟随代码 2.txt）。

鼠标跟随动画就制作完成。